基础会计学

主　编　赵庚学

副主编　陈　芳

参　编　娄振旗　王洪涛　王　雷

黄河水利出版社

·郑州·

内 容 提 要

本教材共分十二章。第一章介绍了会计的概念、对象、任务目标和会计方法；第二章对会计假设和会计基础以及会计信息质量要求进行了阐述；第三章介绍了会计要素、会计计量、会计等式；第四章、第五章介绍了会计科目、会计账户和借贷记账法的基本原理；第六章介绍了借贷记账法在企业中的具体运用，通过对大量经济业务的分析，说明借贷记账法的基本原理和方法；第七章介绍了会计凭证的分类、填制和审核方法；第八章对会计账簿的设置、登记、错账更正、对账和结账进行了比较详细的介绍；第九章介绍了财产清查方法以及账务清查结果的处理；第十章介绍了资产负债表、利润表、现金流量表及所有者权益变动表等财务报表；第十一章介绍了记账凭证、科目汇总表、汇总记账凭证和多栏式日记账账务处理程序；第十二章介绍了会计工作规范、会计机构、会计人员及会计档案等相关内容。

本教材可作为大学本、专科会计学专业以及其他经济、管理类专业用书，也可供会计工作者、经济管理人员在职学习或参考。

图书在版编目（CIP）数据

基础会计学/赵庚学主编. —郑州：黄河水利出版社，2014.7

ISBN 978-7-5509-0845-1

Ⅰ.①基… Ⅱ.①赵… Ⅲ.①会计学 Ⅳ.①F230

中国版本图书馆 CIP 数据核字（2014）第 169467 号

出 版 社：黄河水利出版社

地址：河南省郑州市顺河路黄委会综合楼 14 层　　邮政编码：450003

发行单位：黄河水利出版社

发行部电话：0371-66026940、66020550、66028024、66022620（传真）

E-mail：hhslcbs@126.com

承印单位：河南新华印刷集团有限公司

开本：787 mm×1 092 mm　1/16

印张：15.25

字数：352 千字　　印数：1—1 000

版次：2014 年 7 月第 1 版　　印次：2014 年 7 月第 1 次印刷

定价：38.00 元

编写说明

在当今世界经济一体化的大趋势下，全世界的会计准则制定机构都走上了会计准则国际趋同之路。我国的会计改革先后经历了与国际接轨和国际趋同阶段，目前已经进入等效阶段。在会计理论以及会计实务不断发展的今天，会计人才的培养需要适应经济与社会的发展变化。培养会计人才的重要手段之一就是优秀的教材。本教材依据财政部最新会计准则的内容，结合教育教学改革的新成果，突出以下四个特征：

(1)应用性。本教材的体系设置、内容安排充分体现了会计人才培养目标、岗位要求，以应用知识为主，加强对专业能力的培养。

(2)先进性。编写过程中参阅了大量最新、最具权威的文献资料，力求反映最新的会计准则、会计政策以及相关的法规和制度等，使教材能够适应新形势的发展需要。

(3)规范性。本教材对相关概念、原则、原理的阐述力求与企业会计准则趋同，以便满足相关人员将来考证等后续需要。

(4)通俗性。本教材内容涉及面较宽泛，阐述深入浅出，力戒文字抽象晦涩，有利于相关人员自学。

本教材共分十二章。第一章介绍了会计的概念、对象、任务目标和会计方法；第二章对会计假设和会计基础以及会计信息质量要求进行了阐述；第三章介绍了会计要素、会计计量、会计等式；第四章、第五章介绍了会计科目、会计账户和借贷记账法的基本原理；第六章介绍了借贷记账法在企业中的具体运用，通过对大量经济业务的分析，说明借贷记账法的基本原理和方法；第七章介绍了会计凭证的分类、填制和审核方法；第八章对会计账簿的设置、登记、错账更正、对账和结账进行了比较详细的介绍；第九章介绍了财产清查方法以及账务清查结果的处理；第十章介绍了资产负债表、利润表、现金流量表及所有者权益变动表等财务报表；第十一章介绍了记账凭证、科目汇总表、汇总记账凭证和多栏式日记账账务处理程序；第十二章介绍了会计工作规范、会计机构、会计人员及会计档案等相关内容。

本教材内容以基本理论和基本技能培养为主，尽量拓宽知识面，加大信息量，不涉及或少涉及偏深、偏难又不实用的内容；紧跟政策与科学、技术的发展，反映新准则、新方法和新技术。融教学方法于教材之中，便于教学。

本教材可作为大学本、专科会计学专业以及其他经济、管理类专业用书，也可供会计工作者、经济管理人员在职学习或参考。

编写说明

[illegible]

前　言

新会计准则的颁布和修订，使我国会计理论和会计实务操作从逐渐与国际趋同到等效，必将对我国会计发展产生深远的影响，也将对企业会计业务的处理产生重大影响。

担任本书编写任务的各位专家在深刻领会最新企业会计准则的基础上，根据高等教育的特点和多年实践及教学经验，从资料收集、章节编排、特色定位、案例选择、基本训练等方面突出实用和够用的特点，注重会计基本理论和基本方法的培养。

本书由赵庚学总会计师任主编，负责全书写作大纲的拟定和编写组织工作，陈芳讲师任副主编，娄振旗会计师、王洪涛会计师、王雷总会计师参加编写工作。编写分工如下：第一、二、九、十章由赵庚学总会计师执笔；第三、四、五章由娄振旗会计师执笔；第六章由陈芳讲师执笔；第七、八章由王洪涛会计师执笔；第十一、十二章由王雷总会计师执笔。最后由赵庚学、陈芳对全书进行了修改、总纂和定稿。

在本书编写过程中，得到了有关领导和同行的大力支持与帮助，对书稿内容提出了宝贵的意见和建议，同时也得到了黄河水利出版社的鼎力支持，在此表示衷心的感谢。

由于编者水平有限，疏漏之处在所难免，恳请读者提出宝贵意见，以利今后修改和补充。

编　者

2014 年 6 月 10 日

目　录

第一章 总 论

■学习目标

通过本章学习，了解会计的产生与发展，掌握会计的基本职能、会计的概念以及会计的对象，熟悉会计的任务、目标和方法。

第一节 会计概述

一、会计的产生与发展

物质资料的生产是人类社会存在和发展的基础。在社会生产活动中，人们在创造物质财富的同时，还要消耗大量的人力、物力与财力。为了更好地发展社会生产，人们要对生产过程中的人力、物力的消耗量及其劳动产品的数量进行记录、计量、计算，并对生产过程中的耗费和劳动成果进行分析、控制和审核，使之不断节约劳动耗费，取得更多的劳动产品，从而提高生产活动的成果。会计正是适应社会生产和经济管理的客观需要而产生，并随着社会生产的发展而不断发展和完善的。

会计产生于人类社会的早期，它最初只是作为生产职能的附带部分，在生产时间之外附带地把收入、支出等记载下来；当社会生产力发展到一定阶段，出现剩余产品以后，会计才逐渐地从生产职能中分离出来，形成特殊的、专门的独立职能，成为专职人员从事的经济管理工作。

会计从产生到现在经历了漫长的历史过程，从世界范围来看，大致可以划分为以下几个阶段。

（一）古代会计

人类最早的会计思想与会计行为始于旧石器时代的中晚期，距今 2 万 ~ 10 万年。当初计量、记录方法只是简单的刻记。据马克思考证，在远古的印度公社中，农业上已有了“记账员”。在我国，“会计”两字在西周时代就已出现并开始运作，同时建立了较为严格的会计机构，当时在朝廷中设立了“大宰”、“司会”等专门官职，掌管朝廷中的钱粮赋税等收支和管理大权，并建立“日成”、“月要”和“岁会”等报告文书。到唐宋时代，出现了“四柱清册”记账法。所谓“四柱”，是指“旧管”、“新收”、“开除”、“实在”，即根据旧管（期初结存）+新收（本期收入）-开除（本期支出）=实在（期末结存）进行结账，为收付记账法奠定了基础。明末清初，出现了复式记账方法“龙门账”，即把全部账目划分为“进”（收入）、“缴”（支出）、“存”（资产）、“该”（负债）四大类，并运用“进-缴=存-该”方程式，计算盈亏，编制“进缴表”和“存该表”。如果两表计算结果完全吻合，称之为“合龙门”。在清代又产生了“天地合账”，即账簿采用垂直书写，分上下两格，上格记收，下格记付，上下两格所记数额必须相等。

（二）近代会计

15 世纪，随着资本主义的经济发展，在地中海沿岸的一些城市，如意大利的佛罗伦萨、热那亚、威尼斯等地采用了以“借”、“贷”为记账符号的记账方法。意大利数学家卢卡·帕乔利为借贷记账法的推广和应用做出了巨大贡献。

【小知识 1.1】 1494 年，意大利数学家卢卡·帕乔利出版了他的《算术、几何、比及比例概要》一书，其中“计算与记录要论”部分系统地介绍了借贷记账法，是世界上最早对复式簿记的系统描述，标志着近代会计的开始，也是近代会计发展史上一个重要的里程碑。

18 世纪末 19 世纪初，美国的生产组织和经营形式发生了重大变革，以资本所有权和经营权相分离的适应社会化大生产的经营形式的股份公司应运而生，对会计工作也提出了更高的要求。企业的会计信息要为各方面的信息使用者负责，这就要求企业所提供的财务报表必须经过执业会计师的检查，然后证明是公允、可靠的，最后才能作为报表使用者决策的依据。这样就产生了审核经营者履行职责、维护股东集团和债权人利益的代理人——独立职业会计师，其主要是进行查账和公证工作。

【小知识 1.2】 1854 年，苏格兰的爱丁堡会计师公会的成立是近代会计发展史上另一个重要的里程碑，具有划时代的意义。

（三）现代会计

进入 20 世纪，特别是第一次世界大战后，美国经济发展迅速，世界经济和科学技术、管理理论和会计理论中心也随之从欧洲移至美国。在美国，涌现出众多的管理理论学派，大量的科学管理方法引入会计领域，使会计从单纯的核算转向与管理的结合，称之为“管理会计”。1952 年，世界会计学年会正式认定了“管理会计”这一会计分支。从此，会计划分为财务会计和管理会计两大分支。

会计产生和发展的历史表明：会计的产生与发展离不开人们对生产活动进行管理的客观需要，“经济越发展，会计越重要”。正如马克思所说：过程越是按社会的规模进行，越是失去纯粹个人的性质，作为对过程的控制和观念总结的簿记就越是必要。马克思所说的“簿记”指的就是会计，“过程”指的就是社会再生产过程。

二、会计的基本职能

会计职能是指会计在经济管理过程中所具有的功能。会计的基本职能包括核算和监督。

（一）会计的核算职能

1. 核算职能的含义

会计的核算职能也称反映职能，是指会计以货币为主要计量单位，对特定主体的经济活动进行确认、计量、记录和报告，为有关各方提供会计信息。确认是运用特定会计方法，以文字和金额同时描述某一交易或事项，使其金额反映在特定主体财务报表的合计数中的会计程序。确认分为初始确认和后续确认。计量是确定会计确认中用以描述某一交易或事项金额的会计程序。记录是对特定主体的经济活动采用一定的记账方法、在账簿中进行登记的会计程序。报告是在确认、计量和记录的基础上对特定主体的财务状况、经营成果和现金流量等以财务报表的形势向有关方面报告。

2. 核算职能的特点

1)会计核算以货币为主要计量单位

会计可采用三种量度(货币量度、实物量度、劳动量度)从数量上记录经济活动。但在市场经济发达的条件下,为了有效地进行管理,应广泛利用综合的价值形式计算劳动耗费的发生、劳动成果的实现以及收益的分配等。所以,会计以货币为主要计量单位,以从数量上综合反映各单位的经济活动情况,为经济管理提供可靠的会计信息。

2)会计核算具有全面性、连续性、系统性和综合性

所谓全面性,是指属于会计对象的全部经济活动内容都应予以记录,不能有任何遗漏。所谓连续性,是指各种经济业务应按照其发生的时间顺序依次进行登记。所谓系统性,是指会计提供的数据资料应当按照科学的方法进行分类,进行系统地加工、整理、汇总,以便为经济管理提供所需的各类会计信息。所谓综合性,是指会计以货币为计量单位,提供综合的会计信息。

3)会计核算有一整套科学、完整的方法

会计为了核算和监督经济活动,需采用一系列的会计核算方法。这些方法主要包括设置账户、复式记账、填制和审核会计凭证、登记账簿、成本计算、财产清查和编制财务报表等。这些方法密切配合、相互补充,构成了一个完整的方法体系。只有严格按照规定的程序和手续,科学地、综合地运用这些方法,才能使会计工作有条不紊地进行。

(二)会计的监督职能

1. 监督职能的含义

会计的监督职能也称控制职能,是指对特定主体经济活动和相关会计核算的合法性、合理性进行审查,即按照一定的标准和要求,利用会计所提供的信息对各单位的经济活动进行有效的指导、控制和调节,以达到预期的目的。合法性审查是指保证各项经济业务符合国家的有关法律、法规,杜绝违法乱纪行为。合理性审查是指检查各项财务收支是否符合财务收支计划,是否有奢侈浪费行为,为增收节支、提高经济效益严格把关。

2. 监督职能的特点

(1)会计监督的依据主要有国家的有关法律、法规、政策、会计准则、单位内部控制制度、计划和定额等。

(2)会计监督贯穿于经济活动的全过程。会计监督包括事前监督、事中监督和事后监督。事前监督,是根据监督的依据,分析预测未来可能达到的结果,保证其与目标一致。事中监督又叫日常监督,主要采用控制和审核的方法,及时发现问题、查明原因、采取措施,使其按照预定的目标和要求进行。事后监督,是对已经完成的经济活动的合法性、合理性和有效性的监督。

(3)会计监督包括合法性、合理性和有效性监督。合法性监督是对企业发生的经济事项是否符合国家的有关法律、法规、政策的监督。合理性和有效性监督是对企业发生的经济事项是否符合节约和效率原则的监督。

会计的核算、监督两项基本职能是相辅相成、辩证统一的关系。会计核算是会计监督的基础,没有核算所提供的信息,监督就失去依据;而会计监督又是会计核算质量的保障,

只有核算,没有监督,就难以保证核算所提供信息的真实性、可靠性。

此外,随着社会经济的进一步发展,会计的内容日益充实,会计的职能也在扩充和延伸。除上述基本职能外,会计还具有预测经济前景、参与经济决策、评价经营业绩等功能。

三、会计的概念

综上所述,可以将会计定义为:会计是以货币为主要计量单位,反映和监督一个单位经济活动的一种经济管理工作。

第二节　会计的对象

会计的对象是指会计核算和监督的内容,即特定主体能够用货币表现的经济活动。以货币表现的经济活动又称为价值运动或资金运动。资金运动包括各特定主体的资金投入、资金运用(资金的循环和周转)和资金退出等过程。由于各个经济组织在社会再生产过程中所处的地位和所承担的任务各不相同,因而它们所拥有的资金在运动过程中表现出来的具体形式也有着较大的差别。下面以工业企业为例来说明会计的对象。

工业企业是从事工业产品生产和销售的营利性经济组织,为了从事产品的生产和销售活动,企业必须将一定数量的资金用于建造厂房、购买机器设备和材料、支付工人工资等。生产的产品经过销售后,收回货款用来补偿生产中垫付的资金、偿还有关债务、上缴有关税金等。可见,工业企业的资金运动表现为资金投入、资金运用和资金退出等过程。

资金投入是指企业通过各种方式筹集资金的过程,是资金运动的起点。企业筹集资金有两种方式:一是所有者投入,二是向债权人借入。前者属于所有者权益,后者属于债权人权益——企业负债。企业从所有者、债权人那里筹集到的资金按照不同的资金占用形态,表现为库存现金、银行存款、原材料、机器设备等资产。

资金运用是指资金的循环和周转的过程。工业企业的资金循环和周转分为供应、生产和销售三个阶段。在供应过程中,企业用货币资金购买各种材料形成生产储备,资金就从货币资金形态转化为储备资金形态。工业企业生产过程就是产品的制造过程,产品的制造需要劳动者,借助于劳动手段对劳动对象进行加工,从而发生材料耗费、固定资产折旧以及其他费用,这样,资金就从货币资金、储备资金、固定资金转化为生产资金,当生产完成达到可销售状态但未销售时,生产资金就转化为成品资金。在销售过程中,将产品对外销售收回货币,这样资金又从成品资金转化为货币资金。资金从货币资金开始,经过供、产、销三个过程,依次由货币资金转化为储备资金、固定资金,再转化为生产资金、成品资金,最后又转化为货币资金的过程称为资金的循环。随着生产经营过程的不断进行,资金周而复始地不断循环,这一过程就叫作资金的周转。

资金退出,包括偿还各项债务、上缴各项税金、向所有者分配利润等,使得部分资金离开本企业,退出本企业的资金循环与周转。工业企业资金运动示意图如图 1-1 所示。

行政事业单位的资金运动一般只划分为资金取得和资金使用两个阶段。这类经济组织的资金一般来源于国家财政预算拨款,具有无偿性质,获得的资金一旦被使用就会直接转化为费用或支出。这类经济组织的资金运动体现的是直线式的一次性运动方式。

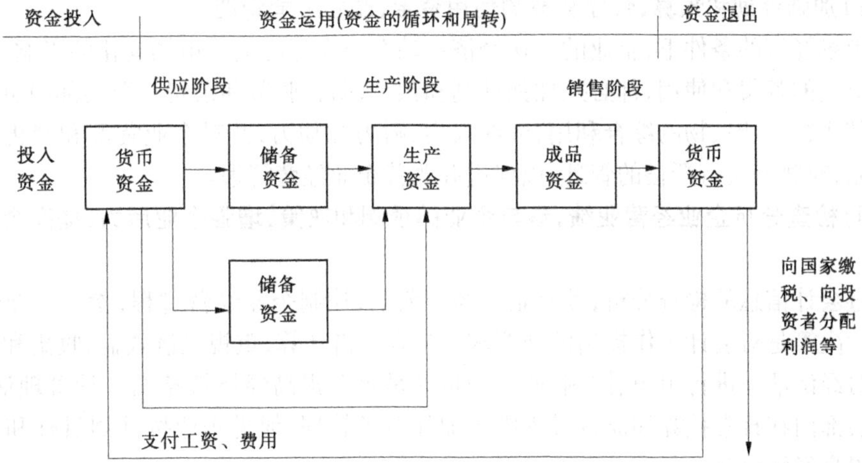

图 1-1 工业企业资金运动示意图

【小思考 1.1】 商品流通企业的资金是如何进行循环和周转的?

第三节 会计的任务和目标

一、会计的任务

会计的任务是指对会计对象进行核算和监督所要达到的目的与要求。它取决于会计对象的特点和经济管理的要求。

(一)及时反映单位的经济活动过程,提供真实完整的会计信息

会计信息是经济信息的重要方面,会计部门必须利用会计的全面性和综合性特点,按照《中华人民共和国会计法》(简称《会计法》)的规定,正确贯彻《企业财务通则》和《企业会计准则》,正确、及时、完整地反映企业的经济活动和经营成果,为企业经营决策和投资人等提供可靠的会计信息。

(二)监督单位严格执行国家的财经法规制度和内部控制制度,保护国家利益、社会公众利益和投资者的权益

保护国家利益、社会公众利益和投资者利益是企业会计的主要任务,为此必须做到:

(1)企业的一切经济活动必须严格按照国家的政策法令和财务制度办事,并监督其执行。

(2)保障投资人的权益,不得任意增减资本金,不得任意转移资金和盈余,并保证国有资产不受损害。

(3)全面记录企业财物的增减变动情况,定期组织财产的清查和核对,保证企业财物在数量上和质量上的安全与完整。

(4)加强会计稽核和检查,进行事先、事中和事后控制,促使企业合理有效地运行,并制止乱挤成本、乱摊费用、铺张浪费和违法乱纪的行为。

（三）加强计划和预算，合理和节约使用资金，改善经营管理

在市场经济的条件下，企业的一切经济活动在很大程度上受市场变化的影响。因此，对企业资金的筹集和使用，都必须加强计划和预算，防止脱节和浪费。财会部门更应当在企业内部实行人、财、物的综合利用，节约人力、财力和物力，并对企业货源和销售实行有效的控制，对物资实行严格的管理，以促进并改善企业经营管理。

（四）检查分析企业经营业绩，参与企业的预测和决策，增强企业活力，提高企业经济效益

通过会计信息的检查分析，预测企业经济前景，控制企业经营过程，参与企业经营计划和经营决策是对会计工作提出的新要求。加强经济核算，重视经济效益，收集和利用经济信息对经济活动进行组织、控制、调节和指导是企业提高经济效益的一种管理活动，它要求财会部门在日常核算和监督过程中要加强财务管理，促进企业按计划目标和市场要求不断提高经济效益。

二、会计的目标

会计的目标又称财务会计报告的目标，是向财务会计报告使用者提供与企业财务状况、经营成果和现金流量等有关的会计信息，反映企业管理层受托责任的履行情况，有助于财务会计报告使用者作出经济决策。会计的目标主要包括以下两个方面的内容。

（一）向财务会计报告使用者提供决策有用的信息

企业编制财务会计报告的主要目的是满足财务会计报告使用者的信息需要，有助于财务会计报告使用者作出经济决策。因此，向财务会计报告使用者提供决策有用的信息是财务报告的基本目标。如果企业在财务会计报告中提供的会计信息与使用者的决策无关，没有使用价值，那么财务会计报告就失去了其编制的意义。

（二）反映企业管理层受托责任的履行情况

在现代公司制下，企业所有权和经营权相分离，企业管理层是受委托人之托经营管理企业及其各项资产，负有受托责任，即企业管理层所经营管理的企业各项资产基本上均为投资者投入的资本（或者留存收益作为再投资）或者向债权人借入的资金所形成的，企业管理层有责任妥善保管并合理、有效地运用这些资产。尤其是企业投资者和债权人等，需要及时了解企业管理层保管、使用资产的情况，以便评价企业管理层受托责任的履行情况和业绩情况，并据此作出经济决策。

第四节　会计的方法

会计的方法是用来核算和监督会计对象，完成会计任务的手段。会计的方法是随着科学技术发展和经济管理水平的提高而不断充实与提高的，会计的方法包括核算方法、监督方法、预测方法、分析方法等。本书主要阐述会计核算方法，其他方法在相关课程中讲述。

会计核算方法是指对经济业务进行确认、计量、记录和报告的方法。主要包括设置账户、复式记账、填制和审核会计凭证、登记账簿、成本计算、财产清查、编制财务报表等7种方法。

一、设置账户

设置账户就是对会计对象的具体内容分类进行核算和监督的一种专门方法。企业在日常的生产经营活动中发生的各种会计事项既繁杂又零乱，为了连续、系统、全面地核算和监督，需要通过一定的方法对会计对象进行归类，使相同性质的经济业务得以归集，以便于集中核算。账户必须是根据规定的会计科目开设的，用以登记各项经济业务，以便于取得各种核算指标。

二、复式记账

复式记账就是对每笔经济业务都以相等的金额在两个或两个以上相互联系的账户中同时进行记录的一种记账方法。

【小思考 1.2】　复式记账的特点有哪些？

三、填制和审核会计凭证

填制和审核会计凭证是为了保证账户记录的正确、完整，也是为了保证审查经济业务合理、合法而采用的一种专门方法。会计凭证是记录经济业务发生和完成情况、明确经济责任的书面证明，是登记账簿的依据。对于已经发生或完成的经济业务，都要取得或填制会计凭证，并加以审核，作为登记账簿的依据。通过填制和审核会计凭证可以提供既真实可靠又合理合法的会计凭证，从而保证会计信息核算的质量，并明确相应的责任。

四、登记账簿

登记账簿就是根据审核无误的会计凭证在账簿中全面、连续、系统、综合地记录经济业务的一种专门方法。账簿是由具有一定格式的若干账页组成的簿记，是会计记录经济业务内容的一种载体。登记账簿必须以会计凭证为依据，利用账户和复式记账法，将经济业务分门别类地登记到账簿中去，并定期进行结账和对账，为编制财务报表提供完整而又系统的数据资料。

五、成本计算

成本计算就是归集一定的成本计算对象所发生的全部费用，进而确定其总成本和单位成本的一种专门方法。通过成本计算可以掌握成本的构成情况，考核成本计划的完成情况，了解生产经营活动的成果，促使企业加强核算，节约支出，提高经济效益。

六、财产清查

财产清查就是通过盘点实物、核对账目、查明财产物资的实际结存数与账面结存数是否相符的一种专门方法。通过财产清查，可以查明各项财产物资保管和使用是否合理、债权和债务的结算是否及时等情况，有利于加强财产物资管理，保证财产物资的安全和完整，并为编制财务报表提供正确的资料。

七、编制财务报表

编制财务报表就是以书面报告形式，定期总结反映企业的财务状况和经营成果的一种专门方法。财务报表主要是根据账簿记录，经过加工整理而产生的一套完整的指标体系。这些指标可以为财务报表使用者提供有关的会计信息，有助于其作出经济决策。

会计核算的各种专门方法是相互联系、密切配合的，它们之间构成了一个完整的方法体系，在会计核算中必须正确地加以运用。对日常发生的各项经济业务，要填制和审核会计凭证；根据审核无误的会计凭证，按照规定的会计科目设置账户，采用复式记账法登记账簿；对生产经营过程中所发生的各项费用进行成本计算；对账簿记录要通过财产清查加以核实，保证账实相符。同时，以准确无误的账簿记录为依据，定期编制财务报表。

■本章小结

本章主要阐述了会计的产生与发展、会计的概念、职能、对象、任务以及会计核算方法等。

会计是以货币为主要计量单位，反映和监督一个单位经济活动的一种管理活动。会计的基本职能包括核算和监督。会计的对象是指会计核算和监督的内容，即特定主体能够以货币表现的经济活动。会计的目标包括向财务会计报告使用者提供决策有用的信息和反映企业管理层受托责任的履行情况。会计核算方法包括设置账户、复式记账、填制和审核会计凭证、登记账簿、成本计算、财产清查和编制财务报表等。

■主要概念

会计　会计职能　会计的对象　会计的目标　会计核算方法

■基本训练

□知识题

1.1　阅读理解

1)什么是会计？会计是如何产生与发展的？

2)为什么说“经济越发展，会计越重要”？

3)什么是会计核算方法？具体包括哪些内容？

1.2　知识应用

1)什么是会计职能？会计的基本职能有哪些？它们之间的关系如何？举例说明。

2)什么是会计的对象？以工业企业为例说明会计的对象。

第二章　会计假设与会计信息质量要求

■学习目标

通过本章学习，掌握会计假设的内容、具体含义，了解会计假设的意义，了解会计信息质量要求的内容及其具体含义，掌握会计处理基础及其具体运用。

第一节　会计假设

在市场经济条件下，会计核算所处的经济环境的复杂性和多变性，决定了对会计确认、计量、报告必须作出一定的假设。

会计假设又称会计核算的基本前提，是对会计核算所处时间、空间环境等所作的合理设定；是为了保证会计工作的正常进行和会计信息的质量，对会计核算中某些不确定因素，根据正常情况和客观需要，在空间范围内、时间界限上和计量方式上所做的一些合乎情理的限制和规定。会计假设虽有人为"假定"的一面，但绝不是毫无根据的虚构设想。作为进行会计工作的前提条件，会计假设是会计人员在长期的会计实践中逐步认识和总结而形成的。没有会计假设，会计活动就失去了确认、计量、记录和报告的基础，会计工作就无法进行下去。

一、会计主体

《企业会计准则——基本准则》第五条规定，企业应当对其本身发生的交易或者事项进行会计确认、计量和报告。

会计主体又称会计实体，是指企业会计确认、计量和报告的空间范围。为了向财务报告使用者反映企业财务状况、经营成果和现金流量，提供决策有用的信息，会计核算和财务报告的编制应当集中反映特定对象的活动，并将其与其他经济实体区别开来，才能实现财务报告的目标。

企业进行会计核算时，必须首先明确会计主体，即为谁核算，核算谁的经济业务。会计主体假设是指会计核算反映一个特定企业的经济活动，即不包括企业所有者本人，更不包括其他企业的经济活动，只是记本主体的账。会计主体假设明确了会计工作的空间范围。

明确了会计主体，才能划定会计所要处理的各项交易或者事项的范围。在会计核算中，只有那些影响企业本身经济利益的各项交易或事项才能加以确认和计量，那些不影响企业本身经济利益的各项交易或事项则不能加以确认和计量。会计核算都是针对特定会计主体而言的。

明确了会计主体，才能把握会计人员处理经济业务的立场。任何交易都是买卖双方的活动，而会计只记录买或卖一方主体的经济活动。

【观念应用 2.1】 甲企业从乙企业购进一批商品，按照会计主体的要求，会计人员应站在本企业的立场上处理业务，即甲企业的会计应作商品购进的账务处理，而乙企业的会计应作商品销售的账务处理。

会计主体不同于法律主体（法人）。法律主体（法人）是指出资人组建，在政府职能部门登记注册，拥有法人财产权，具有独立民事行为能力的单位。一般来说，法律主体往往是一个会计主体，但会计主体不一定是法律主体。会计主体可以是独立的法人，也可以是非法人；可以是单一企业，也可以是几个企业组成的企业集团。

二、持续经营

《企业会计准则——基本准则》第六条规定，企业会计确认、计量和报告应当以持续经营为前提。

持续经营是指在可以预见的将来，企业将会按当前的规模和状态继续经营下去，不会停业，也不会大规模削减业务。在正常情况下，会计主体的生产经营活动将连续不断、无限期地进行下去，在可以预见的未来，会计主体不会面临破产、解散、停业的问题，所持有的资产将正常营运，所负有的债务将正常偿还。会计核算之所以能够选用一系列的会计处理政策、方法和原则，都是建立在持续经营前提的基础上的。持续经营假设界定了会计工作的时段和提供了会计信息的时间范围。

有了这个假设，会计人员就可以选择恰当的会计原则和会计方法。例如，通常企业的固定资产可以在一个较长的时期发挥作用，如果可以判断企业会持续经营，就可以假定企业的固定资产会在生产经营过程中长期发挥作用，服务于生产经营过程，会计人员就可以根据历史成本记录并采用计提折旧的方法，将固定资产的历史成本分摊到各个会计期间的产品成本或费用中。

持续经营是根据企业发展的一般情况所作的假设，而在任何时候企业都存在着破产、倒闭的风险。因此，要求企业定期对持续经营的基本前提做出分析和判断。如果判断企业不能持续经营时，就应当改变会计核算的原则和方法，并在财务会计报告中进行披露。

三、会计分期

《企业会计准则——基本准则》第七条规定，企业应当划分会计期间，分期结算账目和编制财务会计报告。会计期间分为年度和中期。中期是指短于一个完整的会计年度的报告期间。在我国，会计年度自公历每年的 1 月 1 日起至 12 月 31 日止。

会计分期又称会计期间，是指一个企业持续经营的生产经营活动，划分为一个个连续的、长短相同的期间。中期通常分为半年度、季度和月度，均按公历起讫日期确定。

会计分期的目的，在于通过会计期间的划分，将持续经营的生产经营活动划分成连续、相等的期间，据以结算盈亏，按期编制财务会计报告，从而及时向财务会计报告使用者提供有关企业财务状况、经营成果和现金流量的信息，满足有关方面的需要。

按照持续经营的假定，只有等到企业所有的生产经营活动结束后，才能通过收入和费用的归集与比较准确地反映企业的财务状况和经营成果。但是，无论是企业的内部经营还是投资者、债权人等，都需要及时了解企业的财务状况、经营成果和现金流量等方面的信息，以便做出正确决策。显然，要等到企业的经营活动全部结束时，再进行盈亏核算和编制财务报表是不可能的。所以，会计核算应当划分会计期间，即人为地将持续不断的企业生产经营活动划分为一个个首尾相接、等间距的会计期间，分期确认、计量和报告企业的财务状况、经营成果和现金流量。

会计期间的划分对于会计核算程序和方法的确定具有重要的意义，由于有了会计分期，才产生了当期、以前期间、以后期间的区别，才产生了权责发生制和收付实现制，才使不同类型的会计主体有了记账的基准，进而出现了折旧、摊销等会计处理方法。

四、货币计量

《企业会计准则——基本准则》第八条规定，企业会计应当以货币计量。

货币计量是指会计主体在会计确认、计量和报告时，以货币作为统一的计量单位，反映会计主体的生产经营活动。它包含了两层含义：一是货币可作为价值计量的共同尺度，是会计的主要计量单位；二是假定货币币值稳定不变。

在会计核算过程中，之所以选择货币作为计量单位，是由货币的本身属性决定的。货币是商品的一般等价物，是衡量一般商品价值的共同尺度，具有价值尺度、流通手段、储藏手段和支付手段等特点，能用以计量一切资产、负债和所有者权益，以及收入、费用和利润，也便于综合。其他计量单位，如质量、长度、件等，只能从一个侧面反映企业的生产经营情况，无法在量上进行汇总和比较，不便于会计计量和经营管理。只有选择了货币进行计量，才能充分反映企业的生产经营情况。需要说明的是，其他计量单位在会计核算中也要使用，但不占主要地位。

会计上把货币作为计量单位，是以币值稳定为前提条件的。因为只有在币值稳定或相对稳定的情况下，不同时点的资产的价值才具有可比性，不同时期的收入和费用才能进行比较，才能计算、确定其经营成果，提供的会计信息才能真实地反映企业的经营情况。

在货币计量前提下，企业会计应当以货币计量。在我国，企业会计通常应当以人民币作为记账本位币。业务收支以人民币以外的货币为主的企业，可以选定其中一种货币作为记账本位币，但是编报的财务会计报告应当折算为人民币。在境外设立的中国企业向国内报送的财务会计报告，也应当折算为人民币。所谓记账本位币，是指企业经营所处的主要经济环境中的货币。

会计核算的四项基本前提具有相互依存、相互补充的关系。会计主体确立了会计核算的空间范围，持续经营与会计分期确立了会计核算的时间长度，而货币计量则为会计核算提供了必要手段。没有会计主体，就不会有持续经营；没有持续经营，就不会有会计分期；没有货币计量，就不会有现代会计。

第二节　会计基础

企业在持续经营过程中，不断地取得收入，也不断地发生费用，将收入和相关的费用相比较，就可以计算和确定企业生产经营活动所产生的利润（或亏损）。由于企业生产经营活动是连续的，而会计期间是人为划分的，所以就会出现一部分收入和费用与货币款项收到与付出在会计期间上不一致的情况。在处理这类经济业务时，应正确选择合适的会计处理基础。可供选择的会计处理基础有权责发生制和收付实现制两种。

一、权责发生制

《企业会计准则——基本准则》第九条规定，企业应当以权责发生制为基础进行会计确认、计量和报告。

权责发生制亦称应收应付制，又称应计制，是指在会计核算中以应收应付作为计算标准来确定本期收入和费用的一种会计处理方法。

权责发生制基础的要求是，凡是当期已经实现的收入和已经发生或应当负担的费用，无论款项是否收付，都应作为当期的收入和费用，计入利润表；凡是不属于当期的收入和费用，即使款项已经在当期收付，也不应作为当期的收入和费用。这种方法的核心是根据权责关系的实际发生与影响期间来确认企业的收入和费用。

权责发生制具体可以分解为以下四个要点：

（1）凡应当计入当期的收入，即使该款项还没有收到，也应当作为当期的收入处理。

【观念应用 2.2】　企业于 8 月 15 日销售商品一批，按合同规定于 9 月 20 日收到货款，存入银行。由于商品已经发出，企业已经在 8 月份取得了收回货款的权利，按照权责发生制基础的要求，虽然在 9 月份才收到货款，但也应将其作为 8 月份的收入处理。甲企业从乙企业购进一批商品，按照会计主体的要求，会计人员应站在本企业的立场上处理业务，即甲企业的会计应作商品购进的账务处理，而乙企业的会计应作商品销售的账务处理。

（2）凡不应当计入当期的收入，即使该款项已经收到，也不应当作为当期的收入处理。

【观念应用 2.3】　企业于 8 月 15 日收到一笔预付货款，存入银行，按合同规定于 9 月 20 日交付商品。由于商品没有发出，企业在 8 月份尚未取得收回货款的权利，按照权责发生制的处理标准，虽然在 8 月份已经收到货款，但也不应将其作为 8 月份的收入处理。

（3）凡应当计入当期的费用，即使该款项还没有支付，也应当作为当期的费用处理。

【观念应用 2.4】　企业于 2012 年 12 月 25 日购入办公用品一批，按合同规定于 2013 年 2 月 10 日支付款项。企业虽然在 2012 年 12 月未支付款项，但这批办公用品已经在生产经营中发挥了作用，按照权责发生制的处理标准，2012 年 12 月有承担这笔费用的责任，故应将其作为 2012 年 12 月份的费用处理。

（4）凡不应当计入当期的费用，即使该款项已经支付，也不应当作为当期的费用处理。

【观念应用 2.5】　企业于 2012 年 12 月 25 日以银行存款预付 2013 年年度财产保险费。企业虽然在 2012 年已经支付款项，但保险合同在 2014 年才能生效，按照权责发生制的处理标准，2012 年 12 月没有承担这笔费用的责任，故不应将其作为 2012 年 12 月份的费用处理。

由此可见，采用权责发生制，可以正确反映各个会计期间所实现的收入和为实现收入所应负担的费用，从而可以把各期的收入与其相关的费用、成本相配合，加以比较，正确确定各期的经营成果。但是，其实务处理比较复杂。因为企业日常的账簿记录不能完全地反映本期的收入和费用，需要在会计期末对账簿记录进行账项调整，即将本期应收未收的收入和应付未付的费用记入账簿。同时，将本期已经收取现金的预收收入和已付出现金的预付费用在本期与以后各期之间进行分摊并转账。

权责发生制能够比较合理、真实地反映本期的收入和费用，所以适用于企业。

二、收付实现制

收付实现制亦称现收现付制，又称现金制，是指在会计核算中以款项的实际收到或付出作为计算标准来确定本期收入和费用的一种会计处理方法。

在收付实现制下，凡本期实际收到的款项，不论其是否属于本期实现的收入，均作为本期的收入处理；凡本期实际付出的款项，不论其是否属于本期负担的费用，均作为本期的费用处理。反之，凡本期没有实际收到的款项，即使应属于本期实现的收入，也不作为本期的收入处理；凡本期没有实际付出的款项，即使应属于本期负担的费用，也不作为本期的费用处理。

【观念应用2.6】 企业于8月15日销售商品一批，按合同规定于9月20日收到货款，存入银行。这笔款项虽然属于8月份实现的收入，但由于是在9月份才收到货款，按照收付实现制的处理标准，应将其作为9月份的收入处理。

【观念应用2.7】 企业于8月15日销售商品一批，按合同规定于9月20日收到货款，存入银行。这笔款项虽然属于9月份实现的收入，但由于是在8月份已经收到货款，按照收付实现制的处理标准，应将其作为8月份的收入处理。

【观念应用2.8】 企业于8月15日销售商品一批，按合同规定于9月20日收到货款，存入银行。这笔款项虽然属于2012年各月负担的费用，但由于是在2011年12月支付了款项，按照收付实现制的处理标准，应将其作为2011年12月份的费用处理。

【观念应用2.9】 企业于8月15日销售商品一批，按合同规定于9月20日收到货款，存入银行。这笔款项虽然属于2011年12月份负担的费用，但由于是在2012年2月份支付了款项，按照收付实现制的处理标准，应将其作为2012年2月份的费用处理。

在收付实现制下，不论收入的权利和支付的义务归属于哪一期，只要款项的实际收付在本期，就应确认为本期的收入和费用，不考虑预收收入和预付费用，以及应计收入和应计费用的存在。这种处理方法会计记录直观，便于根据账簿记录量入为出；会计处理简便，不需要对账簿记录进行期末账项调整，因为实际收到的和付出的款项必然已经登记入账。但是这种处理方法，无法实现本期收入和费用的配比，不能正确计算各期损益。收付实现制主要适用于行政、事业单位。

【小思考2.1】 权责发生制与收付实现制的区别体现在哪些方面？

第三节　会计信息质量要求

会计工作的基本任务就是向财务会计报告使用者提供与企业财务状况、经营成果和现金流量等有关的会计信息。会计信息质量的高低是评价会计工作成败的标准。《企业会计准则——基本准则》规定了会计信息质量要求，其分别是：可靠性、相关性、可理解性、可比性、实质重于形式、重要性、谨慎性和及时性。

一、可靠性

《企业会计准则——基本准则》第十二条规定，企业应当以实际发生的交易或者事项为依据进行会计确认、计量和报告，如实反映符合确认和计量要求的各项会计要素及其他相关信息，保证会计信息真实可靠、内容完整。

可靠性又称客观性、真实性，是对会计信息质量的一项基本要求。会计作为一个信息系统，其提供的信息是投资者、债权人、政府部门、企业内部各职能部门和社会公众等各方面进行决策的重要依据。因此，应该做到资料可靠、数字准确、内容完整。

在会计核算工作中坚持可靠性原则，就是要求企业在会计核算的各个阶段必须以实际发生的经济活动及表明经济业务发生的合法凭证为依据，进行会计确认、计量和报告，力求真实客观。企业在会计核算工作中应当正确运用会计原则和方法，准确反映企业的实际情况。企业应当保证所提供会计信息的完整性，其中包括应当编报的财务报表及其附注内容等保持完整，不能随意遗漏或者减少应予披露的信息，与使用者决策相关的有用信息都应当充分披露。

如果企业的会计核算不是以实际发生的交易或事项为依据，没有如实地反映企业的财务状况、经营成果和现金流量，会计工作就失去了存在的意义，甚至会误导会计信息使用者，导致决策的失误。只有可靠的会计信息，才有利于会计资料使用者的正确判断和决策。

二、相关性

《企业会计准则——基本准则》第十三条规定，企业提供的会计信息应当与财务会计报告使用者的经济决策需要有关，有助于财务会计报告使用者对企业过去、现在或者未来的情况作出评价或者预测。

相关性又称有用性，也是会计信息质量的一项基本要求。会计核算资料是进行经济决策必不可少的信息，因此要求会计信息与财务会计报告使用者的经济决策相关，对财务会计报告使用者有用。相关的会计信息能够有助于财务会计报告使用者评价过去的决策，证实或修正某些预测，从而具有反馈价值；有助于财务会计报告使用者作出预测和决策，从而具有预测价值。

在会计核算工作中坚持相关性原则，就是要求在收集、加工、处理和提供会计信息的过程中，充分考虑财务会计报告使用者的信息需求。如果会计信息提供以后，没有满足财务会计报告使用者的需要，对财务会计报告使用者决策没有什么作用，就不具有相关性。

三、可理解性

《企业会计准则——基本准则》第十四条规定，企业提供的会计信息应当清晰明了，便于财务会计报告使用者理解和使用。

可理解性又称明晰性，是对会计信息质量的一项重要要求。企业编制财务会计报告、提供会计信息的目的在于使用，要使用会计信息首先必须了解会计信息的内涵，弄懂会计信息的内容，如果不能做到这一点，就谈不上对信息的使用。这就要求财务会计报告所提供的会计信息应当清晰明了，易于理解。

在会计核算工作中坚持明晰性原则，就是要求会计记录应当准确、清晰，填制会计凭证、登记会计账簿必须做到依据合法、账户对应关系清楚、文字摘要完整；在编制财务报表时，项目勾稽关系清楚、项目完整、数字准确。

会计信息毕竟是一种专业性较强的信息产品，信息是否被使用者所理解，取决于信息本身是否易懂，也取决于使用者理解信息的能力。因此，会计人员应尽可能传递表达易被使用者理解的会计信息，而使用者也应设法提高自身的综合素养，以增强理解会计信息的能力。

四、可比性

《企业会计准则——基本准则》第十五条规定，企业提供的会计信息应当具有可比性。同一企业不同时期发生的相同或者相似的交易或者事项，应当采用一致的会计政策，不得随意变更。确需变更的，应当在附注中说明。不同企业发生的相同或者相似的交易或者事项，应当采用规定的会计政策，确保会计信息口径一致、相互可比。

可比性也是会计信息质量的一项重要要求。它包括两个方面的含义，即同一企业不同时期的纵向可比，不同企业同一时期的横向可比。

（一）同一企业不同时期的纵向可比

为了明确企业财务状况和经营业绩的变化趋势，财务会计报告使用者必须能够比较企业不同时期的财务报表。保证会计信息可比性的前提是企业在各个会计期间应尽可能地采用相同的会计核算方法，即同一企业不同时期发生的相同或者相似的交易或者事项，应采用一致的会计政策，不得随意变更。

【观念应用2.10】　确定发出存货的实际成本，可以采用先进先出法、加权平均法或者个别计价法等；固定资产折旧方法可以采用年限平均法、工作量法、年数总和法、双倍余额递减法等。如果前后期的会计核算方法不一致，就会出现会计核算的信息因口径不一致而缺乏可比性。

满足会计信息可比性要求，并不是说企业在任何情况下都不得变更会计政策，如果按照规定或者在会计政策变更后可以提供更可靠、更相关的会计信息，可以变更会计政策。但有关会计政策变更的情况，应当在附注中予以说明。

（二）不同企业同一时期的横向可比

不同的企业可能处于不同行业、不同地区，经济业务发生于不同时点，为了保证会计信息满足决策的需要，便于比较不同企业的财务状况、经营成果和现金流量，企业应当遵循可比性要求,即不同企业同一会计期间发生的相同或者相似的交易或者事项,应当采用规定的会计政策,确保会计信息口径一致、相互可比,以使不同企业按照一致的确认、计量和报告要求提供有关会计信息。

如果对于相同或者相似的交易或者事项,不同的企业或者同一企业在不同的会计期间采用不同的会计政策,将不利于财务会计报告使用者对会计信息的理解,不利于会计信息作用的发挥。

五、实质重于形式

《企业会计准则——基本准则》第十六条规定,企业应当按照交易或者事项的经济实质进行确认、计量和报告,不应仅以交易或者事项的法律形式为依据。

实质重于形式就是要求在对会计要素进行确认、计量和报告时,应重视交易的实质,而不管其采用何种形式。遵循实质重于形式原则,体现了对经济实质的尊重,能够保证会计确认、计量信息与客观经济相符。

在实际工作中,交易或者事项的外在法律形式或人为形式并不总能完全真实地反映其实质内容,会计信息要想反映其所拟反映的交易或事项,就必须根据交易或事项的实质和经济现实,而不能仅仅根据它们的法律形式进行核算和反映。

【观念应用2.11】 融资租入的固定资产,在租期未满以前,从法律形式上讲,所有权并没有转移给承租人,但是从经济实质上讲,与该项固定资产相关的收益和风险已经转移给承租人,承租人实际上也能行使对该项固定资产的控制,因此承租人应该将其视同自己的资产,一并计提折旧和大修理费用。

【观念应用2.12】 企业按照销售合同销售商品但又签订了售后回购协议,虽然从法律形式上看实现了收入,但如果企业没有将商品所有权上的主要风险和报酬转移给购货方,没有满足收入确认的各项条件,即使签订了商品销售合同或者已将商品交付给购货方,也不应当确认销售收入。

如果企业的会计核算仅仅按照交易或者事项的法律形式或人为形式进行,而其法律形式或人为形式又没有反映其经济实质和经济现实,那么,其最终结果将不仅不会有利于财务会计报告使用者的决策,反而会误导财务会计报告使用者的决策。

六、重要性

《企业会计准则——基本准则》第十七条规定,企业提供的会计信息应当反映与企业财务状况、经营成果和现金流量等有关的所有重要交易或者事项。

重要性,是指财务会计报告中提供的会计信息的省略或者错报会影响投资者等使用者据此做出决策的,该信息就具有重要性。

重要性原则就是要求财务会计报告在全面反映企业的财务状况和经营成果的同时,应当区别经济业务的重要程度,采用不同的会计处理程序和方法。具体来说,对于重要的经济业务,应单独核算、分项反映,并在财务会计报告中予以全面、准确地披露,以利于财务会计报告使用者据此做出合理、正确的判断;对于不重要的经济业务,在不影响会计信息真实性的情况下,可以采用简便的会计处理方法进行核算。

重要性具有相对性，并不是同样的业务对不同的企业都是重要或不重要的事项。评价某些会计事项的重要性，很大程度上取决于会计人员的职业判断。一般来说，企业应当根据其所处环境和实际情况，从事项的性质和数量两个方面进行判断。从性质方面来说，如果某会计事项的发生可能对决策产生重大影响，则该事项属于具有重要性的事项；从数量方面来说，当某会计项目的发生达到一定数量或比例可能对决策产生重要影响，则该事项属于具有重要性的事项。

七、谨慎性

《企业会计准则——基本准则》第十八条规定，企业对交易或者事项进行会计确认、计量和报告应当保持应有的谨慎，不应高估资产或者收益、低估负债或者费用。

谨慎性又称稳健性，是指在处理不确定性经济业务时，应持谨慎态度，如果一项经济业务有多种处理方法可供选择时，应采用不导致夸大资产、虚增利润的方法。在进行会计核算时，应当合理预计可能发生的损失和费用，而不应预计可能发生的收入和过高估计资产的价值。

在会计核算工作中坚持谨慎性原则，就是要求企业在面临不确定因素的情况下作出职业判断时，应当保持必要的谨慎，充分估计到各种风险和损失，既不高估资产或者收益，也不低估负债或者费用。

【观念应用 2.13】 资产存在减值迹象的，应当估计其可收回金额。可收回金额的计量结果表明，资产的可收回金额低于其账面价值的，应当将资产的账面价值减记至可收回金额，减记的金额确认为资产减值损失，计入当期损益，同时计提相应的资产减值准备，就充分体现了谨慎性原则。

企业的经营活动充满着风险和不确定性，遵循谨慎性，对企业存在的经营风险加以合理估计，对防范风险起到预警作用，有利于企业做出正确的经营决策，有利于保护投资者和债权人的利益，有利于提高企业在市场上的竞争能力。

需要注意的是，谨慎性并不意味着企业可以任意设置各种秘密准备。例如，按照有关规定企业应当计提坏账准备、存货跌价准备等减值准备。但是，在实际执行时，有些企业在前一年度大量计提减值准备，待后一年度予以转回。这种行为属于滥用谨慎性，扭曲了企业实际的财务状况和经营成果，从而会对财务报告使用者的决策产生误导，这是会计准则所不允许的。

八、及时性

《企业会计准则——基本准则》第十九条规定，企业对于已经发生的交易或者事项，应当及时进行会计确认、计量和报告，不得提前或者延后。

及时性是指会计核算工作要讲究时效，要求会计业务的处理必须及时进行，以便会计信息的及时利用。

在会计确认、计量和报告过程中坚持及时性原则，一是要求及时收集会计信息，即在交易或者事项发生后，及时收集整理各种原始交易单据或者凭证；二是要求及时处理会计信息，即按照会计准则的规定，及时对经济交易或者事项进行确认或者计量，并编制财务报告；三是要求及时传递会计信息，即按照国家规定的有关时限，及时地将编制的财务报告传递给财务报告使用者。

会计信息的价值在于帮助所有者或其他方面做出经济决策，具有时效性。即使是客观、可比、相关的会计信息，如果不及时提供，对于财务会计报告使用者也没有任何意义，甚至可能会误导财务会计报告使用者。

■本章小结

会计假设是企业会计确认、计量和报告的前提，是对会计核算过程中某些不确定的因素所做的基本假定。会计主体界定了会计工作的空间范围，持续经营和会计期间界定了会计工作的时间界限，货币计量界定了会计工作的计量手段。

会计处理基础有两种，分别是权责发生制和收付实现制。权责发生制是根据权责关系的实际发生来确认本期的收入和费用的一种方法，适用于企业。收付实现制是以款项的实际收付作为计算标准来确定本期的收入和费用的一种方法，适用于行政、事业单位。

会计信息质量要求是对企业财务报告中所提供会计信息质量的基本要求。其中，可靠性、相关性、可理解性和可比性是会计信息的首要质量要求，是企业财务会计报告中所提供会计信息应具备的基本质量特征；实质重于形式、重要性、谨慎性和及时性是会计信息的次级质量要求，是对可靠性、相关性、可理解性和可比性等首要质量要求的补充和完善。另外，及时性还是会计信息相关性和可靠性的制约因素，企业需要在相关性和可靠性之间寻求一种平衡，以确定信息及时披露的时间。

■主要概念

会计假设　会计基础　会计信息质量要求　会计主体　会计分期　权责发生制

■基本训练

□知识题

1.1　阅读理解

1）什么是会计假设？其意义是什么？

2）什么是权责发生制？权责发生制与收付实现制的区别有哪些？

1.2　知识应用

1）甲企业从乙企业购进一批商品，乙企业应作何种会计处理？

2）企业按照销售合同销售一批商品，但同时又签订了回购协议，该项销售是否应当确认销售收入？

3）会计主体与法律主体是否一致？为什么？

□技能题

1.1　规则练习

1）会计假设具体包括哪些内容？各自的含义是什么？

2）会计信息质量要求包括哪些内容？其具体含义是什么？

3）企业会计确认、计量和报告的基础是什么？

4）我国会计准则中关于会计分期是如何规定的？

1.2　操作练习

某企业2012年11月发生下列经济业务:

(1)销售产品50 000元,货款存入银行;

(2)销售产品10 000元,货款尚未收到;

(3)本月应计提短期借款利息3 200元;

(4)收回上月销货款15 000元;

(5)预收销货款20 000元。

要求:根据上述资料,分别按权责发生制和收付实现制原则计算该企业本月收入和费用。

第三章　会计要素与会计等式

■学习目标

通过本章学习，重点掌握会计要素的含义、特征、确认条件及会计要素之间的关系；理解会计基本等式和扩展会计等式；熟悉经济业务类型及其对会计基本等式的影响；了解会计计量属性的种类和会计计量的应用原则。

第一节　会计要素

会计要素是对会计对象按经济特征所做的基本分类，是会计核算对象的具体化，是反映会计主体的财务状况和经营成果的基本单位，是构成财务报表的基本框架。因此，会计要素又称财务报表要素。

依据我国的《企业会计准则——基本准则》，会计要素有六个，即资产、负债、所有者权益、收入、费用、利润。

一、资产

（一）资产的定义

资产是指企业过去的交易或者事项形成的、由企业拥有或者控制的、预期会给企业带来经济利益的资源。

（二）资产的特征

1. 资产是由企业过去的交易或者事项形成的

这里所讲的"企业过去的交易或者事项"，包括购买、生产、建造行为或其他交易或者事项。预期在未来发生的交易或者事项不形成资产。资产必须是现实的资产，而不能是预期的资产。

只有过去发生的交易或者事项才能增加或减少企业的资产，而不能根据谈判中的交易或计划中的经济业务来确认资产。

例如，已经发生的固定资产购买交易会形成企业的资产，而计划中的固定资产购买交易则不会形成企业的资产。

2. 资产必须是为企业所拥有或者控制的资源

这里所讲的"拥有或者控制"，是指企业享有某项资源的所有权，或者虽然不享有某项资源的所有权，但该资源能被企业所控制。企业拥有资产，就能够排他性地从资产中获取经济利益。有些资产虽然不为企业所拥有，但是企业能够支配这些资产，实质上已经控制了这些资产的未来收益和风险，同样能够排他性地从资产中获得经济利益。如果企业不能拥有或控制资产所能带来的经济利益，那么就不能作为企业的资产。

【观念应用 3.1】　对于以融资租赁方式租入的固定资产来说，虽然企业并不拥有其所有权,但是由于租赁合同规定的租赁期相当长,租赁期结束时,承租企业有优先购买该资产的选择权;在租赁期内,承租企业有权支配资产并从中受益。所以,以融资租赁方式租入的固定资产应视为企业的资产。对于以经营租赁方式租入的固定资产来说,由于企业不能控制它并从中受益,所以以经营租赁方式租入的固定资产不应视为企业的资产。

3.资产预期会给企业带来经济利益

这里所讲的"预期会给企业带来经济利益",是指直接或者间接地导致现金和现金等价物流入企业的潜力。这种潜力可以来自企业日常的生产经营活动,也可以是非日常活动;带来经济利益可以是现金或者现金等价物形式,也可以是能转化为现金或者现金等价物的形式,或者是可以减少现金或者现金等价物流出的形式。

资产预期能否会为企业带来经济利益是资产的重要特征。如果某项目不能给企业带来经济利益,那么该项目不能作为企业的资产。

【观念应用3.2】 企业采购的原材料、购置的固定资产等可以用于生产经营过程,制造商品或者提供劳务,对外出售后收回货款,货款为企业所获得的经济利益,因而可以作为企业的资产。待处理财产损失,由于其是已发生但未经批准处理的损失,预期不会导致经济利益流入企业,因而不能作为企业的资产。

(三)资产的确认条件

一项资源要确认为企业的资产,除要符合资产的定义外,还要同时满足以下两个条件。

1.与该资源有关的经济利益很可能流入企业

这里所讲的"很可能",是指该资源具有较大的可能使现金或现金等价物直接或者间接地流入企业。如果一项资源所带来的现金或现金等价物有较大可能直接或者间接地流入企业,并同时满足资产确认的其他条件,企业才能将其确认为资产;否则,不能将其确认为资产。

【观念应用3.3】 对于企业因销售业务而形成的应收款项而言,如果企业所销售的商品完全满足合同要求,同时没有其他例外情况发生,企业就能够在未来某一时日收回款项。也就是说,企业因销售业务而形成的应收款项所包含的经济利益很可能流入企业,满足资产确认的第一个条件。

2.该资源的成本或者价值能够可靠地计量

该资源的成本是指企业取得资产时的实际成本,包括采购成本和生产成本。这里所讲的"能够可靠地计量",是指取得某项资源时,要有确凿、可靠的证据证明该资源的成本或者价值能够计量,一般是指交易或者事项发生或完成时所形成的各种交易价格。

(四)资产的分类

企业的资产按其流动性的不同,可划分为流动资产和非流动资产两大类。

1.流动资产

资产满足下列条件之一的,应当归类为流动资产:

(1)预计在一个正常营业周期内变现、出售或耗用;

(2)主要为交易目的而持有;

(3)预计在资产负债表日起1年内(含1年)变现;

(4)自资产负债表日起1年内(含1年)交换其他资产或清偿负债的能力不受限制的现金或现金等价物。

通常情况下,流动资产主要包括库存现金、银行存款、交易性金融资产、应收票据、应收账款、预付账款、其他应收款、存货等。

库存现金是指企业持有的现款,也称现金。库存现金主要用于支付日常发生的小额、零星的费用或支出。

银行存款是指企业存入某一银行账户的款项。该银行一般为该企业的开户银行。企业的银行存款主要来自投资者投入资本的款项、负债融入的款项、销售商品的货款等。

交易性金融资产是指企业能够随时变现、持有时间不准备超过1年(含1年)的有价证券和不超过1年的其他非衍生金融投资。

应收票据是指企业因采用商业汇票结算方式销售商品、产品、提供劳务等而收到的商业汇票。

应收账款是指企业因销售商品、产品、提供劳务等业务,应向购货单位或接受劳务单位收取的款项。

预付账款是指企业按照购货合同的规定预付给供应单位的款项。

其他应收款是指企业除应收票据、应收账款等外的其他各种应收、暂付款项。

存货是指企业在日常生产经营过程中持有以备出售,或者仍然处在生产过程,或者在生产或劳务提供过程中将消耗的材料或物料等,包括各类材料、周转材料、商品、在产品、半成品、产成品等。

2. 非流动资产

流动资产以外的资产应当归类为非流动资产。非流动资产主要包括长期股权投资、固定资产、无形资产等。

长期股权投资是指持有时间超过1年(不含1年)、不能变现或不准备随时变现的股票和其他投资。企业进行长期股权投资的目的是获得较为稳定的投资收益或者对被投资企业实施控制或影响。

固定资产是指企业使用年限超过一年的房屋、建筑物、机器、机械、运输工具以及其他与生产、经营有关的设备、器具、工具等。

无形资产是指企业拥有或者控制的没有实物形态的可辨认非货币性资产。无形资产包括专利权、非专利技术、商标权、著作权、土地使用权等。

(五)资产的列示

符合资产定义和资产确认条件的项目,应当列入资产负债表;符合资产定义但不符合资产确认条件的项目,不应当列入资产负债表。

二、负债

(一)负债的定义

负债是指企业过去的交易或者事项形成的、预期会导致经济利益流出企业的现时义务。

（二）负债的特征

1. 负债是企业承担的现时义务

负债必须是企业承担的现时义务，这是负债的一个基本特征。现时义务是指企业在现行条件下已承担的义务。未来发生的交易或者事项形成的义务，不属于现时义务，不应当确认为负债。

现时义务可以是法定义务，也可以是推定义务。其中，法定义务是指具有约束力的合同或者法律、法规规定的义务，通常在法律意义上需要强制执行。例如，企业按照税法规定交纳税款的义务。推定义务是指根据企业多年来的习惯做法、公开的承诺或者公开宣布的政策而导致企业将承担的责任，这些责任也使有关各方形成了企业将履行义务解脱责任的合理预期。例如，企业为其生产的产品提供售后保修服务的义务。

2. 负债的清偿预期会导致经济利益流出企业

预期会导致经济利益流出企业是负债的一个本质特征。只有企业在履行义务时会导致经济利益流出企业的，才符合负债的定义；如果不会导致经济利益流出企业，就不符合负债的定义。在履行现时义务清偿负债时，导致经济利益流出企业的形式多种多样，例如，用现金偿还或以实物资产形式偿还，以提供劳务形式偿还，以部分转移资产、部分提供劳务形式偿还，将负债转为资本等。

3. 负债是由企业过去的交易或者事项形成的

负债是企业过去已经发生的交易或者事项所产生的结果。只有过去发生的交易或者事项才能增加或减少企业的负债，而不能根据谈判中的交易或者事项或计划中的经济业务来确认负债。

【观念应用 3.4】 银行借款是因为企业接受了银行贷款而形成的，如果企业没有接受贷款，则不会发生银行借款这项负债；应付账款是因为企业采用信用方式购买商品或接受劳务而形成的，在购买商品或接受劳务发生之前，相应的应付账款并不存在。

（三）负债的确认条件

企业承担的一项义务要确认为负债，除要符合负债的定义外，还要同时满足以下两个条件。

1. 与该义务有关的经济利益很可能流出企业

对于负债而言，其预期会导致经济利益流出企业，因此在确认负债时，只有当其包含的经济利益有较大可能性流出企业，并同时满足其他确认条件，企业才能将其确认为负债；否则，不能将其确认为负债。

【观念应用 3.5】 对于企业因购买业务而形成的应付款项而言，如果企业所购买的商品完全满足合同要求，同时没有其他例外情况发生，企业能够在合同规定的未来某一时日履行其所承担的义务，支付这笔款项。也就是说，企业因购买业务而形成的应付款项所包含的经济利益很可能流出企业，满足负债确认的第一个条件。

2. 未来流出的经济利益的金额能够可靠地计量

负债的清偿必然导致经济利益流出企业，如果流出的经济利益的金额能够可靠地计量，并同时满足负债确认的其他条件，就可以确认为负债，并在财务报表中加以反映；否则，企业不应确认为负债。

未来流出的经济利益一般按下列方法确定：对于与法定义务有关的经济利益流出金额，通常可以根据合同或法律规定的金额予以确定；有些负债由于偿还期限较长，其经济利益的流出一般发生在未来期间，在这种情况下，有关金额的计量需要考虑货币时间价值等因素的影响。对于与推定义务有关的经济利益流出金额，企业应当根据履行相关义务所需支出的最佳估计数进行估计，并考虑有关货币时间价值、风险等因素的影响。

(四)负债的分类

负债按其流动性的不同，可以分为流动负债和非流动负债两大类。

1. 流动负债

负债满足下列条件之一的，应当归类为流动负债：

(1)预计在一个正常营业周期中清偿；

(2)主要为交易目的而持有；

(3)在资产负债表日起1年内到期应予以清偿；

(4)企业无权自主地将清偿推迟至资产负债表日起1年以后。

通常情况下，流动负债主要包括短期借款、交易性金融负债、应付票据、应付账款、预收账款、应付职工薪酬、应付股利、应交税费等。

短期借款是指企业从银行或其他金融机构借入的期限在1年内(含1年)的各种借款，如生产周转借款等。

交易性金融负债是指企业能够随时偿还的、期限在1年内(含1年)的非衍生金融负债。

应付票据是指企业采用商业汇票结算方式购买材料、商品和接受劳务供应等而开出、承兑的商业汇票，包括银行承兑汇票和商业承兑汇票。

应付账款是指企业因购买材料、商品和接受劳务供应等而应付给供应单位的款项。

预收账款是指企业按照合同规定，向购货单位预先收取的款项。

应付职工薪酬是指企业应付给职工的工资总额、发生的福利费、统筹保险费等。

应付股利是指企业应付给投资者的现金股利或利润。

应交税费是指企业应交纳的各种税金和有关费用，如增值税、消费税、营业税、所得税、资源税、城市维护建设税和教育费附加、矿产资源补偿费等。

2. 非流动负债

流动负债以外的负债，应当归类为非流动负债。非流动负债主要包括长期借款、应付债券、长期应付款等。

长期借款是指企业从银行或其他金融机构借入的期限在1年(不含1年)以上的各种借款。企业借入长期借款主要是为了长期工程项目的建设。

应付债券是指企业为筹集长期资金而实际发行的长期债券。

长期应付款是指除长期借款和应付债券外的其他长期应付款项，包括应付引进设备款、融资租入固定资产应付款等。

(五)负债的列示

符合负债定义和负债确认条件的项目，应当列入资产负债表；符合负债定义但不符合负债确认条件的项目，不应当列入资产负债表。

三、所有者权益

（一）所有者权益的定义

所有者权益是指企业资产扣除负债后由所有者享有的剩余权益。公司的所有者权益又称为股东权益。

（二）所有者权益的特征

（1）除非发生减资、清算，企业不需要偿还所有者权益。

（2）企业清算时，只有在清偿所有的负债后，所有者权益才返还给所有者。

（3）所有者凭借所有者权益能够参与利润的分配。

（三）所有者权益的确认条件

所有者权益体现的是所有者在企业中的剩余权益。因此，所有者权益的确认主要依赖于其他会计要素，尤其是资产和负债的确认；所有者权益金额的确定也主要取决于资产和负债的计量。例如，企业接受投资者投入的资产，在该资产符合企业资产确认条件时，就相应地符合了所有者权益的确认条件；当该资产的价值能够可靠计量时，所有者权益的金额也就可以确定。

（四）所有者权益的来源构成

所有者权益的来源包括所有者投入的资本、直接计入所有者权益的利得和损失、留存收益等。通常由实收资本（或股本）、资本公积、盈余公积和未分配利润构成。

1. 所有者投入的资本

所有者投入的资本主要是指实收资本或股本。企业的实收资本是指按照企业章程或合同、协议的约定，实际投入企业的资本。它是企业注册成立的基本条件之一，也是企业承担民事责任的财务保证。如果在资本投入过程中产生了溢价，可计入资本公积（资本溢价或股本溢价）中。

资本公积是指企业收到投资者超出企业注册资本或股本中所占份额的投资，以及直接计入所有者权益的利得和损失等。资本公积主要用于转增资本或股本。

2. 直接计入所有者权益的利得和损失

直接计入所有者权益的利得和损失是指不应计入当期损益、会导致所有者权益发生增减变动的、与所有者投入资本或者向所有者分配利润无关的利得或者损失。其中，利得是指由企业非日常活动所形成的、会导致所有者权益增加的、与所有者投入资本无关的经济利益的流入。损失是指由企业非日常活动所发生的、会导致所有者权益减少的、与向所有者分配利润无关的经济利益的流出。对于这部分直接计入所有者权益的利得和损失，在所有者权益中称为资本公积（其他资本公积）。

3. 留存收益

留存收益是指企业历年实现的净利润留存于企业的部分，一般包括盈余公积和未分配利润。

盈余公积是指企业按照规定从净利润中提取的各种积累资金。主要包括法定盈余公积和任意盈余公积。企业的盈余公积可以用于弥补亏损、转增资本（股本）。符合规定条件的企业，也可以用盈余公积分派现金股利。

未分配利润是指企业留待以后年度分配的结存利润。从数量上讲,未分配利润是期初未分配利润,加上本期实现的净利润,减去本期提取的各种盈余公积和分配利润后的余额。

(五)所有者权益的列示

所有者权益项目应当列入资产负债表。

四、收入

(一)收入的定义

收入是指企业在日常活动中形成的、会导致所有者权益增加的、与所有者投入资本无关的经济利益的总流入。

(二)收入的特征

1. 收入是企业在日常活动中形成的经济利益的总流入

日常活动是指企业为完成其经营目标所从事的经常性活动以及与之相关的活动。工业企业销售产品、商业企业销售商品、咨询公司提供咨询服务、软件开发企业为客户开发软件、安装公司提供安装服务、商业银行对外贷款、租赁公司出租资产等活动,均属于企业为完成其经营目标所从事的经常性活动,由此形成的经济利益的总流入构成收入。工业企业对外出售不需要用的原材料、对外转让无形资产使用权等活动,虽不属于企业的经常性活动,但属于企业为完成其经营目标所从事的与经常性活动相关的活动,由此形成的经济利益的总流入也构成收入。

收入形成于企业日常活动的这一特征使其与产生于非日常活动的利得相区分。企业所从事或发生的某些活动也能为企业带来经济利益,但不属于企业为完成其经营目标所从事的经常性活动,也不属于与经常性活动相关的活动。例如,企业处置固定资产、无形资产,因其他企业违约收取罚款等活动,这些活动形成的经济利益的总流入,属于企业的利得而不是收入。利得通常不经过经营过程就能取得或属于企业不曾期望获得的收益。

2. 收入会导致所有者权益的增加

与收入相关的经济利益的流入应当会导致所有者权益的增加,不会导致所有者权益增加的经济利益的流入不符合收入的定义,不应确认为收入。

【观念应用3.6】 企业向银行借入款项,尽管也导致了企业经济利益的流入,但该流入并不导致所有者权益的增加,反而使企业承担了一项现时义务。企业对于因借入款项所导致的经济利益的增加,不应将其确认为收入,应当确认为负债。

3. 收入与所有者投入资本无关

所有者投入资本主要是为了享有企业资产的剩余权益,由此形成的经济利益的总流入不构成收入,而应当将其确认为所有者权益。

(三)收入的确认条件

收入的确认除应当符合定义外,还应当满足严格的确认条件。收入只有在经济利益很可能流入,从而导致企业资产增加或者负债减少,且经济利益的流入额能够可靠计量时才能确认。因此,收入的确认至少应当符合以下条件:

(1)与收入相关的经济利益应当很可能流入企业;

(2)经济利益流入企业的结果会导致企业资产的增加或者负债的减少;

(3)经济利益的流入额能够可靠计量。

(四)收入的分类

1.按企业从事日常活动性质不同分类

按企业从事日常活动性质不同,收入可分为销售商品收入、提供劳务收入和让渡资产使用权收入等。

销售商品收入主要是指企业通过销售商品实现的收入。这里的商品包括企业为销售而生产的产品和为转售而购进的商品。如工业企业生产的产品、商品流通企业购进的商品等,企业销售的其他存货,如原材料、包装物等也视同商品。

提供劳务收入是指企业通过提供劳务实现的收入。主要有企业提供旅游、运输、饮食、广告、咨询、代理、培训、产品安装等劳务所获取的收入。

让渡资产使用权收入是指企业通过让渡资产使用权所取得的收入,包括利息收入和使用费收入。使用费收入主要是指让渡专利权、商标权、专营权、版权、计算机软件等无形资产的使用权而获得的收入。

2.按企业经营业务的主次不同分类

按企业经营业务的主次不同,收入可分为主营业务收入和其他业务收入。

主营业务收入是指企业为完成经营目标从事的经常性活动所实现的收入,一般占企业收入的比重较大,对企业的经济效益产生较大的影响。比如,工业企业的主营业务收入主要包括销售产品、自制半成品、提供工业性劳务等取得的收入,商业企业的主营业务收入主要包括销售商品实现的收入,咨询公司的主营业务收入主要包括提供咨询服务实现的收入。

其他业务收入是指企业为完成其经营目标所从事的与经常性活动相关的活动实现的收入。其他业务收入属于企业日常活动中次要交易实现的收入,一般占企业总收入的比重较小。如固定资产经营出租收入、无形资产出租收入(即转让无形资产的使用权取得的使用费收入)、销售材料取得的收入、出租包装物收入等。

上述所说的收入,是指狭义的收入即营业收入。广义的收入还包括投资收益和营业外收入。

投资收益是指企业对外投资所取得的收益减去发生的投资损失后的净额。

营业外收入是指企业发生的与其生产经营活动无直接关系的各项收入,包括固定资产盘盈、处置固定资产净收益、处置无形资产净收益和罚款收入等。

(五)收入的列示

符合收入定义和收入确认条件的项目,应当列入利润表。

五、费用

(一)费用的定义

费用是指企业在日常活动中发生的、会导致所有者权益减少的、与向所有者分配利润无关的经济利益的总流出。

（二）费用的特征

1. 费用是企业在日常活动中发生的经济利益的总流出

费用是企业在日常活动中发生的，这里所讲的日常活动与收入定义中界定的日常活动相一致。工业企业制造并销售产品、商业企业购买并销售商品、咨询公司提供咨询服务、软件开发企业为客户开发软件、安装公司提供安装服务、租赁公司出租资产等活动中发生的经济利益的总流出构成费用。工业企业对外出售不需用的原材料结转的材料成本等，也构成费用。

费用形成于企业日常活动这一特征使其与产生于非日常活动的损失相区分。企业所从事或发生的某些活动或事项也能导致经济利益流出企业，但不属于企业的日常活动。例如，企业处置固定资产、无形资产等非流动资产，因违约支付罚款，对外捐赠，因自然灾害等非常原因造成财产毁损等，这些活动或事项形成的经济利益的总流出，属于企业的损失而不是费用。

2. 费用会导致所有者权益的减少

与费用相关的经济利益的流出会导致所有者权益的减少，不能导致所有者权益减少的经济利益的流出不符合费用的定义，不应确认为费用。

【观念应用 3.7】 企业用银行存款 200 万元购买了一栋办公楼，该项购买行为尽管使企业的经济利益流出了 200 万元，但并不会导致企业所有者权益减少，而是使企业增加了一项固定资产。因此，该项经济利益的流出不能确认为费用。

3. 费用与向所有者分配利润无关

企业向所有者分配利润也会导致经济利益的流出，但该经济利益的流出属于所有者权益的抵减项目，因而不应确认为费用。

（三）费用的确认条件

费用的确认除应当符合定义外，还应当满足严格的确认条件，即费用只有在经济利益很可能流出，从而导致企业资产减少或者负债增加，且经济利益的流出额能够可靠计量时才能确认。因此，费用的确认至少应当符合以下条件：

（1）与费用相关的经济利益应当很可能流出企业；

（2）经济利益流出企业的结果会导致企业资产的减少或者负债的增加；

（3）经济利益的流出额能够可靠计量。

（四）费用的分类

按照费用与收入的关系，费用可以分为营业成本和期间费用。

1. 营业成本

营业成本是指销售商品或提供劳务的成本。营业成本按照其销售商品或提供劳务在企业日常活动中所处的地位可以分为主营业务成本和其他业务成本。

1）主营业务成本

主营业务成本是指企业销售商品、提供劳务等日常活动中的主要业务交易所发生的实际成本。

2）其他业务成本

其他业务成本是指企业除主营业务外的其他销售或其他业务所发生的支出，包括销售成本、提供劳务而发生的相关成本、费用及税金等。

2. 期间费用

期间费用是指不能直接归属于某个特定产品的成本而应直接计入当期损益的各种费用,包括销售费用、管理费用和财务费用。

1)销售费用

销售费用是指企业在销售商品的过程中发生的各项费用,包括企业在销售商品的过程中发生的运输费、装卸费、包装费、保险费、展览费和广告费,以及为销售本企业的商品而专设的销售机构(含销售网点、售后服务网点等)的职工薪酬等经营费用。

2)管理费用

管理费用是指企业为组织和管理生产经营活动而发生的各项费用,包括企业的董事会和行政管理部门的职工工资、修理费、办公费和差旅费等公司经费,以及聘请中介机构费、咨询费、业务招待费等费用。管理费用的受益对象是整个企业,而不是企业的某个部门。

3)财务费用

财务费用是指企业为筹集生产经营所需资金而发生的各项费用,包括应当作为期间费用的利息支出(减利息收入)、汇兑损失(减汇兑收益)以及相关的手续费等。

广义的费用还包括营业税金及附加、营业外支出、所得税费用等。

营业税金及附加是指企业营业活动应当负担并根据销售收入确定的各种税费,如消费税、城市维护建设税和教育费附加等。

营业外支出是指企业发生的与其生产经营活动无直接关系的各项支出,包括固定资产盘亏、处置固定资产净损失、处置无形资产净损失、罚款支出、捐赠支出和非常损失等。

所得税费用是指企业按税法规定向国家交纳的所得税。

(五)费用的列示

符合费用定义和费用确认条件的项目,应当列入利润表。

六、利润

(一)利润的定义

利润是指企业在一定会计期间的经营成果,包括收入减去费用后的净额、直接计入当期利润的利得和损失等。

利润反映企业的经营业绩情况,它通常是评价企业管理层业绩的一项重要指标,也是投资人作出投资决策、债权人作出信贷决策的重要参考指标。

(二)利润的确认条件

利润金额取决于收入和费用、直接计入当期利润的利得和损失金额的计量。

利润反映的是收入减去费用、利得减去损失后的净额,因此利润的确认主要依赖于收入和费用以及利得和损失的确认,其金额的确定也主要取决于收入、费用、利得、损失金额的计量。

(三)利润的构成

利润具体指营业利润、利润总额和净利润。

营业利润是指主营业务收入加上其他业务收入，减去主营业务成本、其他业务成本、营业税金及附加、销售费用、管理费用、财务费用，加上投资净收益后的金额。

利润总额是指营业利润加上营业外收入，减去营业外支出后的金额。

净利润是指利润总额减去所得税费用后的金额。

（四）利润的列示

利润项目应当列入利润表。

第二节 会计计量

会计计量又称会计计量基础，亦称会计计量属性，是指用货币对会计要素进行计量时的标准。

一、会计计量属性的种类

《企业会计准则——基本准则》规定，企业在将符合确认条件的会计要素登记入账并列报于财务报表及其附注（又称财务报表，下同）时，应当按照规定的会计计量属性进行计量，确定其金额。

会计计量属性主要包括历史成本、重置成本、可变现净值、现值、公允价值。

（一）历史成本

历史成本又称为实际成本。历史成本计量属性是指企业的各种资产应按其取得或购建时发生的实际成本进行核算。所谓实际成本，就是取得或制造某项财产物资时所实际支付的现金或其他等价物。

由于资产和负债均是按历史成本计价，资产扣除负债后的所有者权益自然也是按历史成本计价的。按照历史成本对企业的资产、负债和所有者权益进行计量应当基于交易或者事项发生时的实际交易价格和成本，而不考虑今后市场价值变动的影响。因此，采用历史成本计量具有如下优点：

（1）历史成本具有可验证性。历史成本是在过去的市场交易中形成的，并有原始凭证为依据，因而具有可验证性。

（2）历史成本具有可靠性。历史成本是买卖双方在市场上成交的结果，反映当时的市场价格，符合可靠性原则。

（3）历史成本的计量方法简便易行。历史成本只对交易或者事项进行一次计量，就是在交易或者事项发生时进行计量，一旦入账之后，不论环境是否变化，也不管货币的购买力价值如何变化，都不再重新计量其价值。这种操作方法对于会计人员来说容易掌握、运用。

当然，历史成本计量属性也存在一定缺陷，主要有：

（1）与现实情况相关性不足。由于资产、负债、费用是按历史成本计量，提供的是过去的信息，因而与现实情况相关性不足。

（2）与市场价值相关性不足。由于历史成本不随着市场的条件改变而改变，所以与市场价值缺乏相关性。

(3)削弱会计信息的有用性。当市场物价波动较大或币值不稳定时,按照历史成本提供的会计信息,就不能真实反映会计主体当期财务状况和经营成果,从而削弱会计信息的有用性,影响当前的决策。

【观念应用3.8】　某企业于2012年3月1日购进设备1台,购买时实际支付的买价为100 000元,运输费7 000元,装卸费500元,保险费200元,安装调试费10 000元,另支付增值税17 000元。2012年12月31日,受市场影响,该设备的价值上涨到了170 000元。

根据上述资料,按照历史成本计价,在2012年3月1日企业应该按照购买该设备的实际成本入账。该设备的实际成本(历史成本)= 买价 + 运输费 + 装卸费 + 保险费 + 安装调试费 + 增值税 = 100 000 + 7 000 + 500 + 200 + 10 000 + 17 000 = 134 700(元),即便到2012年12月31日,企业对外报告资产状况时,该设备价值仍然为当时的134 700元(如果有折旧,应先扣除),并不按照当年12月31日170 000元对外报告。从中可以看出,这种按照历史成本计价的设备价值并不符合2012年12月31日该设备的市场价值。

(二)重置成本

重置成本又称现行成本,是指按照当前市场条件,重新取得同样一项资产所需支付的现金或现金等价物金额。重置成本适用的前提是资产处于在用状态,一方面反映资产已经投入使用,另一方面反映资产能够继续使用,对所有者具有使用价值。

重置成本依不同的情况显示不同的价值含义。例如,重新购置的同类资产就应扣减该资产已使用年限的累计折旧。

在原始交易日,重置成本与历史成本代表相同的数量,都等同于当时资产的交换价格。原始交易日后,两者在数量上往往是不相同的,会出现偏差。这种偏差来自于市场物价的变动、技术进步及对资产的预期等原因。重置成本与历史成本的量差,就是资产的持有利得。在实务中,重置成本多应用于盘盈固定资产的计量。

【观念应用3.9】　某企业于2012年12月31日财产清查时盘盈设备1台,经评估,该设备的重置成本为170 000元,估计有六成新。

根据上述资料,企业对该设备的价值评估采用重置成本法,但不是按照重置成本入账,而是按照重置成本扣除财产折耗价值后的余额入账,即入账价值为:170 000 × (1 − 0.4) = 102 000(元)。

(三)可变现净值

可变现净值又称未来净现金流量,是指在正常生产经营过程中,以预计售价减去进一步加工成本和销售所必需的预计税金、费用后的净值。它是在不考虑货币时间价值的情况下,计量资产在正常经营过程中可带来的预期现金流入或将要支付的现金流出。

可变现净值作为一种计量属性,通常应用于存货资产减值情况下的后续计量。在运用可变现净值时,一定要注意可变现净值低于成本时,才能计提跌价准备。

【观念应用3.10】　某企业2012年12月31日库存甲产品账面价值(历史成本)为170 000元,2011年年末的市场价格为100 000元,销售该产品可能发生的销售费用为2 000元。

根据上述资料,该产品可变现净值应为:100 000 − 2 000 = 98 000(元)。

（四）现值

现值是指对未来现金流量以恰当的折现率进行折现后的价值，是考虑货币时间价值的一种计量属性。

由于现值计量属性充分考虑了货币的时间价值，所以在管理会计中得到广泛的应用，在财务会计中也在逐步推广。例如，对于盘盈的固定资产，如果同类或类似固定资产不存在活跃市场，企业应按该项固定资产的预计未来现金净流量的折现值作为入账价值。

（五）公允价值

公允价值是指资产和负债按照市场参与者在计量日发生的有序交易中，出售资产所能收到或转移负债所需支付的价格计量。在公平交易中，熟悉情况的交易双方，自愿进行商品交换或者债务清偿的价值。公允价值的确定条件是公平交易，交易的双方对所进行的交易活动是熟悉的，而且交易双方都是自愿的，在此基础上确定的资产金额和债务金额都属于公允价值。

《企业会计准则——基本准则》规定，在公允价值计量下，资产和负债按照在公平交易中，熟悉情况的交易双方自愿进行资产交换或者债务清偿的金额计量。

公允价值更能反映企业的实际情况，对投资者等财务报告使用者的决策更加有用。公允价值计量主要应用于交易性金融资产、可供出售金融资产的计量等。

二、会计计量属性的应用原则

《企业会计准则——基本准则》规定，企业在对会计要素进行计量时，一般应当采用历史成本，采用重置成本、可变现净值、现值、公允价值计量的，应当保证所确定的会计要素金额能够取得并可靠计量。

企业在对会计要素进行计量时，应当严格按照规定选择相应的计量属性。一般情况下，对会计要素的计量，应当采用历史成本计量属性。例如，企业购入存货、建造厂房、生产产品等，应当以所购入资产发生的实际成本作为资产计量的金额。

但是在某些情况下，如果仅仅以历史成本作为计量属性，可能难以满足会计信息的质量要求，不利于实现财务报告的目标，有时甚至会损害会计信息质量，影响会计信息的有用性。例如，企业持有的衍生金融工具往往没有实际成本，或者即使有实际成本，实际成本也与其价值相差甚远。因此，如果按照历史成本对衍生金融工具进行计量的话，大量的衍生金融工具交易将成为表外事项，与衍生金融工具有关的价值及其风险信息将无法得到充分披露。在这种情况下，为了提高会计信息的有用性，向财务报告使用者提供更多与决策相关的信息，就有必要采用其他计量属性（比如公允价值）进行会计计量，以弥补历史成本计量属性的缺陷。

鉴于应用重置成本、可变现净值、现值、公允价值等其他计量属性，往往需要依赖于估计，为了使所估计的金额在提高会计信息的相关性的同时，又不影响其可靠性，企业会计准则要求企业采用重置成本、可变现净值、现值、公允价值计量的，应当保证所确定的会计要素金额能够取得并可靠计量；如果这些金额无法取得或者可靠计量的，则不允许采用这些计量属性。

第三节　会计等式

会计等式也称为会计平衡公式或会计恒等式，是指利用数学等式，对会计要素之间的内在经济联系所做出的概括和科学表达。它揭示了会计要素之间本质的内在联系，是设置账户、复式记账和编制财务报表的理论依据。它具体可分为反映资产、负债、所有者权益之间关系的会计等式，反映收入、费用、利润之间关系的会计等式和扩展会计等式。

一、反映资产、负债、所有者权益之间关系的会计等式

企业为了从事生产经营活动，获取利润，必须拥有一定量的经济资源，这些资源在会计上称为资产，如银行存款、存货、房屋、机器设备等。企业的资产最初进入企业的渠道不外乎两种：一是由投资人投入，二是由债权人借入。投资人和债权人为企业提供了这些资产，供企业在生产经营过程中使用，因而对企业的这些资产就具有要求权。这种对企业资产的要求权，在会计上称为权益，其中，债权人的要求权称为债权人权益，通常又称为负债；投资人的要求权称为投资人权益，又称所有者权益。

资产与权益反映了同一经济资源的两个方面，资产表明了企业拥有哪些以及拥有多少经济资源；权益则表明了资产的来源，即资产由谁提供，归谁所有。资产与权益之间存在着相互依存的关系，没有无资产的权益，也没有无权益的资产，两者不能彼此脱离而独立存在。有一定数额的权益，就必然有相应数额的资产；反之，有一定数额的资产，就必然形成相应数额的权益。一个企业在任何时点所拥有的资产总额与权益总额必然相等，这种相等关系称之为资产与权益的平衡关系，又称为恒等关系，可以用公式表示为：

资产 = 权益

或　　资产 = 债权人权益 + 投资人权益

即　　资产 = 负债 + 所有者权益

上述等式反映了资产、负债和所有者权益三个会计要素之间的联系和基本数量关系，这种数量关系表明了企业在一定时点上的财务状况，因此也被称为静态会计等式，它是编制资产负债表的理论依据。

【例 3-1】　光明公司 2012 年 1 月 1 日的资产、负债和所有者权益状况如表 3-1 所示。

从表 3-1 可以看出，该企业 2012 年 1 月 1 日所拥有资产总额为 620 000 元，具体分布在以下几个方面：库存现金 10 000 元，银行存款 100 000 元，应收账款 50 000 元，原材料 80 000 元，库存商品 100 000 元，固定资产 280 000 元。上述资产的来源渠道有两个：一是负债 100 000 元，其中包括短期借款 10 000 元、应付账款 20 000 元、长期借款 70 000 元；二是所有者权益，其中实收资本 500 000 元，盈余公积 20 000 元。由此可见，该企业资产总额 620 000 元，负债及所有者权益总额 620 000 元，两者数额相等。用会计等式表示为：

表 3-1 资产、负债和所有者权益 单位:元

资产	金额	负债及所有者权益	金额
库存现金	10 000	负债	
银行存款	100 000	短期借款	10 000
应收账款	50 000	应付账款	20 000
原材料	80 000	长期借款	70 000
库存商品	100 000	小计	100 000
固定资产	280 000	所有者权益	
		实收资本	500 000
		盈余公积	20 000
		小计	520 000
资产总计	620 000	负债及所有者权益总计	620 000

资产(620 000) = 负债(100 000) + 所有者权益(520 000)

二、反映收入、费用、利润之间关系的会计等式

企业从事生产经营活动的目的是获取利润。企业在生产经营过程中会取得各种收入,同时也会发生各种相应费用。一定会计期间的收入与费用相配比,就能确定企业的经营成果,即利润。

收入、费用和利润三个会计要素之间的关系可用公式表示为:

利润 = 收入 - 费用

该等式表明了企业在一定会计期间所取得的经营成果,因此又称为动态会计等式,它是编制利润表的理论依据。

三、扩展会计等式

在企业生产经营过程中,收入的发生必然带来资产的流入,费用的发生必然带来资产的流出。利润是企业资产流入与流出的结果,必然带来所有者权益的增加。因此,企业资产、负债、所有者权益、收入、费用、利润之间的数量关系存在着一种内在的有机联系。上述两个会计等式可以综合在一起表示为:

资产 = 负债 + 所有者权益 + 利润

或 资产 = 负债 + 所有者权益 + (收入 - 费用)

以上这一等式称为扩展的会计等式,是动态会计等式,表示企业在经营过程中增值的

情况。它把企业的财务状况和经营成果联系了起来,说明了企业经营成果对资产和所有者权益产生的影响,揭示了会计期间内任一时日(不一定是会计期末或期初)全部会计要素之间的关系。

上述介绍的会计等式中,"资产 = 负债 + 所有者权益"是最基本的会计等式,所谓会计等式主要是指这一等式。由于它既是企业资金运动的起点,又是企业资金运动的最终结果。故"资产 = 负债 + 所有者权益"又称为会计基本等式。

四、经济业务的发生对会计基本等式的影响

经济业务又称会计事项,是指各会计主体在经济活动中发生并引起会计要素增减变化的一切经济事项。

(一)经济业务类型

各企业发生的经济业务虽然多种多样、错综复杂,但引起资产和权益增减变动的类型,归纳起来不外乎以下四种类型、九种情况。

1. 四种类型

(1)资产项目之间等额此增彼减;

(2)权益项目之间等额此增彼减;

(3)资产和权益项目之间同时等额增加;

(4)资产和权益项目之间同时等额减少。

2. 九种情况

如果我们对"资产 = 负债 + 所有者权益"会计基本等式进行分类组合,将上述四种业务类型具体化,可表现为以下九种情况:

(1)一项资产增加,另一项资产减少,增减金额相等;

(2)一项负债增加,另一项负债减少,增减金额相等;

(3)一项所有者权益增加,另一项所有者权益减少,增减金额相等;

(4)负债增加,所有者权益减少,增减金额相等;

(5)负债减少,所有者权益增加,增减金额相等;

(6)资产与负债同时增加,增加金额相等;

(7)资产与所有者权益同时增加,增加金额相等;

(8)资产与负债同时减少,减少金额相等;

(9)资产与所有者权益同时减少,减少金额相等。

上述经济业务的四种类型及九种具体情况可用表 3-2 表示。

(二)各种经济业务对会计基本等式的影响

上述四种类型、九种情况的经济业务代表了所有的经济业务,各种经济业务的发生,都会对有关会计要素产生影响,使之发生增减变动,但不会破坏会计基本等式的平衡关系。下面仍以光明公司的经济业务为例加以说明。

表 3-2　经济业务类型

四种类型	九种情况	资产	负债	所有者权益
(1)	①	增加、减少		
(2)	②		增加、减少	
	③			增加、减少
	④		增加	减少
	⑤		减少	增加
(3)	⑥	增加	增加	
	⑦	增加		增加
(4)	⑧	减少	减少	
	⑨	减少		减少

2012 年 12 月 1 日，光明公司资产、负债和所有者权益的数量关系如下：

$$资产 = 负债 + 所有者权益$$

$$620\ 000 = 100\ 000 + 520\ 000$$

2012 年 12 月份发生下列经济业务：

（1）光明公司收到客户前欠货款 3 000 元，存入银行。

这笔经济业务发生后，一方面使资产方的银行存款增加 3 000 元，另一方面使资产方的应收账款减少 3 000 元，会计等式左边有增有减，增减金额相等，右边不受任何影响，双方总额仍然保持平衡。

$$资产 = 负债 + 所有者权益$$

$$+3\ 000 - 3\ 000 = 0 + 0$$

$$620\ 000 = 100\ 000 + 520\ 000$$

（2）光明公司向银行申请取得短期借款 6 000 元，直接偿还前欠供货单位的款项。

这笔经济业务发生后，一方面使负债方的短期借款增加 6 000 元，另一方面使负债方的应付账款减少 6 000 元，会计等式右边有增有减，增减金额相等，左边不受任何影响，双方总额仍然保持平衡。

$$资产 = 负债 + 所有者权益$$

$$0 = +6\ 000 - 6\ 000 + 0$$

$$620\ 000 = 100\ 000 + 520\ 000$$

（3）光明公司经批准将其盈余公积 10 000 元转增资本。

这笔经济业务发生后，一方面使所有者权益方的盈余公积减少 10 000 元，另一方面使所有者权益方的实收资本增加 10 000 元，会计等式右边有增有减，增减金额相等，左边不受任何影响，双方总额仍然保持平衡。

$$资产 = 负债 + 所有者权益$$

$$0 = 0 - 10\ 000 + 10\ 000$$

620 000 = 100 000 + 520 000

(4)经批准,光明公司从银行借入长期借款50 000元,归还甲投资人的出资。

这笔经济业务发生后,一方面使负债方的长期借款增加50 000元,另一方面使所有者权益方的实收资本减少50 000元,会计等式右边有增有减,增减金额相等,左边不受任何影响,双方总额仍然保持平衡。

资产 = 负债 + 所有者权益

0 = + 50 000 − 50 000

620 000 = 100 000 + 520 000

(5)经双方协商,某企业将光明公司所欠货款10 000元转作本企业对光明公司的投资。

这笔经济业务发生后,一方面使负债方的应付账款减少10 000元,另一方面使所有者权益方的实收资本增加10 000元,会计等式右边有增有减,增减金额相等,左边不受任何影响,双方总额仍然保持平衡。

资产 = 负债 + 所有者权益

0 = − 10 000 + 10 000

620 000 = 100 000 + 520 000

(6)光明公司从供货单位购买材料5 000元,货款尚未支付。

这笔经济业务发生后,一方面使资产方的原材料增加了5 000元,另一方面使负债方的应付账款增加了5 000元,会计等式两边同时增加5 000元,双方总额仍然保持平衡。

资产 = 负债 + 所有者权益

+ 5 000 = + 5 000 + 0

625 000 = 105 000 + 520 000

(7)光明公司收到投资者追加投入的资本50 000元,当即存入银行。

这笔经济业务发生后,一方面使资产方的银行存款增加50 000元,另一方面使所有者权益方的实收资本增加50 000元,会计等式两边同时增加50 000元,双方总额仍然保持平衡。

资产 = 负债 + 所有者权益

+ 50 000 = 0 + 50 000

675 000 = 105 000 + 570 000

(8)光明公司以银行存款5 000元偿还前欠供货单位款项。

这笔经济业务发生后,一方面使资产方的银行存款减少5 000元,另一方面使负债方的应付账款减少5 000元,会计等式两边同时减少5 000元,双方总额仍然保持平衡。

资产 = 负债 + 所有者权益

− 5 000 = − 5 000 + 0

670 000 = 100 000 + 570 000

(9)光明公司根据公司章程决定减少资本80 000元,以银行存款退还投资人。

这笔经济业务发生后,一方面使资产方的银行存款减少80 000元,另一方面使所有者权益方的实收资本减少80 000元,会计等式两边同时减少80 000元,双方总额仍然保持平衡。

$$资产 = 负债 + 所有者权益$$

$$-80\ 000 = 0 - 80\ 000$$

$$590\ 000 = 100\ 000 + 490\ 000$$

根据前述9项经济业务及有关资料,根据表3-1所示的光明公司2012年12月1日的资产、负债与所有者权益状况,该公司2012年12月31日的资产、负债与所有者权益状况如表3-3所示。

表3-3　资产、负债与所有者权益　　单位:元

资产	金额	负债及所有者权益	金额
库存现金	10 000	负债	
银行存款	68 000	短期借款	16 000
应收账款	47 000	应付账款	4 000
原材料	85 000	长期借款	120 000
库存商品	100 000	小计	140 000
固定资产	280 000	所有者权益	
		实收资本	440 000
		盈余公积	10 000
		小计	450 000
资产总计	590 000	负债及所有者权益总计	590 000

从以上例子可以看出,虽然企业在生产经营过程中发生了各种各样的经济业务,然而对企业来说,任何经济业务要么会引起会计基本等式左右两方同时发生等额的增减变化,要么会引起会计基本等式左方或右方某一会计要素的增加和另一会计要素的等额减少,无论怎样都不会破坏会计基本等式的平衡关系。

会计基本等式的平衡关系对整个会计核算工作有着至关重要的作用。它既是设置账户和复式记账的理论基础,又是复式记账法下进行试算平衡和编制资产负债表的直接依据。正确理解和运用这一平衡关系,对于掌握会计核算的基本方法有着相当重要的意义。

■本章小结

会计要素是对会计对象的基本分类,也是会计确认、计量和报告的基础。企业的会计要素可具体化为资产、负债、所有者权益、收入、费用和利润。其中,资产、负债和所有者权益是资产负债表要素,反映企业的财务状况;收入、费用和利润是利润表要素,反映企业的经营成果。

会计计量又称会计计量属性,是指用货币对会计要素进行计量时的标准。主要包括历史成本、重置成本、可变现净值、现值和公允价值。企业在对会计要素进行计量时,一般

应当采用历史成本,采用重置成本、可变现净值、现值和公允价值计量的,应当保证所确定的会计要素金额能够取得并可靠地计量。

会计等式是描述会计要素之间经济关系的数学表达式,是设置账户、复式记账和编制财务报表的理论依据。资产、负债、所有者权益三个会计要素之间的关系为:资产 = 负债 + 所有者权益;收入、费用和利润三个会计要素之间的关系为:收入 - 费用 = 利润。上述两个会计等式,前者是静态等式,反映企业资金运动的相对静止状态;后者是动态等式,反映企业资金运动的显著变动状态。

■主要概念

资产　负债　所有者权益　收入　费用　利润

■基本训练

□知识题

1.1　阅读理解

1)什么是会计要素?包括哪些内容?

2)什么是会计等式?会计等式的意义是什么?

3)什么是流动资产?

4)什么是流动负债?

1.2　知识应用

1)资产按照流动性不同可以划分为哪些种类?各包括哪些内容?

2)什么是所有者权益?其来源构成有哪些?举例说明。

3)费用的种类有哪些?举例说明。

□技能题

1.1　规则练习

1)什么是资产?资产的确认条件有哪些?

2)什么是负债?负债的确认条件有哪些?

3)什么是收入?收入的确认条件有哪些?

4)什么是费用?费用的确认条件有哪些?

5)什么是利润?利润的确认条件有哪些?

6)会计要素的计量属性有哪些?其应用原则是什么?

1.2　操作练习

(1)从银行提取现金 20 000 元。

(2)收到客户前欠货款 5 000 元,存入银行。

(3)经批准将盈余公积 60 000 元转增资本。

(4)经批准,从银行借入长期借款 100 000 元,归还甲投资人的出资。

(5)收到外单位投资款 60 000 元,存入银行。

(6)购买设备 1 台,价值 300 000 元,款项尚未支付。

(7)用银行存款 200 000 元归还银行临时性贷款。

(8)从农业银行借到半年期的贷款 80 000 元直接偿还前欠外单位货款。

(9)经双方同意,将欠甲单位的货款中的 50 000 元转作对本企业的投资。

要求：用“+”、“-”符号指出某企业下列各项经济业务发生后对会计基本等式的影响，填写在表3-4相关栏内，并验证其对错。

表3-4　　单位：元

序号	资产		负债		所有者权益	
	符号	金额	符号	金额	符号	金额
(1)						
(2)						
(3)						
(4)						
(5)						
(6)						
(7)						
(8)						
(9)						

第四章　会计科目和账户

■学习目标

通过本章学习，了解会计科目设置的必要性及设置原则，掌握账户的概念、分类及账户的基本结构，明确会计科目与账户之间的关系等。

第一节　会计科目

一、会计科目及其设置

（一）会计科目的概念

企业的各种经济活动都会引起会计要素发生数量、金额的增减变动。会计要素是对会计对象所做的初步分类，为了对会计要素进行核算和监督，应将会计要素进一步分类为会计科目。

会计科目是对会计要素的具体内容进行分类核算的项目。如，企业的银行存款和企业销货的应收款都属于企业的资产，但它们的经济内容不同，应分别设置“银行存款”、“应收账款”科目对其进行分类核算。又如，应付账款和应付职工薪酬均是企业的负债，但它们的经济内容不同，也应设置“应付账款”和“应付职工薪酬”科目进行核算。可见，设置会计科目，可以全面、系统地反映和监督企业的各项经济业务，分门别类地为经济管理提供会计核算资料。

（二）会计科目的意义

会计科目是进行各项会计记录和提供各项会计信息的基础，在会计核算中具有重要意义。

1. 会计科目是复式记账的基础

复式记账要求每一笔经济业务在两个或两个以上相互联系的账户中进行登记，以反映资金运动的来龙去脉。

2. 会计科目是编制会计凭证的依据

记账凭证是确定所发生的经济业务应计入何种科目以及分门别类登记账簿的依据。

3. 会计科目为成本计算与财产清查提供了前提条件

通过会计科目的设置，有助于成本计算，使各种成本计算成为可能；而通过账面记录与实际结存的核对，又为财产清查、保证账实相符提供了必备的条件。

4. 会计科目为编制财务报表提供了方便

财务报表是提供会计信息的主要手段，为了保证会计信息的质量及其提供的及时性，财务报表中的许多项目与会计科目是一致的，并根据会计科目的本期发生额或余额填列。

（三）设置会计科目的原则

会计科目是由国家财政部统一设置的。企业在不违反会计准则中确认、计量和报告规定的前提下,可以根据本单位的实际情况自行增设、分拆、合并会计科目。企业不存在的交易或者事项,可不设置相关会计科目。设置会计科目一般应遵循下列原则。

1. 合法性原则

合法性原则是指,为了保证会计信息的可比性,所设置的会计科目应当符合国家统一的会计制度的规定。

2. 相关性原则

相关性原则是指,会计科目的设置应为提供有关各方所需要的会计信息服务,满足对外报告与对内管理的要求。

3. 实用性原则

实用性原则是指所设置的会计科目应符合单位自身特点,满足单位实际需要。

二、会计科目的分类

会计科目的分类是指将全部会计科目按照一定标准划分类别。

(一)按会计科目反映的经济内容分类

会计科目按其反映的经济内容不同,可分为资产类、负债类、共同类、所有者权益类、成本类和损益类。会计科目表见表4-1。

表4-1　会计科目表

编号	名称	编号	名称
	一、资产类	2202	应付账款
1001	库存现金	2203	预收账款
1002	银行存款	2211	应付职工薪酬
1012	其他货币资金	2221	应交税费
1101	交易性金融资产	2231	应付利息
1121	应收票据	2232	应付股利
1122	应收账款	2241	其他应付款
1123	预付账款	2314	代理业务负债
1131	应收股利	2401	递延收益
1132	应收利息	2501	长期借款
1221	其他应收款	2502	应付债券
1231	坏账准备	2701	长期应付款
1321	代理业务资产	2702	未确认融资费用
1401	材料采购	2711	专项应付款
1402	在途物资	2801	预计负债
1403	原材料	2901	递延所得税负债
1404	材料成本差异		三、共同类

续表 4-1

编号	名称	编号	名称
1405	库存商品	3201	衍生工具
1406	发出商品	3202	套期工具
1407	商品进销差价	3203	被套期项目
1408	委托加工物资		四、所有者权益类
1411	周转材料	4001	实收资本(或股本)
1471	存货跌价准备	4002	资本公积
1501	持有至到期投资	4101	盈余公积
1502	持有至到期投资减值准备	4103	本年利润
1503	可供出售金融资产	4104	利润分配
1511	长期股权投资	4201	库存股
1512	长期股权投资减值准备		五、成本类
1521	投资性房地产	5001	生产成本
1531	长期应收款	5101	制造费用
1532	未实现融资收益	5201	劳务成本
1601	固定资产	5301	研发支出
1602	累计折旧		六、损益类
1603	固定资产减值准备	6001	主营业务收入
1604	工程物资	6051	其他业务收入
1605	在建工程	6101	公允价值变动损益
1606	固定资产清理	6111	投资收益
1701	无形资产	6301	营业外收入
1702	累计摊销	6401	主营业务成本
1703	无形资产减值准备	6402	其他业务成本
1711	商誉	6403	营业税金及附加
1801	长期待摊费用	6601	销售费用
1811	递延所得税资产	6602	管理费用
1901	待处理财产损溢	6603	财务费用
	二、负债类	6701	资产减值损失
2001	短期借款	6711	营业外支出
2101	交易性金融负债	6801	所得税费用
2201	应付票据	6901	以前年度损益调整

(二)按会计科目提供信息的详细程度及其统驭关系分类

会计分类科目按其提供信息的详细程度及其统驭关系不同,可分为总分类科目和明细分类科目。

1. 总分类科目

总分类科目是对会计要素具体内容进行总括分类、提供总括信息的会计科目。如“库存现金”、“应收账款”、“长期借款”、“实收资本”、“盈余公积”等。

2. 明细分类科目

明细分类科目是对总分类科目作进一步分类,提供更详细、更具体会计信息的科目。对于明细科目较多的总账科目,可在总分类科目与明细分类科目之间设置二级或多级科目。如在“原材料”总分类科目下设“原料及主要材料”、“辅助材料”、“燃料”等二级明细分类科目,而在二级明细分类科目下再根据材料的品种、规格、型号分设三级明细分类科目。

【小知识4.1】 在会计科目表中,每个会计科目前面都有一个编号,这是《企业会计准则》统一规定的会计科目的编号,以便于编制会计凭证、登记账簿、查阅账目,实现会计电算化。企业不应当随意打乱重编。在某些会计科目之间留有空号,以供增设会计科目之用。

【小思考4.1】 会计科目编号有什么规律?

第二节　会计账户

一、账户的概念

会计科目只是对会计对象具体内容(会计要素)进行分类的项目或名称,还不能进行具体的会计核算。为了能够分门别类地对各项经济业务的发生所引起的会计要素的增减变动及其结果进行全面、序时、连续、系统的反映和监督,以便为会计信息使用者提供所需要的各种会计信息,还必须根据规定的会计科目在账簿中开设账户,通过账户对各项经济业务进行分类、系统、连续的记录。

账户是根据会计科目设置的,具有一定的格式和结构,是分类反映会计要素增减变动情况及其结果的载体。设置账户是会计核算的专门方法之一。账户的名称与级次应与会计科目一致,即根据总分类科目开设总分类账户,根据明细分类科目开设明细分类账户。由于总分类账户提供的是总括核算指标,因而一般只用货币计量;明细分类账户提供的是明细分类核算指标,因而除用货币量度外,有的还用实物量度(个、件、kg、t 等)辅助计量。

二、账户的基本结构

由于经济业务发生所引起的各项会计要素的变动,从数量上看不外乎是增加和减少两种情况。因此,用来记录经济业务的账户,在结构上也应分为左方、右方两个方向,一方登记增加,另一方登记减少。至于哪一方登记增加、哪一方登记减少,取决于所采用的记账方法和账户所记录的经济内容。本期增加发生额、本期减少发生额、期初余额和期末余额，称为账户的四个金额要素，其关系如下：

期末余额＝期初余额＋本期增加发生额－本期减少发生额

账户的具体格式及内容如表4-2所示，包括账户名称（会计科目）、记录经济业务的日期和所依据的记账凭证编号、经济业务摘要、增加和减少的金额、余额等。

表4-2　账户名称（会计科目）

年		凭证		摘要	左方	右方	余额
月	日	字	号				

注：本书未注明单位的表，单位均为元。

如表4-2所示的账户格式是实际工作中采用的格式。通常在教学或对账时简化为T形，即只保留左方和右方，其他略去，将余额写在下面。如图4-1所示。

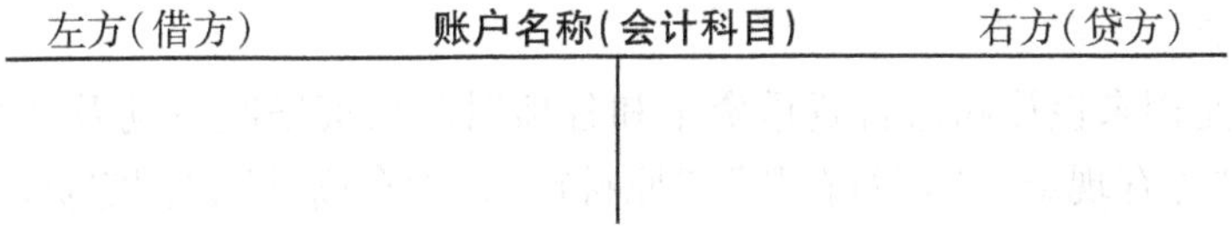

图4-1　T形账户

三、账户的分类

账户的分类，是按照账户的本质特征，依据一定的原则，将全部账户进行科学的概括和归类。根据不同的标准对账户进行分类，可以从不同的角度全方位观察账户体系的全貌。

（一）按账户反映的经济内容分类

按账户反映的经济内容不同，可分为资产类账户、负债类账户、所有者权益类账户、成本类账户、损益类账户等。

1. 资产类账户

资产类账户是用来反映各种资产的增减变动及结存情况的账户。其中，属于流动资产的账户有"库存现金"、"银行存款"、"应收票据"、"应收账款"、"其他应收款"、"预付账款"、"原材料"等。属于非流动资产的账户有"长期股权投资"、"固定资产"、"累计折旧"、"无形资产"等。

2. 负债类账户

负债类账户是用来反映各类负债的增减变动及其余额的账户。其中，属于流动负债的账户有"短期借款"、"应付票据"、"应付账款"、"预收账款"、"应付职工薪酬"、"应交税费"、"其他应付款"等。属于非流动资产的账户有"长期借款"、"应付债券"、"长期应付款"、"未确认融资费用"等。

3. 所有者权益类账户

所有者权益类账户是用来反映所有者在企业资产中享有的经济利益增减变动及其结

存情况的账户。该类账户可分为投入资本类账户和留存收益类账户。其中,属于投入资本类账户的有“实收资本”或“股本”等。属于留存收益类账户的有“盈余公积”、“利润分配”等。

4. 成本类账户

成本类账户是采用反映企业为生产产品、提供劳务等而发生的各种支出的账户。属于该类账户的有“制造费用”、“生产成本”、“劳务成本”等。

5. 损益类账户

损益类账户是用来反映企业在一定会计期间的经营成果的账户。该类账户可以划分为收入类账户和费用类账户。其中,属于收入类账户的有“主营业务收入”、“其他业务收入”、“投资收益”、“营业外收入”等。属于费用类账户的有“主营业务成本”、“营业税金及附加”、“其他业务成本”、“销售费用”、“管理费用”、“财务费用”、“营业外支出”、“所得税费用”等。

(二)按账户的用途和结构分类

按账户的用途和结构不同,可分为盘存账户、资本账户、结算账户、跨期摊配账户、集合分配账户、成本计算账户、对比账户、期间账户、财务成果账户、调整账户和暂记账户。

1. 盘存账户

盘存账户是用来核算和监督货币资金和各项财产物资增减变动及其结存情况的账户。主要包括“库存现金”、“银行存款”、“原材料”、“库存商品”、“固定资产”等账户。

盘存账户的结构如图4-2所示,其借方登记各项货币资金和财产物资的增加额,贷方登记各项货币资金和财产物资的减少额,账户余额在借方,表示期末各项货币资金和财产物资的结存额。

借方　　盘存账户	贷方
期初余额:货币资金或财产物资的结存额 发生额:本期货币资金或财产物资的增加额	发生额:本期货币资金或财产物资的减少额
期末余额:期末货币资金或财产物资的结存额	

图4-2　盘存账户的结构

盘存账户的特点:可以通过财产清查的方法(实地盘点或核对账目)确定其实际结存数,检查账存数与实存数是否相符。除“库存现金”和“银行存款”等货币资金账户外,其他盘存账户的明细分类账均可以提供实物和价值两种指标。

2. 资本账户

资本账户是用来核算和监督投资者投资的增减变动及其结存额的账户。主要包括“实收资本”、“资本公积”和“盈余公积”账户。

资本账户的结构如图4-3所示,其贷方登记各项资本的增加额,借方登记各项资本的减少额。账户余额在贷方,表示各项资本的实有数额。

资本账户

借方	贷方
发生额:本期减少的资本额	期初余额:期初实有资本额 发生额:本期增加的资本额
	期末余额:期末实有资本额

图 4-3　资本账户的结构

资本账户的特点:明细分类核算只提供价值指标。

3. 结算账户

1) 债权结算账户

债权结算账户是用来核算和监督企业各种应收款项的增减变动及实有数额的账户。主要包括"应收账款"、"应收票据"、"预付账款"和"其他应收款"等账户。

债权结算账户的结构如图 4-4 所示,借方登记债权的增加额,贷方登记债权的减少额,期末余额一般是在借方,表示期末尚未收回债权的实有额。

债权结算账户

借方	贷方
期初余额:期初尚未结算的应收款项或预付款项的实有额 发生额:本期应收款项或预付款项的增加额	发生额:本期应收款项或预付款项的减少额
期末余额:期末尚未结算的应收款项或预付款项的实有额	

图 4-4　债权结算账户的结构

2) 债务结算账户

债务结算账户是用来核算和监督企业各种应付款项的增减变动及实有数额的账户。主要包括"应付账款"、"预收账款"、"短期借款"、"长期借款"、"应收票据"和"其他应付款"等账户。

债务结算账户的结构如图 4-5 所示,贷方登记债务的增加额,借方登记债务的减少额,期末余额一般在贷方,表示期末尚未偿还的债务的实有额。

债务结算账户

借方	贷方
发生额:本期借入款项、应付款项或预收款项的减少额	期初余额:期初结欠的借入款项、应付款项或尚未结算的预收款项的实有额 发生额:本期借入款项、应付款项或预收款项的增加额
	期末余额:期末尚未偿还的借入款项、应付款项或尚未结算的预收款项的实有额

图 4-5　债务结算账户的结构

3）债权债务结算账户

债权债务结算账户是用来核算和监督企业与其他单位或个人相互往来结算业务的账户。主要包括“应收账款”、“应付账款”账户。

债权债务结算账户的结构如图4-6所示，借方登记债权的增加额、债务的减少额，贷方登记债权的减少额、债务的增加额，期末余额在借方为债权大于债务的差额，期末余额在贷方为债务大于债权的差额。

借方　债权债务结算账户	贷方
期初余额：期初债权大于债务的差额 发生额：本期债权的增加额和本期债务的减少额	期初余额：期初债务大于债权的差额 发生额：本期债务的增加额和本期债权的减少额
期末余额：期末债权大于债务的差额	期末余额：期末债务大于债权的差额

图4-6　债权债务结算账户的结构

结算账户的特点：明细分类核算只提供价值指标。

4. 跨期摊配账户

跨期摊配账户是用来核算和监督应在若干个会计期间摊销或分配的费用或收益的账户。主要包括“长期待摊费用”和“递延收益”、“未确认融资费用”等账户。

跨期摊配账户的结构如图4-7所示，借方登记本期发生的待摊费用及本期分配的收益，贷方登记本期摊销的待摊费用及本期发生的待分配收益，期末借方余额反映期末尚未摊销的待摊费用，期末贷方余额反映期末尚未分配的待分配收益。

借方　跨期摊配账户	贷方
期初余额：尚未摊销的待摊费用 发生额：本期发生的待摊费用及本期分配的收益	期初余额：尚未分配的待分配收益 发生额：本期摊销的待摊费用及本期发生的待分配收益
期末余额：期末尚未摊销的待摊费用	期末余额：期末尚未分配的待分配收益

图4-7　跨期摊配账户的结构

跨期摊配账户的特点：明细分类核算只提供价值指标。

5. 集合分配账户

集合分配账户是用来归集和分配企业生产经营过程中某一阶段所发生的全部费用的账户。主要包括“制造费用”账户。

集合分配账户的结构如图4-8所示，借方登记费用的发生额，贷方登记费用的分配额。期末一般没有余额。

借方　集合分配账户	贷方
发生额:归集本期有关间接费用的发生额	发生额:本期有关间接费用的分配额

图 4-8　集合分配账户的结构

6. 成本计算账户

成本计算账户是用来核算企业生产经营过程中某一阶段的全部费用,并据以确定该过程各成本计算对象实际总成本和单位成本的账户。主要包括“在途物资”、“材料采购”、“生产成本”、“在建工程”、“研发支出”等账户。

成本计算账户的结构如图 4-9 所示,借方登记企业在生产经营过程中某一阶段所发生的、应计入成本计算对象的全部费用,贷方登记转出的各成本计算对象的实际成本,期末余额在借方,表示尚未转出的成本计算对象的实际成本。

借方　成本计算账户	贷方
期初余额:期初尚未转出的成本计算对象的实际成本 发生额:生产经营过程中某一阶段发生的、应计入成本计算对象的全部费用	发生额:转出已完成生产经营过程中某一阶段的成本计算对象的实际成本
期末余额:期末尚未转出的成本计算对象的实际成本	

图 4-9　成本计算账户的结构

成本计算账户的特点:明细分类核算既提供实物指标,又提供价值指标。

7. 对比账户

对比账户是用来核算企业生产经营过程中某一阶段某项经济业务按照两种不同的计价标准进行对比,借以确定其业务成果的账户。主要包括“材料采购”账户等。

对比账户的结构如图 4-10 所示,借方登记企业在生产经营过程中某一阶段所发生的、应计入成本计算对象的全部费用,贷方登记转出的各成本计算对象的实际成本,期末余额在借方,表示尚未转出的成本计算对象的实际成本。

借方　对比账户	贷方
期初余额:尚未入库材料的实际成本 发生额:本期购进材料的实际成本及入库材料的实际成本小于计划成本的节约差异	发生额:本期入库材料的计划成本及入库材料的实际成本大于计划成本的超支差异
期末余额:尚未入库材料的实际成本	

图 4-10　对比账户的结构

8. 期间账户

期间账户是用来核算与监督企业在某一会计期间内所获得的各类收入和利得及所发

生的各类费用和损失的账户。根据期间账户所反映的具体内容不同，又可进一步分为期间收入账户与期间费用账户两类。

1）期间收入账户

期间收入账户是用来核算企业在某一会计期间所形成的各项收入、收益的账户。主要包括“主营业务收入”、“其他业务收入”、“投资收益”、“营业外收入”等。

期间收入账户的结构如图4-11所示，贷方登记企业在本期内所获得的各项收入、收益，借方登记转入本年利润的收入、收益，期末一般无余额。

借方　　期间收入账户	贷方
发生额：转入本年利润的收入、利得	发生额：本期获得的各项收入、利得

图4-11　期间收入账户的结构

2）期间费用账户

期间费用账户是用来核算企业在某一会计期间所发生的费用和损失。主要包括“主营业务成本”、“其他业务成本”、“营业税金及附加”、“销售费用”、“管理费用”、“财务费用”、“资产减值损失”、“营业外支出”、“所得税费用”等。

期间费用账户的结构如图4-12所示，借方登记本期发生的费用和损失，贷方登记转入“本年利润”的费用和损失，期末一般无余额。

借方　　期间费用账户	贷方
发生额：本期发生的费用和损失	发生额：转入“本年利润”的费用和损失

图4-12　期间费用账户的结构

期间账户的特点：期末全部转入“本年利润”，结转后无余额。

9. 财务成果账户

财务成果账户用来核算和监督企业在一定时期内全部生产经营活动的最终成果，并确定企业利润或亏损数额的账户。主要包括“本年利润”账户。

财务成果账户的结构如图4-13所示，贷方登记期末从损益账户转入的各项收入的数额，借方登记期末从损益类账户转入的各项支出的数额，期末贷方余额表示企业实现的净利润，期末借方余额表示企业发生的净亏损。年末应将全年实现的净利润或发生的净亏损，自“本年利润”账户转入“利润分配”账户，结转后该类账户无余额。

借方　　财务成果账户	贷方
发生额：期末转入的各项费用和损失及年终转入“利润分配”账户的本年净利润	发生额：期末转入的各项收入和利得及年终转入“利润分配”账户的本年净亏损
期末余额：本年累计发生的亏损	期末余额：本年累计实现的净利润

图4-13　财务成果账户的结构

财务成果账户的特点：只提供价值指标。

10. 调整账户

调整账户是用来调整被调整账户的余额，以确定被调整账户的实际余额而设置的账户。调整账户按照其调整方式的不同，可以分为备抵账户和备抵附加账户。

1）备抵账户

备抵账户亦称抵减账户，是用来抵减被调整账户余额，以求得被调整账户实际余额的账户。主要包括"累计折旧"、"累计摊销"、"坏账准备"、"存货跌价准备"等账户。

其调整方式可用下列计算公式表示：

被调整账户余额 − 备抵账户余额 ＝ 被调整账户的实际余额

由于备抵账户采用抵减的调整方式，因此被调整账户的余额与备抵账户的余额方向必然相反；如果被调整账户的余额在借方，则备抵账户的余额一定在贷方，反之亦然。

2）备抵附加账户

备抵附加账户是指既可以用来抵减，又可以用来增加被调整账户的余额，以求得被调整账户的实际余额的账户。这类账户属于双重性质的账户，兼有备抵账户和附加账户的功能，但不能同时起两种作用。其在某一时刻执行的是哪种功能，取决于该账户的余额与被调整账户的余额在方向上是否一致，二者方向相同时，起的是附加账户的作用；方向不同时，起的是备抵账户的作用。此类账户主要有"材料成本差异"账户。

调整账户的特点：

（1）调整账户与被调整账户反映的经济内容相同，但用途和结构不同。

（2）被调整账户反映的是会计要素的原始数据，而调整账户反映的是同一要素的调整数据，后者不能脱离前者而独立存在。

（3）调整方式是指原始数据与调整数据是相加还是相减，以求得有特定用途的数据。

11. 暂记账户

暂记账户也称为待处理账户，是用来核算和监督企业尚未批准核销的盘盈、盘亏和毁损财产物资的过渡性账户。暂记账户主要有"待处理财产损溢"账户，该账户的用途和结构在本书第九章"财产清查"中有详细说明。

上述账户按用途和结构分类，可以归纳为图 4-14。

账户（按用途和结构分类）
- 盘存账户：库存现金、原材料、库存商品、固定资产等
- 资本账户：实收资本、资本公积、盈余公积等
- 结算账户：应收账款、预付账款、应付账款、短期借款等
- 跨期摊配账户：长期待摊费用、递延收益等
- 集合分配账户：制造费用
- 成本计算账户 ：材料采购、生产成本、在建工程等
- 对比账户：材料采购等
- 期间账户：主营业务收入、主营业务成本、管理费用等
- 财务成果账户：本年利润
- 调整账户：坏账准备、累计折旧、材料成本差异等
- 暂记账户：待处理财产损溢

图 4-14　账户按用途和结构分类示意图

(三)按账户提供信息的详细程度分类

按账户提供信息的详细程度不同,可分为总分类账户和明细分类账户。

1. 总分类账户

总分类账户又称一级会计账户或总账账户,是对会计要素具体内容进行总括分类、提供总括信息的会计账户。如"库存现金"、"应收账款"、"长期借款"、"实收资本"、"盈余公积"等。

2. 明细分类账户

明细分类账户又称二级账户、三级账户或明细账户,是对总分类账户作进一步分类,提供更详细、更具体的会计信息的账户。对于明细账户较多的总账账户,可在总账账户与明细账户之间设置二级或多级账户。但在有些经济业务比较复杂的情况下,在一级会计科目下设置二级会计账户,又在二级会计账户下设置三级账户(细目)进行核算。如在"原材料"总账账户下设"原料及主要材料"、"辅助材料"、"燃料"等二级明细账户,而在二级明细账户下再根据材料的品种、规格、型号分设三级明细账户。企业可根据管理要求和核算的需要自行设置二级、三级明细账户。

四、账户和会计科目的联系与区别

在实际工作中,账户通常也叫会计科目,但在会计学中,账户和会计科目是两个不同的概念,两者既有联系又有区别。

(一)会计科目与账户的联系

会计科目与账户都是对会计对象具体内容的科学分类,两者口径一致,性质相同。会计科目是账户的名称,也是设置账户的依据;账户是会计科目的具体运用。没有会计科目,账户便失去了设置的依据;没有账户,就无法发挥会计科目的作用。会计科目和账户在有关账页中有机结合,构成了会计账簿的统一体。正因为如此,在实际工作中,人们常常把会计科目作为账户的同义词。

(二)会计科目与账户的区别

会计科目是按照经济内容对会计要素的具体内容进行分类的项目名称,仅仅是账户的名称,不存在结构;而账户则是在会计科目分类的基础上,对由于经济业务引起的会计要素增减变动情况及其结果进行全面、连续、系统的记录。因此,账户不仅要有反映的内容,还必须具有一定的格式和结构。也可以说,账户是各个单位记录、加工、整理、汇总各种会计信息的载体,而会计科目则是一个抽象概括的项目名称,它由国家统一规定,它的设置只是名称的限定,不构成会计核算的方法,而账户的设置构成了会计核算的专门方法之一。

由于两者联系密切,在实际工作中,对会计科目和账户不加严格区分,而是相互通用。

■本章小结

会计科目是对会计要素的具体内容进一步分类的项目名称,是设置账户的依据。在生产经营过程中,由于经营管理的要求不同,既需要设置提供总括核算资料的总分类科目,又需要设置提供详细核算资料的明细分类科目。

账户的分类是按照会计科目开设的、具有一定格式和结构、用来连续记录会计要素增减变动情况的载体。账户按照其反映的经济内容、按用途和结构及按提供信息的详细程度可以分为不同类型。账户和会计科目两者之间既有联系又有区别,但在实际工作中人们常常把会计科目作为账户的同义语。设置账户是会计核算的专门方法之一。

■主要概念

会计科目　账户　账户的基本结构

■基本训练

□知识题

1.1　阅读理解

1)什么是会计科目?为什么要设置会计科目?

2)设置会计科目的原则是什么?

3)什么是账户?为什么要设置账户?

4)会计科目与账户的关系是什么?

1.2　知识应用

1)账户按照反映的经济内容可分为哪些类型?各包括哪些内容?

2)账户按照用途和结构可分为哪些类型?各包括哪些内容?各类账户的结构是什么?有何特点?

3)账户按照提供信息的详细程度可分为哪些类型?举例说明。

□技能题

1.1　规则练习

1)账户的基本结构如何?

2)账户的金额要素有哪些?它们之间的关系如何?

1.2　操作练习

指出下列会计科目分别按照经济内容、用途和结构分类时所归属的类别。

库存现金、在途物资、材料采购、原材料、生产成本、材料成本差异、库存商品、固定资产、实收资本、资本公积、盈余公积、应收账款、预付账款、应付账款、预收账款、应收利息、短期借款、长期待摊费用、制造费用、管理费用、财务费用、销售费用、在建工程、主营业务收入、主营业务成本、坏账准备、累计折旧、待处理财产损溢、本年利润。

第五章　复式记账

■**学习目标**

通过本章学习，明确复式记账法的特征，掌握借贷记账法的记账符号、账户结构、记账规则和试算平衡方法，了解账户对应关系。

第一节　复式记账概述

一、记账方法

记账方法，是指在经济业务发生以后，根据一定的记账原理，运用一定的记账符号和记账规则，采用一定的计量单位，利用文字和数字在相互关联账户中登记各项经济业务的方法。随着会计的发展，记账方法经历了从单式记账到复式记账的发展过程。

单式记账法是指将每项经济业务只在一个账户中进行单方面登记的方法，该记账方法的主要特征是：账户设置不完整，账户设置不相互联系。它一般仅登记现金和银行存款的收、付业务，以及各项应收、应付账项。

【观念应用 5.1】　用银行存款 1 000 元支付购买材料款，记账时只记银行存款减少 1 000 元，而不记材料的增加。

单式记账法手续简单、易懂易学，但不能全面、系统地反映经济业务的来龙去脉，由于账户之间缺乏对应关系，也不便于对账户记录的正确性进行检查。随着社会生产力的发展和经济业务的日趋复杂，单式记账法已逐渐退出历史舞台。目前，世界上大多数国家都采用复式记账法，我国的会计准则也不允许采用单式记账法。

二、复式记账法

复式记账法是相对于单式记账法而言的。复式记账法是指对每笔经济业务，都要以相等的金额同时在两个或两个以上相互联系的账户中进行登记的方法。复式记账法与单式记账法相比较，具有以下两个显著的特征：

（1）对发生的各项经济业务都要按规定的会计科目，至少在两个相互联系的账户上进行分类记录。

（2）对记录的结果可以进行试算平衡。

采用复式记账法，由于对每一项经济业务都应在相互联系的账户中作出记录，这不仅有助于了解每一项经济业务的来龙去脉，而且将一定期间内所发生的全部经济业务都登记入账以后，可以通过账户记录完整、系统地反映经济活动的过程和结果。同时，复式记账法是以“资产＝负债＋所有者权益”这一会计等式为理论基础的，因此可以对会计核算结果进行复核，能及时发现问题，纠正错误，以保证会计记录的正确、完整。

【小知识5.1】　复式记账法有借贷记账法、增减记账法和收付记账法三种。其中，借贷记账法是世界各国普遍采用的记账方法，我国《企业会计准则——基本准则》明确规定，企业应采用借贷记账法。

第二节　借贷记账法

一、借贷记账法的含义

借贷记账法是以“借”和“贷”作为记账符号的一种复式记账方法。“借”和“贷”的含义最初是从借贷资本的角度来解释的，它仅仅表示债权（应收款）和债务（应付款）的增减变动，即在账户中分两方来登记资本与债权人和债务人的关系。账户的一方登记收进的存款，记在贷主名下，表示债务；账户的另一方登记付出的放款，记在借主名下，表示债权。这是借贷记账法的“借”、“贷”二字的由来。后来，随着商品经济的发展，经济活动的范围日益扩大，经济活动的内容日益复杂，记账对象也随之有所扩大，在账簿中不仅要登记债权、债务的借贷关系，而且要登记财产物资和财务收支的增减变化。因此，“借”和“贷”就失去了原来的意义，转化为单纯的记账符号，成为会计上的专门术语。

二、借贷记账法的账户结构

在借贷记账法下，任何账户都分为借方和贷方两个基本部分，通常左方为借方，右方为贷方。其基本结构可用T形账户表示，如图5-1所示。

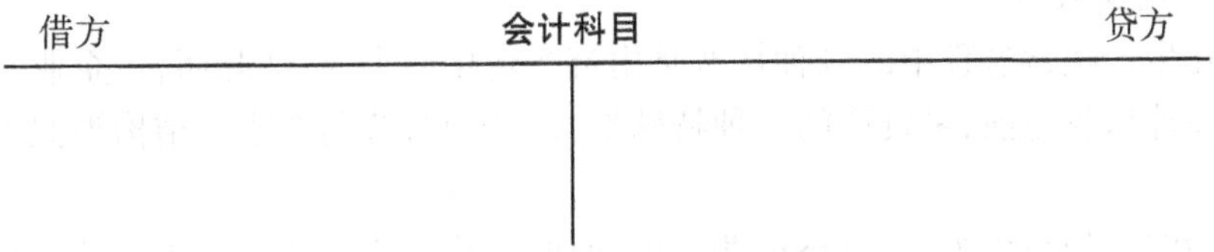

图5-1　借贷记账法的账户结构

在借贷记账法下，账户的借方和贷方分别用来反映金额的相反变化，即一方登记增加金额，一方登记减少金额。至于哪一方登记增加金额，哪一方登记减少金额，则取决于账户所要反映的经济内容。

（一）资产类账户

资产类账户的结构为：借方登记资产的增加额，贷方登记资产的减少额，期末余额一般在借方。其计算公式如下：

资产类账户期末借方余额＝期初借方余额＋本期借方发生额－本期贷方发生额

资产类账户的结构如图5-2所示。

（二）负债及所有者权益类账户

负债及所有者权益类账户的结构为：贷方登记负债及所有者权益的增加额，借方登记负债及所有者权益的减少额，期末余额一般在贷方。其计算公式如下：

负债及所有者权益类账户期末贷方余额＝期初贷方余额＋本期贷方发生额－本期借方发生额

资产类账户

借方	贷方
期初余额　××× 本期增加额　×××	本期减少额　×××
本期借方发生额合计　××× 期末余额　×××	本期贷方发生额合计　×××

图 5-2　资产类账户的结构

负债及所有者权益类账户的结构如图 5-3 所示。

负债及所有者权益类账户

借方	贷方
期初余额　××× 本期减少额　×××	本期增加额　×××
本期借方发生额　×××	本期贷方发生额　××× 期末余额　×××

图 5-3　负债及所有者权益类账户的结构

(三)费用类账户

企业在生产经营过程中的各种耗费是由资产转化而来的,就此而言,企业一定时期发生的费用在冲抵收益前,是资产的一种特殊形式。因此,费用类账户结构类似于资产类账户结构。

费用类账户的结构为:借方登记费用的增加额,贷方登记费用的转出额,期末一般无余额。

费用类账户的结构如图 5-4 所示。

费用类账户

借方	贷方
增加额　×××	转出额　×××
本期借方发生额合计　×××	本期贷方发生额合计　×××

图 5-4　费用类账户的结构

(四)收入类账户

企业实现的收入最终会引起所有者权益增加。因此,收入类账户反映的经济业务与企业权益密切相关,故其账户结构与负债及所有者权益类账户结构相似。

收入类账户的结构为:贷方登记收入的增加额,借方登记收入的减少(或转出)额,期末一般无余额。

收入类账户的结构如图 5-5 所示。

借方　　收入类账户	贷方
转出额　×××	增加额　×××
本期借方发生额合计　×××	本期贷方发生额合计　×××

图 5-5　收入类账户的结构

综上所述,各类账户结构说明资产、成本、费用类账户结构相同,增加额记借方,减少额记贷方;负债、所有者权益、收入类账户结构相同,增加额记贷方,减少额记借方。用 T 形账户表示全部账户结构如图 5-6 所示。

借方　　账户名称	贷方
资产的增加 成本的增加 费用的增加 负债的减少 所有者权益的减少 收入的减少	资产的减少 成本的减少 费用的减少 负债的增加 所有者权益的增加 收入的增加
期末余额:资产余额 成本余额	期末余额:负债余额 所有者权益余额

图 5-6　T 形账户

三、借贷记账法的记账规则

为了揭示借贷记账法的记账规则,用以下例子加以说明。

【例 5-1】　企业收到国家投入资金 100 000 元,存入银行。

该项经济业务涉及“银行存款”和“实收资本”两个账户。“银行存款”为资产类账户,其增加额 100 000 元应记在“银行存款”账户的借方;“实收资本”为所有者权益类账户,其增加额 100 000 元应记在“实收资本”账户的贷方。记录结果如图 5-7 所示。

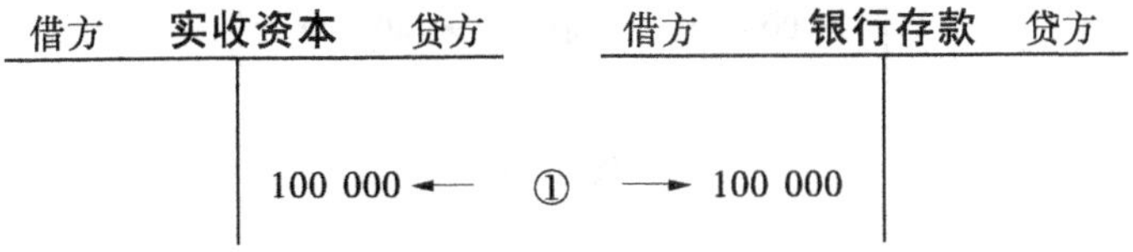

图 5-7

【例 5-2】　某企业购入甲材料 1 000 kg,每千克 50 元,计 50 000 元,以存款支付

35 000 元,余款暂欠,材料已入库。

该项经济业务涉及“原材料”、“银行存款”和“应付账款”三个账户。“原材料”和“银行存款”这两个账户是资产类账户。原材料增加 50 000 元,应记在“原材料”账户的借方;银行存款减少 35 000 元,应记在“银行存款”账户的贷方;“应付账款”是负债类账户,其增加额 15 000 元应记在“应付账款”账户的贷方。记录结果如图 5-8 所示。

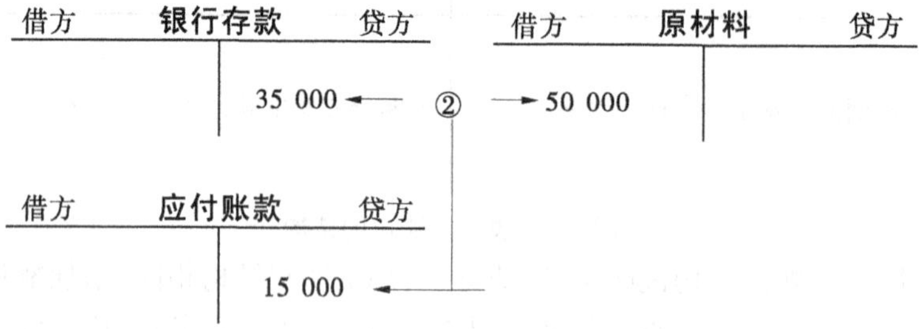

图 5-8

【例 5-3】 某企业以银行存款偿还前欠货款 15 000 元。

该项经济业务涉及“银行存款”和“应付账款”两个账户。“银行存款”为资产类账户,其减少额 15 000 元应记在“银行存款”账户的贷方;“应付账款”为负债类账户,其减少额 15 000 元应记在“应付账款”账户的借方。记录结果如图 5-9 所示。

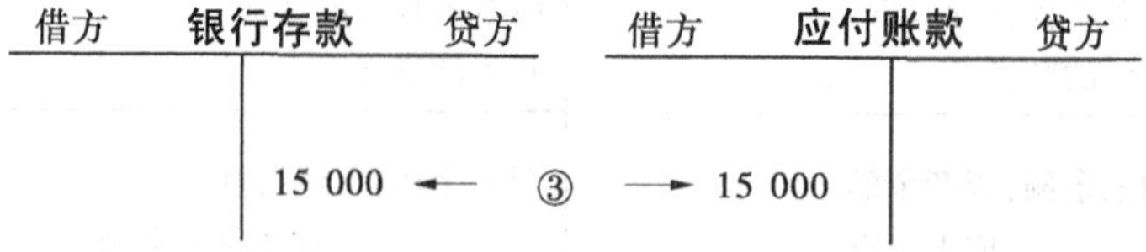

图 5-9

【例 5-4】 某企业签发为期 3 个月的商业承兑汇票 40 000 元,偿还所欠货款。

该项经济业务涉及“应付票据”和“应付账款”两个账户。“应付票据”和“应付账款”均为负债类账户。应付票据增加 40 000 元,应记在“应付票据”账户的贷方;应付账款减少 40 000 元,应记在“应付账款”账户的借方。记录结果如图 5-10 所示。

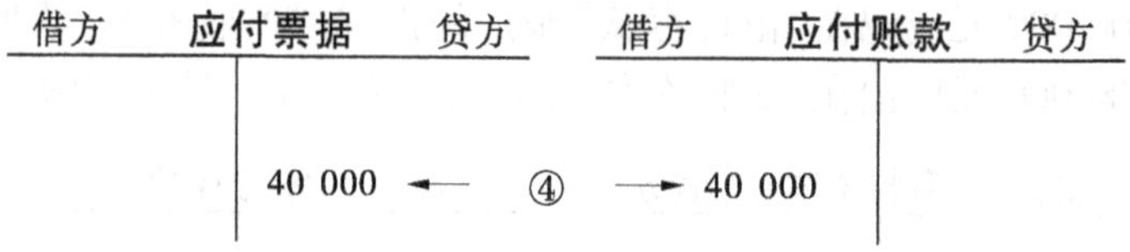

图 5-10

通过上述 4 个例子可以发现,运用借贷记账法,把每项经济业务记入有关的账户是有一定规律的。首先,每一项经济业务必须同时记入两个或两个以上相互联系的账户。其次，所记入的账户可能属于同一类别，也可能属于不同类别，这取决于经济业务的内容，但不论出现何种情况，每项经济业务都以借贷相反的方向，在两个或两个以上相互联系的账户中进行登记，即在一个账户中记借方，同时又在另一个或几个账户中记贷方；或者在一个账户中记贷方，同时又在另一个或几个账户中记借方。最后，记入借方的金额（或金额合计）与记入贷方的金额（或金额合计）相等。因此，可以将借贷记账法的记账规则概括为“有借必有贷，借贷必相等”。

四、账户对应关系和会计分录

（一）账户的对应关系

在经济业务处理过程中，无论哪一类账户都会形成特定的相互关系，这种在经济业务处理过程中所形成有关账户之间的应借应贷关系，称为账户的对应关系，发生对应关系的账户称为对应账户。为保证账户对应关系的正确性，在记账前应编制会计分录。

（二）会计分录

会计分录是指对某项经济业务标明其应借、应贷账户及其金额的记录，简称分录。按照所涉及账户的多少，分为简单会计分录和复合会计分录。简单会计分录是指只涉及两个账户，即一个账户借方与另一个账户贷方的会计分录，即“一借一贷”的会计分录。复合会计分录是指由两个以上对应账户所组成的会计分录，即一借多贷、一贷多借和多借多贷的会计分录。

编制会计分录时，首先确定涉及哪些账户、是增加还是减少，其次根据账户的结构确定应记入的借贷方向，再次确定借贷方金额是否相等。

以下举例说明会计分录的编制方法。

【例5-5】 某企业根据投资协议收到B公司投资100 000元，款项已存入银行。编制会计分录如下：

借：银行存款　　100 000

　　贷：实收资本　　100 000

【例5-6】 某企业向银行借入为期4个月的款项85 000元，已存入银行。编制会计分录如下：

借：银行存款　　85 000

　　贷：短期借款　　85 000

【例5-7】 某企业开出现金支票，从银行提取现金3 000元备用。编制会计分录如下：

借：库存现金　　3 000

　　贷：银行存款　　3 000

【例5-8】 某企业管理部门以现金400元购买办公用品。编制会计分录如下：

借：管理费用　　400

　　贷：库存现金　　400

【例5-9】 某企业从D工厂采购一批甲材料，价款20 000元，增值税（进项税额）

3 400元,材料入库,款项未付。编制会计分录如下:

借:原材料——甲材料 20 000

应交税费—应交增值税(进项税额) 3 400

贷:应付账款——D 工厂 23 400

【例 5-10】 某企业销售 A 产品取得销售收入 18 000 元,并按 17% 税率收取增值税 3 060元,合计 21 060 元,款项已存入银行。编制会计分录如下:

借:银行存款 21 060

贷:主营业务收入 18 000

应交税费—应交增值税(销项税额) 3 060

【例 5-11】 沿用例 5-8,期末将损益类账户发生额结转本年利润账户。编制会计分录如下:

借:本年利润 400

贷:管理费用 400

【例 5-12】 沿用例 5-10,期末将损益类账户发生额结转本年利润账户。编制会计分录如下:

借:主营业务收入 18 000

贷:本年利润 18 000

例 5-9 和例 5-10 的会计分录为复合会计分录,即多借一贷和一借多贷的会计分录。实际上,复合会计分录都是由若干简单会计分录合并组成的。为了明确各相关账户之间的对应关系,一般不宜编制多借多贷的会计分录。

五、借贷记账法的试算平衡

试算平衡是根据资产与权益的平衡关系和借贷记账法的记账规则来检验会计记录是否正确的测试方法。

(一)发生额试算平衡法

根据借贷记账法的记账规则“有借必有贷,借贷必相等”,在某一会计期间内,全部账户借方发生额合计数必然等于全部账户贷方发生额合计数。公式为

全部账户借方发生额合计数 = 全部账户贷方发生额合计数

(二)余额试算平衡法

余额试算平衡法是以会计等式为依据,在会计期末进行。因为账户借方余额表明资产性质,账户贷方余额表明负债及所有者权益性质,所以全部账户期末借方余额合计数等于全部账户期末贷方余额合计数,体现了资产等于负债加所有者权益的恒等关系。公式为

全部账户借方余额合计数 = 全部账户贷方余额合计数

在实际工作中,试算平衡是通过编制试算平衡表进行的。试算平衡表的基本格式如表 5-1 所示。

表 5-1　试算平衡表

年　月　日

会计科目	期初余额		本期发生额		期末余额	
	借方	贷方	借方	贷方	借方	贷方
合计						

需要注意的是，通过试算平衡，若发现借贷不平衡，则可以肯定账户记录或计算存在错误。但试算结果为借贷平衡，也不能肯定账户记录无任何错误。在有些情况下，借贷平衡背后仍可能隐含着错误，如出现重记、漏记、记错方向等情况。因此，还应运用其他方法对会计记录的正确性加以检查。

【例 5-13】 沿用例 5-1 ~ 例 5-12 的资料，假定康达公司 2012 年 8 月 1 日账户余额如表 5-2 所示。

表 5-2　康达公司总分类账户期初余额

2012 年 8 月 1 日　　单位：元

会计科目	借方期初余额	贷方期初余额
库存现金	1 000	
银行存款	60 000	
原材料	160 000	
固定资产	720 000	
应付账款		61 000
实收资本		500 000
盈余公积		100 000
本年利润		220 000
利润分配		60 000
合计	941 000	941 000

根据例 5-1 ~ 例 5-10 以及康达公司 2012 年 8 月 1 日账户余额资料，编制总分类账户试算平衡表，如表 5-3 所示。

表 5-3　康达公司总分类账户本期发生额及期末余额试算平衡表

2012 年 8 月 31 日　　单位:元

账户名称	期初余额		本期发生额		期末余额	
	借方	贷方	借方	贷方	借方	贷方
库存现金	1 000		3 000	400	3 600	
银行存款	60 000		306 060	53 000	313 060	
原材料	160 000		70 000		230 000	
固定资产	720 000				720 000	
短期借款				85 000		85 000
应付账款		61 000	55 000	38 400		44 400
应付票据				40 000		40 000
应交税费			3 400	3 060	340	
实收资本		500 000		200 000		700 000
盈余公积		100 000				100 000
本年利润		220 000	400	18 000		237 600
利润分配		60 000				60 000
管理费用			400	400		
主营业务收入			18 000	18 000		
合计	941 000	941 000	456 260	456 260	1 267 000	1 267 000

从表 5-3 可以看出,全部账户借方本期发生额合计数与贷方本期发生额合计数相等,全部账户借方期末余额合计数与贷方期末余额合计数相等,说明各账户的记录正确。

第三节　总分类账户与明细分类账户的平行登记

一、总分类账户与明细分类账户的关系

总分类账户是指根据总分类科目设置的,用于对会计要素具体内容进行总括分类核算的账户,简称总账账户。明细分类账户是指根据明细分类科目设置的,用来对会计要素的具体内容进行明细分类核算的账户,简称明细账户。同会计科目一样,明细分类账户也可分为二级账户、三级账户等。

(一)总分类账户与明细分类账户之间的联系

总分类账户与明细分类账户之间的联系主要表现在以下两个方面:

(1)两者所反映的经济业务内容相同。如"原材料"总账户与所属"甲材料"、"乙材料"等明细账户都是用来反映原材料的收发及结存业务的。

(2)登记账簿的原始依据相同。登记总分类账户与登记其所属的明细分类账户的原

始凭证是相同的。

(二)总分类账户与明细分类账户之间的区别

总分类账户与明细分类账户的区别主要表现在以下两个方面：

(1)反映经济业务内容的详细程度不同。总分类账户反映资金增减变化的总括情况，提供总括指标；明细分类账户反映资金运动的详细情况，提供明细指标。如"原材料"总分类账户只反映和提供企业库存原材料的总金额；而在"原材料"总账账户下开设的"原材料"明细账户，则反映甲材料的收发结存的金额及数量等具体情况。

(2)作用不同。总分类账户提供的经济指标是明细分类账户资料的综合，对所属明细分类账户起着统驭控制作用；明细分类账户是对有关总分类账户的补充，起着补充说明的作用。总分类账户与其所属的明细分类账户的金额之和应当相等。

二、总分类账户与明细分类账户的平行登记

由于总分类账户与明细分类账户存在着上述关系，在会计核算中，为了便于进行账户记录的相互核对，保证核算资料的完整性和正确性，总分类账户与其所属的明细分类账户必须采用平行登记的方法。平行登记是指对所发生的每项经济业务，都要以会计凭证为依据，一方面要登记有关总分类账户，另一方面又要登记该总分类账户所属的明细分类账户的方法。平行登记的要点如下。

(一)依据相同

对发生的经济业务，都要以相关的会计凭证为依据，既登记有关总分类账户，又登记该总分类账户所属的明细分类账户。

(二)方向一致

将经济业务记入总分类账户和明细分类账户时，记账方向应一致。即总分类账户记入借方，明细分类账户也应记入借方；总分类账户记入贷方，明细分类账户也应记入贷方。

(三)期间相同

对每项经济业务在记入总分类账户和明细分类账户的过程中，可以有先有后，但必须在同一会计期间(如同一个月、同一个季度、同一个年度)全部登记入账。

(四)金额相等

记入总分类账户的金额，应与记入其所属明细分类账户的金额合计相等。

通过总分类账户与明细分类账户平行登记后，可产生的数量关系为：

总分类账户本期发生额＝所属明细分类账户本期发生额合计

总分类账户期末余额＝所属明细分类账户期末余额合计

根据总分类账户与明细分类账户的发生额和余额必然相等的原理，对总分类账户与明细分类账户进行相互核对，可以检查总分类账户及其所属的明细分类账户的记录是否正确。

【例5-14】 华达公司1月初"应收账款"总账账户余额为9 000元。其中，应收A公司货款3 000元，应收B公司货款6 000元。

1月份该公司发生下列应收款项业务：

(1)1月10日向A公司出售商品10 000元，增值税1 700元；向B公司出售商品

20 000元,增值税 3 400 元。款项均未收。

借:应收账款——A 公司　　11 700

　　　　　——B 公司　　23 400

　贷:主营业务收入　　　　　　　　30 000

　　　应交税费—应交增值税(销项税额)　　5 100

(2)1 月 20 日收到 A 公司货款 10 000 元,收到 B 公司货款 25 000 元存入银行。

借:银行存款　　35 000

　贷:应收账款——A 公司　　10 000

　　　　　　——B 公司　　25 000

对上述经济业务进行平行登记,如表 5-4 ~ 表 5-6 所示。

表 5-4　总分类账

账户名称:应收账款

××年		凭证		摘要	借方	贷方	借或贷	余额
月	日	字	号					
1	1			期初余额			借	9 000
	10		×	销售商品	35 100		借	44 100
	20		×	收到货款		35 000	借	9 100
	30			本月发生额及余额	35 100	35 000	借	9 100

表 5-5　应收账款明细账

明细科目:A 公司

××年		凭证		摘要	借方	贷方	借或贷	余额
月	日	字	号					
6	1			期初余额			借	3 000
	10		×	销售商品	11 700		借	14 700
	20		×	收到货款		10 000	借	4 700
	30			本月发生额及余额	11 700	10 000	借	4 700

表 5-6　应收账款明细账

明细科目:B 公司

××年		凭证		摘要	借方	贷方	借或贷	余额
月	日	字	号					
6	1			期初余额			借	6 000
	10		×	销售商品	23 400		借	29 400
	18		×	收到货款		25 000	借	4 400
	30			本月发生额及余额	23 400	25 000	借	4 400

根据上述总分类账户与明细分类账户平行登记的结果，需要通过编制总分类账户与明细分类账户发生额及余额对照表进行核对，见表5-7。

表5-7　总分类账户与明细分类账户发生额及余额对照表

账户名称	期初余额		本期发生额		期末余额	
	借方	贷方	借方	贷方	借方	贷方
A公司	3 000		11 700	10 000	4 700	
B公司	6 000		23 400	25 000	4 400	
合计(总账)	9 000		35 100	35 000	9 100	

■本章小结

复式记账是指对每一项经济业务，都要以相等的金额同时在两个或两个以上相互联系的账户中进行登记的方法。借贷记账法是以“借”和“贷”作为记账符号的复式记账方法。借贷记账法的记账规则是“有借必有贷，借贷必相等”。由于每项经济业务都必须在两个或两个以上相互联系的账户中进行登记，这样就使有关账户之间产生了一种应借应贷关系，称为账户对应关系。存在着对应关系的账户，称为对应账户。会计分录是对每项经济业务指出其应登记的账户名称、借贷方向和金额的一种记录。在借贷记账法下，无论是每项经济业务的发生额，还是全部经济业务在一定期间(如月、季、年)的累计发生额以及账户的期末余额，借贷双方都应试算平衡。

■主要概念

复式记账法　借贷记账法　平行登记　对应账户　会计分录　试算平衡

■基本训练

□知识题

1.1　阅读理解

1)什么是复式记账法？其理论依据是什么？其与单式记账法有何不同？

2)复式记账法的特征有哪些？

1.2　知识应用

1)试算平衡的方法有哪些？哪些错误不能通过试算平衡发现？举例说明。

2)编制会计分录的步骤有哪些？举例说明。

□技能题

1.1　规则练习

1)借贷记账法的账户的结构如何？其记账规则是什么？

2)什么是平行登记？平行登记的要点有哪些？

1.2　操作练习

永正公司2012年1月份发生下列经济业务：

(1)国家拨入设备1台，价值60 000元。

(2)从银行借入长期借款190 000元，已存入银行。

(3)从银行提取现金30 000元。

(4)收到购货单位归还前欠款30 000元,存入银行。

(5)以银行存款50 000元归还到期短期借款。

(6)以银行存款7 000元偿还前欠货款。

(7)购入材料一批已入库,金额60 000元(不考虑增值税),料款暂欠。

(8)采购员出差预借差旅费500元,以现金支付。

(9)购入材料一批,价款10 000元,材料已入库,款项以银行存款支付。

(10)以资本公积40 000元转增资本。

(11)从银行取得借款6 000元,直接偿还前欠购料款。

(12)以银行存款10 000元交纳应交税金。

(13)预收购货单位货款15 000元存入银行。

要求:编制会计分录。

第六章　借贷记账法的应用

■**学习目标**

通过本章学习，掌握借贷记账法在资金筹集、供应、生产、销售和财务成果核算中的具体应用，了解企业在以上各阶段发生的主要经济业务的内容，明确对以上各个阶段进行核算应设置的账户、账户的结构以及账户的对应关系。

第一节　资金筹集业务的核算

企业进行正常的生产经营活动必须拥有一定数量的资金。筹集资金是企业生产经营的首要环节。对于任何一个企业来说，其资金来源主要有两个渠道：一是投资者投入的资本；二是向债权人借入的资金。

一、投入资本的核算

按照我国有关法律规定，投资者设立企业必须投入资本，即企业申请设立，投资者必须投入规定数量的资金。实收资本是投资者投入资本形成法定资本的价值，所有者向企业投入的资本，在一般情况下无须偿还，可以长期周转使用，在企业持续经营期间内，除国家另有规定外，一般不允许随意变动，更不准以任何形式抽回，如果有增减变动，必须具备一定的条件。

（一）主要经济业务的内容

1.接受现金资产投资

企业收到投资人投入的现金时，按收到现金的实际数入账。

2.接受非现金资产投资

企业收到投资人投入的非现金资产时，应按投资合同或协议约定价值确定非现金资产的入账金额。

（二）账户设置

1.“实收资本”账户

“实收资本”账户属于所有者权益类账户。该账户核算企业接受投资者投入的实收资本。股份有限公司应将本科目改为“股本”科目。其贷方登记实收资本的增加数额，借方登记实收资本的减少数额，期末贷方余额反映企业实收资本或股本总额。该账户可按投资者进行明细核算。

2.“资本公积”账户

“资本公积”账户属于所有者权益类账户。该账户核算企业收到投资者出资额超过其在注册资本或股本中所占份额的部分，以及直接计入所有者权益的利得和损失的增减变动及结余情况。其贷方登记资本公积的增加数额，借方登记资本公积的减少数额，期末贷方余额反映企业的资本公积。该账户应当分别以“资本溢价（或股本溢价）”、“其他资本公积”进行明细核算。

（三）举例

企业收到所有者投入企业的资本后，应根据有关原始凭证，如银行通知单、投资清单等，分别以不同的出资方式进行会计处理。

【例 6-1】 南方有限责任公司设立时，收到 A 公司投入资本 2 000 万元，存入银行。

这项经济业务的发生，一方面使企业的银行存款增加了 2 000 万元，另一方面使企业的实收资本增加了 2 000 万元。因此，该项经济业务涉及“银行存款”和“实收资本”两个账户。银行存款的增加属于企业资产的增加，应记入“银行存款”账户的借方。投资者对企业投资的增加是所有者权益的增加，应记入“实收资本”账户的贷方。编制会计分录为：

（1）借：银行存款　　20 000 000
　　贷：实收资本——A 公司　　20 000 000

【例 6-2】 南方有限责任公司设立时，收到 B 公司作为资本投入的不需要安装的机器设备一批，合同约定该批机器设备的价值为 1 000 万元。

这项经济业务的发生，一方面使企业的固定资产增加了 1 000 万元，另一方面使企业的实收资本增加了 1 000 万元，因此，该项经济业务涉及“固定资产”和“实收资本”两个账户。固定资产的增加属于企业资产的增加，应记入“固定资产”账户的借方。投资者对企业投资的增加是所有者权益的增加，应记入“实收资本”账户的贷方。编制会计分录为：

（2）借：固定资产　　10 000 000
　　贷：实收资本—— B 公司　　10 000 000

【例 6-3】 南方有限责任公司设立时，收到 C 公司作为资本投入的土地使用权一项，投资合同约定的价值为 700 万元，同时收到 D 公司作为资本投入的非专利技术一项，投资合同约定的价值为 300 万元。

这项经济业务的发生，一方面使企业的无形资产（土地使用权和非专利技术）增加了 1 000 万元，另一方面使企业的实收资本增加了 1 000 万元。因此，该项经济业务涉及“无形资产”和“实收资本”两个账户。无形资产的增加属于企业资产的增加，应记入“无形资产”账户的借方。投资者对企业投资的增加是所有者权益的增加，应记入“实收资本”账户的贷方。编制会计分录为：

（3）借：无形资产 ——土地使用权　　7 000 000
　　　　　　——非专利技术　　3 000 000
　　贷：实收资本——C 公司　　7 000 000
　　　　　　——D 公司　　3 000 000

【例 6-4】 南方有限责任公司设立 1 年后，为扩大经营规模，经批准，将注册资本由

4 000万元增加到5 000 万元,按照投资协议,E 公司需交入现金 1 200 万元,同时享有南方有限责任公司20%的股份。

这项经济业务的发生,一方面使企业的银行存款增加了 1 200 万元,另一方面使企业的实收资本增加了1 000 万元,使企业的资本公积(资本溢价)增加了200 万元。因此,该项经济业务涉及"银行存款"、"实收资本"和"资本公积(资本溢价)"三个账户。银行存款的增加属于企业资产的增加,应记入"银行存款"账户的借方。投资者对企业投资的增加是所有者权益的增加,应分别记入"实收资本"账户和"资本公积(资本溢价)"账户的贷方。编制会计分录为:

(4)借:银行存款　　12 000 000
　　贷:实收资本——E 公司　　10 000 000
　　　　资本公积——资本溢价　　2 000 000

根据上述会计分录,将其总分类核算过程列示如图 6-1 所示。

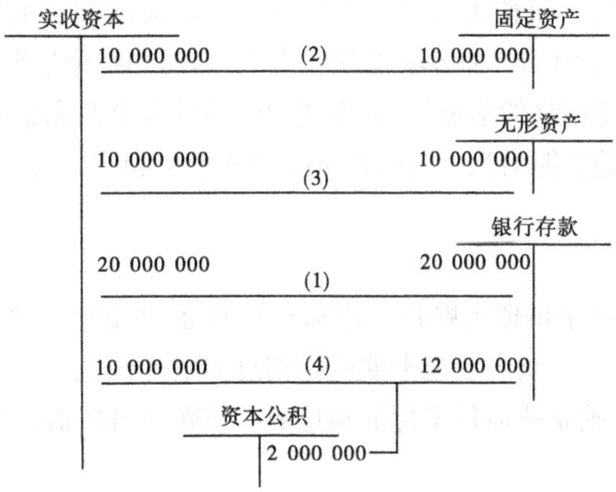

图 6-1　投入资本核算示意图

二、借款的核算

借款是指企业向银行或其他金融机构借入的各种款项。短期借款是指企业向银行或其他金融机构借入的期限在 1 年以下(含 1 年)的各种借款,通常是为了满足正常生产经营的需要。长期借款是指企业向银行或其他金融机构借入的期限在 1 年以上(不含 1 年)的各项借款,一般用于固定资产的购建、改扩建工程、大修理工程、对外投资以及为了保持长期经营能力等方面。企业借入的各种借款,必须按规定用途使用,按期偿还借款的本金及利息。

(一)主要经济业务的内容

1. 短期借款

短期借款的核算主要包括取得借款、支付利息和偿还借款本金等。

2. 长期借款

长期借款的核算主要包括借入长期借款、计算利息费用和应付利息、归还长期借款本金等。

（二）账户设置

为了对借款进行核算，应分别设置“短期借款”、“长期借款”账户。另外，为核算借款利息，应设置“应付利息”、“财务费用”账户。

1. “短期借款”账户

“短期借款”账户属于负债类账户。该账户核算企业向银行或其他金融机构等借入的期限在1年以下（含1年）的各种借款的借入、归还和结余情况。其贷方登记企业借入的短期借款的本金数额，借方登记企业偿还的短期借款的本金数额，期末贷方余额反映企业尚未偿还的短期借款的本金。该账户可按借款种类、贷款人和币种进行明细核算。

2. “长期借款”账户

“长期借款”账户属于负债类账户。该账户核算企业向银行或其他金融机构等借入的期限在1年以上（不含1年）的各项借款的借入、归还和结余情况。其贷方登记取得的长期借款的本金及利息调整的增加额，借方登记归还的本金及利息调整的减少额，期末贷方余额反映尚未偿还的长期借款。该账户可按贷款单位和贷款种类，分别“本金”、“利息调整”进行明细核算。

3. “应付利息”账户

“应付利息”账户属于负债类账户。该账户核算企业按照合同约定应支付的利息的发生、归还和结余情况。其贷方登记本期应付利息的增加额，借方登记本期应付利息的偿还额，期末贷方余额反映企业应付未付的利息额。该账户可按借款种类、贷款人和币种进行明细核算。

4. “财务费用”账户

“财务费用”账户属于损益类账户。该账户核算企业为筹集生产经营所需资金等而发生的筹资费用，包括利息支出（减利息收入）、汇兑损益以及相关的手续费、企业发生的现金折扣或收到的现金折扣等。其借方登记财务费用的发生数额，贷方登记期末转入“本年利润”账户的财务费用，该账户期末结转后无余额。该账户可按费用项目进行明细核算。

（三）举例

在实际工作中，银行一般于每季度末收取短期借款利息，为此，企业的短期借款利息一般采用月末计息的方式进行核算，短期借款利息属于企业的筹资费用。

【例6-5】 南方有限责任公司于2012年7月1日向银行借入一笔生产经营用短期借款，共计100 000元，期限为5个月，年利率为12%。根据与银行签署的协议，该借款本金到期后一次归还；利息分月计提，按季支付。该借款已于当天存入银行存款账户。

这项经济业务的发生，一方面使企业的银行存款增加了100 000元，另一方面也使企业的短期借款增加了100 000元。因此，该项经济业务涉及“银行存款”和“短期借款”两个账户。银行存款的增加属于企业资产的增加,应记入“银行存款”账户的借方。短期借款的增加属于企业负债的增加,应记入“短期借款”账户的贷方。编制会计分录为:

(5)借:银行存款　　100 000

　　贷:短期借款　　100 000

【例6-6】　沿用例6-5,南方有限责任公司于2012年7月31日计提7月份的应付利息。

首先计算7月份应负担的借款利息为1 000元(100 000×12%×1/12)。借款利息属于企业负担的一项财务费用,但由于借款利息是按季度支付的,所以本月的利息虽然在本月计算,但不在本月实际支付,因此形成企业本月的一项应付利息负债。这项经济业务的发生,一方面使企业的财务费用增加了1 000元,另一方面使企业的应付利息增加了1 000元。因此,该项经济业务涉及“财务费用”和“应付利息”两个账户。财务费用的增加属于企业费用的增加,应记入“财务费用”账户的借方。应付利息的增加属于企业负债的增加,应记入“应付利息”账户的贷方。编制会计分录为:

(6)借:财务费用　　1 000

　　贷:应付利息　　1 000

【例6-7】　沿用例6-5,南方有限责任公司于2012年8月31日计提8月份的应付利息。

利息计算及业务分析同例6-6。编制会计分录为:

(7)借:财务费用　　1 000

　　贷:应付利息　　1 000

【例6-8】　沿用例6-5,南方有限责任公司于2012年9月30日支付本季度的借款利息。

这项经济业务的发生,一方面是偿还7、8月份负担的已计提的应付利息,另一方面是偿还9月份应负担的银行借款利息。偿还银行借款利息时,一方面使企业的应付利息减少了2 000元(7、8月份各欠付1 000元),财务费用增加了1 000元(9月份应负担的利息1 000元),另一方面使企业的银行存款减少了3 000元。因此,该项经济业务涉及“应付利息”、“财务费用”和“银行存款”三个账户。应付利息的减少属于企业负债的减少,应记入“应付利息”账户的借方,财务费用的增加属于企业费用的增加,应记入“财务费用”账户的借方,银行存款的减少属于企业资产的减少,应记入“银行存款”账户的贷方。编制会计分录为:

(8)借:财务费用　　1 000

　　　应付利息　　2 000

　　贷:银行存款　　3 000

【例6-9】　沿用例6-5,南方有限责任公司于2012年12月1日偿还银行借款本金,同时支付10月和11月已计提未支付的利息。

10、11月份的利息计算和会计处理方法与7月份相同,这里不再重复。

这项经济业务的发生,一方面是偿还借款本金,另一方面是偿还10、11月份已计提的应付利息。偿还银行借款本金和利息时,一方面使企业的短期借款减少了100 000元、应付利息减少了2 000元(10、11月份各1 000元),另一方面使企业的银行存款减少了

102 000元。因此，该项经济业务涉及“短期借款”、“应付利息”和“银行存款”三个账户。短期借款和应付利息减少属于企业负债的减少，应分别记入“短期借款”账户的借方和“应付利息”账户的借方，银行存款的减少属于企业资产的减少，应记入“银行存款”账户的贷方。编制会计分录为：

(9)借：短期借款　　100 000

　　应付利息　　2 000

　　贷：银行存款　　102 000

【例6-10】　南方有限责任公司为购建固定资产，于2012年1月1日向银行借入1 000 000元，借款期限为2年，年利率7.2%，每年付息一次，期满后一次还清本金。借款已于当天存入银行存款账户。

这项经济业务的发生，一方面使企业的银行存款增加了1 000 000元，另一方面使企业的长期借款增加了1 000 000元。因此，该项经济业务涉及“银行存款”和“长期借款”两个账户。银行存款的增加属于企业资产的增加，应记入“银行存款”账户的借方。长期借款的增加属于企业负债的增加，应记入“长期借款”账户的贷方。编制会计分录为：

(10)借：银行存款　　1 000 000

　　贷：长期借款—本金　　1 000 000

【例6-11】　沿用例6-10，南方有限责任公司于借款当日购买不需要安装的设备1台，价税合计980 000元，另支付运杂费20 000元，设备已于当日投入使用。

这项经济业务的发生，一方面使企业的固定资产增加了1 000 000元，另一方面使企业的银行存款减少了1 000 000元。因此，该项经济业务涉及“固定资产”和“银行存款”两个账户。固定资产的增加属于企业资产的增加，应记入“固定资产”账户的借方，银行存款的减少属于企业资产的减少，应记入“银行存款”账户的贷方。编制会计分录为：

(11)借：固定资产　　1 000 000

　　贷：银行存款　　1 000 000

【例6-12】　沿用例6-10，计算南方有限责任公司2012年12月31日应负担的借款利息。

【小知识6.1】　企业发生的为购建固定资产专门借款的利息费用，自固定资产开始购建并且已经发生资产支出起，至所购建的固定资产达到预定可使用状态前，允许资本化，计入所购建的固定资产的成本；在所购建的固定资产达到预定可使用状态后发生的借款利息费用，计入当期的财务费用。

由于该借款购建的固定资产已经投入使用，所以该借款利息不应资本化，应作为企业负担的一项财务费用。但由于借款利息尚未支付，因此形成企业的一项应付利息负债。

计算2012年应负担的借款利息72 000元(1 000 000 × 7.2%)。这项经济业务的发生，一方面使企业的财务费用增加了72 000元，另一方面使企业的应付利息增加了72 000元。因此，该项经济业务涉及“财务费用”和“应付利息”两个账户。财务费用的增加属于企业费用的增加，应记入“财务费用”账户的借方。应付利息的增加属于企业负债的增加，应记入“应付利息”账户的贷方。编制会计分录为：

(12)借:财务费用　　72 000

　　贷:应付利息　　72 000

【小思考6.1】　假如用该项借款购入需要安装的设备,在设备达到预定可使用状态前发生的借款利息费用应该如何处理?

【例6-13】　沿用例6-12,南方有限责任公司于2013年1月2日支付长期借款利息72 000元。

这项经济业务的发生,一方面使企业的应付利息减少了72 000元,另一方面使企业的银行存款减少了72 000元。因此,该项经济业务涉及"应付利息"和"银行存款"两个账户。应付利息的减少属于企业负债的减少,应记入"应付利息"账户的借方,银行存款的减少属于企业资产的减少,应记入"银行存款"账户的贷方。编制会计分录为:

(13)借:应付利息　　72 000

　　贷:银行存款　　72 000

【例6-14】　沿用例6-10,南方有限责任公司于2014年1月1日偿还银行借款本金,同时支付2013年的应付利息。

2013年的利息计算和会计处理方法与2012年相同,这里不再重复。

这项经济业务的发生,一方面是偿还长期借款本金,另一方面是偿还2013年的应付利息。偿还银行借款本金和利息时,一方面使企业的长期借款减少了1 000 000元、应付利息减少了72 000元,另一方面使企业的银行存款减少了1 072 000元。因此,该项经济业务涉及"长期借款—本金"、"应付利息"和"银行存款"三个账户。长期借款和应付利息的减少属于企业负债的减少,应分别记入"长期借款—本金"账户的借方和"应付利息"账户的借方,银行存款的减少属于企业资产的减少,应记入"银行存款"账户的贷方。编制会计分录为:

(14)借:长期借款—本金　　1 000 000

　　　　应付利息　　72 000

　　贷:银行存款　　1 072 000

这里需要说明的是,有关长期借款利息核算的情况比较复杂,本章只进行简单的介绍,有关内容将在其他专业课程中介绍。

根据上述会计分录,将其总分类核算过程列示如图6-2所示。

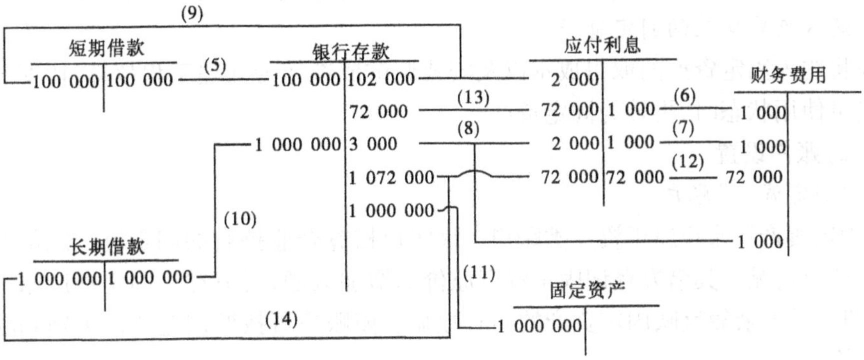

图6-2　借款核算示意图

第二节 供应过程的核算

供应过程是为生产产品做准备的过程。在这一过程中，最重要的就是劳动资料和劳动对象的准备，如购建厂房、购买机器设备、购买各种材料物资等。

一、外购固定资产的核算

固定资产是指同时具有下列特征的有形资产：

(1)为生产商品、提供劳务、出租或经营管理而持有的；

(2)使用寿命超过一个会计年度。

固定资产是企业的劳动工具或手段，其中"出租"的固定资产，是指企业以经营租赁方式出租的机器设备等，不包括经营租赁方式出租的建筑物，后者属于企业的投资性房地产，不属于固定资产。固定资产应当按照成本进行初始计量，其成本包括企业为构建某项固定资产达到预定可使用状态前所发生的一切合理的、必要的支出。在实务中，企业取得固定资产的方式是多种多样的，包括外购、自行建造、投资者投入以及非货币性资产交换、债务重组、企业合并和融资租赁等，取得的方式不同，其成本的具体构成内容及确定方法也不尽相同。本章只介绍企业外购的固定资产的核算，有关固定资产的其他核算内容将在其他专业课程中介绍。

企业外购固定资产的成本，包括购买价款、相关税费、使固定资产达到预定可使用状态前所发生的可归属于该项资产的运输费、装卸费、安装费和专业人员服务费等。外购固定资产是否达到预定可使用状态，需要根据具体情况进行分析判断。购入不需要安装的固定资产，购入后即可发挥作用，因此购入后即达到预定可使用状态。如果购入需要安装的固定资产，只有安装调试后，达到设计要求或合同规定的标准，该项固定资产才可发挥作用，才意味着达到预定可使用状态。

(一)主要经济业务的内容

1. 购入不需要安装的固定资产

按实际支付的购买价款、相关税费以及使固定资产达到预定可使用状态前发生的可归属于该项资产的运输费、装卸费、专业人员服务费等，作为固定资产的成本。

2. 购入需要安装的固定资产

应将购入固定资产的取得成本以及安装调试成本作为在建工程核算，待安装完毕达到预定可使用状态时，再转为固定资产。

(二)账户设置

1. "固定资产"账户

"固定资产"账户属于资产类账户。该账户核算企业持有的固定资产原价的增减变动及其结余情况。其借方登记固定资产原价的增加数额，贷方登记固定资产原价的减少数额，期末借方余额反映固定资产的实有数额。该账户可按照固定资产类别和项目进行明细核算。

2."在建工程"账户

"在建工程"账户属于资产类账户。该账户核算企业基建、更新改造等在建工程发生的支出。其借方登记企业各项在建工程的实际支出,贷方登记完工工程转出的成本,期末借方余额反映企业尚未达到预定可使用状态的在建工程的成本。该账户可按"建筑工程"、"安装工程"、"在安装工程"、"待摊支出"以及单项工程等进行明细核算。

3."应交税费"账户

"应交税费"账户属于负债类账户。该账户核算企业按照税法等规定计算应交纳的各种税费,包括增值税、消费税、营业税、所得税、资源税、土地增值税、城市维护建设税、教育费附加等(印花税、耕地占用税等除外)。其贷方登记计算出的各种应交而未交税费的增加,借方登记实际交纳(或支付)的各种税费,期末贷方余额反映企业尚未交纳的税费,期末借方余额反映企业多交或尚未抵扣的税费。"应交税费"账户可按应交的税费项目进行明细核算。

在材料采购业务中设置"应交税费"账户主要是为了核算增值税。增值税是对在中华人民共和国境内销售货物或者提供加工、修理修配劳务以及进口货物的单位和个人,依法征收的一种流转税。增值税的纳税人有一般纳税人和小规模纳税人之分,两者在税金的处理中有诸多不同:一般纳税人在"应交增值税"明细账中设置"进项税额"、"销项税额"、"已交税金"、"进项税额转出"等专栏,并按相关规定核算;小规模纳税人只需设置"应交增值税"明细账户,不需要在"应交增值税"明细账户中设置上述专栏。本章只以一般纳税人为例说明增值税的核算方法。

增值税是一种价外税,采用两段征收法,分为增值税进项税额和销项税额。当期应纳税额计算公式为

$$当期应纳税额 = 当期销项税额 - 当期进项税额$$

其中,销项税额是指纳税人销售货物或应税劳务,按照销售额和规定的税率计算并向购买方收取的增值税额,销项税额 = 销售额 × 增值税税率。进项税额是指纳税人购进货物或应税劳务,所应负担的增值税额,进项税额 = 购进货物或应税劳务价款 × 增值税税率。增值税的进项税额和销项税额是对应的,销售方的销项税额就是购买方的进项税额。应交税费—应交增值税明细账表如表 6-1 所示。

表 6-1　应交税费—应交增值税明细账表

年		凭证号数	内容摘要	借方				贷方				借或贷	余额
月	日			进项税额	已交税额	…	合计	销项税额	进项税额转出	…	合计		

(三)举例

企业购入不需要安装即可投入使用的固定资产,在购入时直接记入“固定资产”账户;企业购入需要安装、调试之后才能投入使用的固定资产,在购买成本的基础上加上安装过程中发生的各项支出,应先记入“在建工程”账户,待工程达到预定可使用状态时,将该工程成本从“在建工程”账户转入“固定资产”账户。

【例6-15】 南方有限责任公司购入1台不需要安装即可投入使用的设备,取得的增值税专用发票上注明的设备价款为50 000元,增值税8 500元,另支付运杂费500元,款项以银行存款支付。假定南方有限责任公司不属于增值税转型的企业。

这是1台不需要安装即可投入使用的设备,在购买过程中发生的全部支出(包括增值税)50 500元(50 000+500),全部作为固定资产的初始成本。这项经济业务的发生,一方面使企业的固定资产增加了50 500元,应交税费减少了8500元;另一方面使企业的银行存款减少了59 000元。因此,该项经济业务涉及“固定资产”、“应交税费”和“银行存款”三个账户。固定资产的增加属于企业资产的增加,应记入“固定资产”账户的借方,应交税费的减少属于负债的减少,应记入“应交税费”的借方;银行存款的减少属于企业资产的减少,应记入“银行存款”账户的贷方。编制会计分录为:

(15)借:固定资产 50 500
　　应交税费:应交增值税(进项税额) 8 500
　　贷:银行存款 59 000

【例6-16】 南方有限责任公司购入1台需要安装的A设备,取得的增值税专用发票上注明的A设备价款为100 000元,增值税17 000元,另支付运杂费3 000元,款项以银行存款支付。

购入需要安装之后才能使用的固定资产,在购买过程中发生的全部支出103 000元(100 000+3 000),应先在“在建工程”账户中进行归集。这项经济业务的发生,一方面使企业的在建工程增加了103 000元,应交税费减少了17 000元;另一方面使企业的银行存款减少了120 000元。因此,该项经济业务涉及“在建工程”、“应交税费”和“银行存款”三个账户。在建工程的增加属于企业资产的增加,应记入“在建工程”账户的借方,应交税费的减少属于负债的减少,应记入“应交税费”账户的借方,银行存款的减少属于企业资产的减少,应记入“银行存款”账户的贷方。编制会计分录为:

(16)借:在建工程 103 000
　　应交税费—应交增值税(进项税额) 17 000
　　贷:银行存款 120 000

【例6-17】 沿用例6-16,南方有限责任公司购入的A设备,在安装过程中以银行存款支付安装费用15 000元,应付本企业安装人员的薪酬35 000元。

购入需要安装的固定资产,在安装过程中发生的全部支出50 000元(15 000+35 000),应先在“在建工程”账户中进行归集。这项经济业务的发生,一方面使企业的在建工程增加了50 000元,另一方面使企业的银行存款减少了15 000元、应付职工的薪酬增加了35 000元。因此,该项经济业务涉及“在建工程”、“银行存款”和“应付职工薪酬”三个账户。在建工程的增加属于企业资产的增加,应记入“在建工程”账户的借方,银行存款的减少属于企业资产的减少,应记入“银行存款”账户的贷方,应付职工薪酬的增加属于企业负债的增加,应记入“应付职工薪酬”账户的贷方。编制会计分录为:

(17)借:在建工程　　　　50 000
　　贷:银行存款　　　　15 000
　　　　应付职工薪酬—工资　　35 000

【例 6-18】 沿用例 6-16,南方有限责任公司购入的需要安装的 A 设备安装完毕,已达到预定可使用状态,结转设备成本。

购入需要安装的固定资产达到预定可使用状态后,应将固定资产的购买成本以及在安装过程中发生的全部支出,即“在建工程”账户的借方发生额合计数 170 000 元(120 000 + 50 000)由“在建工程” 账户转入“固定资产” 账户。这项经济业务的发生,一方面使企业的固定资产增加了 170 000 元,另一方面使企业的在建工程减少了 170 000 元。因此,该项经济业务涉及“固定资产”和“在建工程”两个账户。固定资产的增加属于企业资产的增加,应记入“固定资产”账户的借方,在建工程的减少属于企业资产的减少,应记入“在建工程”账户的贷方。编制会计分录为:

(18)借:固定资产　　170 000
　　贷:在建工程　　170 000

根据上述会计分录,将其总分类核算过程列示如图 6-3 所示。

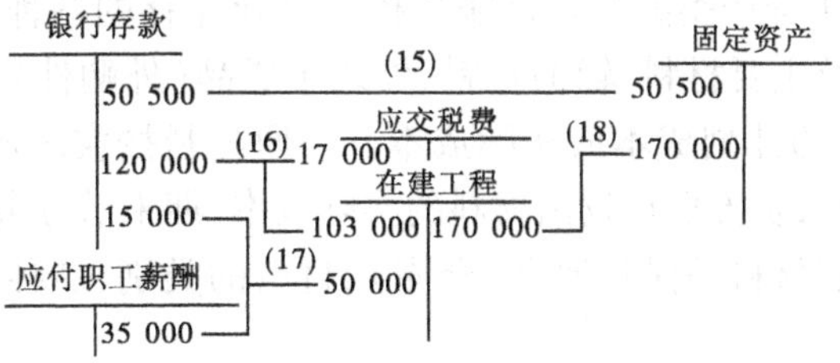

图 6-3　购建固定资产核算示意图

二、材料采购的核算

(一)主要经济业务的内容

(1)从供货单位购买材料,支付材料价款。

(2)支付采购过程中发生的各种采购费用。包括运输费、装卸费、保险费、包装费、仓储费等,这些采购费用统称运杂费。

(3)材料验收入库。购入材料到达企业,经计量、验收入库后,结转入库材料的采购成本。

(二)材料采购成本的构成

材料采购成本主要由以下几项内容构成:

(1)购买价款。是指购货发票所注明的货款金额。

(2)采购过程中发生的运杂费(不包括按规定根据运输费的一定比例计算的可抵扣的增值税税额)。

(3)按规定计入材料成本的各种税费。

(4)材料在运输途中的合理损耗。

(5)材料入库前的整理挑选费用(包括整理挑选过程中发生的人工费支出和必要的损耗,并减去回收的下脚料价值)。

(6)其他费用。如大宗物资的市内运杂费等(市内零星运杂费、采购人员的差旅费以及采购机构的经费等不构成材料的采购成本,而是记入期间费用)。

以上材料采购成本的各构成项目中,除购买价款应直接计入所购材料的采购成本外,其他各项采购成本,凡能分清是由哪种材料直接负担的,可以直接计入该种材料的采购成本;不能分清的,应按一定的标准(如按材料的质量、价值、体积等),分别计入材料采购成本。

(三)账户设置

1.“在途物资”账户

“在途物资”账户属于资产类账户。该账户核算企业采用实际成本(或进价)进行材料、商品等物资的日常核算、货款已付尚未验收入库的在途物资的采购成本。其借方登记企业购入的材料、商品等在途物资的实际成本,贷方登记验收入库的在途物资的实际成本,期末借方余额反映企业在途材料、商品等物资的采购成本。该账户可按供应单位和物资品种进行明细核算。

2.“原材料”账户

“原材料”账户属于资产类账户。该账户核算企业库存的各种材料的收发与结存情况。原材料包括原料及主要材料、辅助材料、外购半成品(外购件)、修理用备件(备品备件)、包装材料、燃料等的计划成本或实际成本。在原材料按实际成本核算时,其借方登记入库材料的实际成本,贷方登记发出材料的实际成本,期末借方余额反映库存材料的实际成本。该账户可按照材料的保管地点(仓库)、材料的类别、品种和规格等进行明细核算。

3.“应付账款”账户

“应付账款”账户属于负债类账户。该账户核算企业因购买材料、商品和接受劳务等经营活动应支付的款项。其贷方登记企业因购入材料、商品和接受劳务等尚未支付的款项,借方登记偿还的应付账款,期末贷方余额反映企业尚未支付的应付账款余额。该账户可按债权人进行明细核算。

4.“预付账款”账户

“预付账款”账户属于资产类账户。该账户核算企业按照合同规定预付的款项。其借方登记预付的款项及补付的款项,贷方登记收到所购物资时根据有关发票账单记入“原材料”等科目的金额及收回多付款项的金额,期末借方余额反映企业预付的款项,期末贷方余额反映企业尚未补付的款项。预付款项情况不多的企业,可以不设置“预付账款”账户,将预付的款项直接记入“应付账款”账户。该账户可按供货单位进行明细核算。

5.“应付票据”账户

“应付票据”账户属于负债类账户。该账户核算企业购买材料、商品和接受劳务供应等开出、承兑的商业汇票,包括银行承兑汇票和商业承兑汇票。其贷方登记企业开出、承兑汇票的面值,借方登记支付票据的金额,期末贷方余额反映企业尚未到期的商业汇票的票面金额。该账户可按债权人进行明细核算。企业应设置“应付票据备查簿”,详细登记商业汇票的种类、号数和出票日期、到期日、票面金额、交易合同号和收款人姓名或单位名称及付款日期和金额等。应付票据到期结清时,在备查簿中应予注销。

(四)举例

【例6-19】 12月5日,南方有限责任公司从光明公司购入甲、乙两种材料,甲材料1 000 kg,单价120元,计120 000元,乙材料2 000 kg,单价500元,计1 000 000元,增值税专用发票上注明的税款共计190 400元,全部款项已用银行存款付清,材料尚未到达。

这项经济业务的发生,一方面使甲材料的采购成本(买价)增加120 000元、乙材料的采购成本(买价)增加1 000 000元、增值税进项税额增加190 400元;另一方面使银行存款减少1 310 400元(120 000 + 1 000 000 + 190 400)。因此,该项经济业务涉及“在途物资”、“应交税费—应交增值税(进项税额)”和“银行存款”三个账户。材料采购成本的增加是资产的增加,应记入“在途物资”账户的借方,增值税进项税额的增加是负债的减少,应记入“应交税金—应交增值税(进项税额)”账户的借方,银行存款的减少是资产的减少,应记入“银行存款”账户的贷方。编制会计分录为:

(19)借:在途物资——甲材料　　120 000
　　　　　　　——乙材料　　1 000 000
　　应交税费—应交增值税(进项税额)　　190 400
　　贷:银行存款　　1 310 400

【例6-20】 12月6日,南方有限责任公司以银行存款9 000元支付上述购入甲、乙材料的外地运杂费。

对于在采购过程中发生的采购费用,凡是能够明确其归属对象的,直接计入相关材料的成本中,凡是不能分清应由哪种材料直接负担的采购费用,应按照一定的分配标准(如质量、体积、价值、数量等),在该批材料各品种间进行合理分配,以便确定各种材料的实际采购成本。采购费用分配时一般按三个步骤进行:

第一步,选择恰当的分配标准。如本例中的运杂费可按材料的质量比例进行分配,即选择质量作为标准。

第二步,计算分配率

$$采购费用分配率 = \frac{材料采购费用}{各种材料的质量之和} = \frac{9\ 000}{1\ 000 + 2\ 000} = 3(元/kg)$$

第三步,确定各材料应分摊的费用数额。

甲材料应分摊的运杂费 = 甲材料的质量 × 采购费用分配率 = 1 000 × 3 = 3 000(元)

乙材料应分摊的运杂费 = 乙材料的质量 × 采购费用分配率 = 2 000 × 3 = 6 000(元)

或者　　乙材料应分摊的运杂费 = 9 000 − 3 000 = 6 000(元)

这项经济业务的发生,一方面使甲材料的采购成本增加了3 000元,乙材料的采购成本增加了6 000元;另一方面使企业银行存款减少了9 000元。因此,该项经济业务涉及“在途物资”和“银行存款”两个账户。材料采购成本的增加是资产的增加,应记入“在途物资”账户的借方,银行存款的减少是资产的减少,应记入“银行存款”账户的贷方。编制会计分录为:

(20)借:在途物资——甲材料　　3 000
　　　　　　　　——乙材料　　6 000
　　贷:银行存款　　　　　　　9 000

【例6-21】 12月7日,南方有限责任公司向新兴公司购进丙材料200 kg,每千克500元,计价款100 000元,增值税专用发票上注明的税款为17 000元,新兴公司代垫运杂费4 000元,材料尚未入库,所有款项均未支付。

这项经济业务的发生,一方面使丙材料的采购成本(买价+运杂费)增加了104 000元(100 000+4 000),增值税进项税额增加了17 000元;另一方面使应付供应单位的款项增加121 000元(104 000+17 000)。因此,该项经济业务涉及"在途物资"、"应交税费—应交增值税(进项税额)"和"应付账款"三个账户。材料采购成本的增加是资产的增加,应记入"在途物资"账户的借方,增值税进项税额的增加是负债的减少,应记入"应交税费—应交增值税(进项税额)"账户的借方,应付账款的增加是负债的增加,应记入"应付账款"账户的贷方。编制会计分录为:

(21)借:在途物资——丙材料　　　　　　　104 000
　　　应交税费—应交增值税(进项税额)　17 000
　　贷:应付账款——新兴公司　　　　　　　121 000

【例6-22】 12月7日,南方有限责任公司按照合同规定,以银行存款预付给振华公司订购乙材料的款项200 000元。

这项经济业务的发生,一方面使企业预付的订货款增加了200 000元,另一方面使企业银行存款减少了200 000元。因此,该项经济业务涉及"预付账款"和"银行存款"两个账户。预付账款的增加是资产的增加,应记入"预付账款"账户的借方,银行存款的减少是资产的减少,应记入"银行存款"账户的贷方。编制会计分录为:

(22)借:预付账款——振华公司　　200 000
　　贷:银行存款　　　　　　　　　200 000

【例6-23】 12月19日,南方有限责任公司收到振华公司发运来的乙材料,增值税专用发票上注明价款500 000元,增值税额85 000元,振华公司代垫运杂费3 000元,冲销原预付账款后,所欠款项以银行存款支付,材料尚未入库。

这项经济业务的发生,应分别以购入材料和补付货款进行处理。购入材料时,一方面使乙材料的采购成本(买价+运杂费)增加了503 000元(500 000+3 000),增值税进项税额增加了85 000元;另一方面使预付账款减少了588 000元。因此,购入材料时涉及"在途物资"、"应交税费—应交增值税(进项税额)"和"预付账款"三个账户。材料采购成本的增加是资产的增加,应记入"在途物资"账户的借方,增值税进项税额的增加是负债的减少,应记入"应交税费—应交增值税(进项税额)"账户的借方,"预付账款"的减少是资产的减少,应记入"预付账款"账户的贷方。编制会计分录为:

($23\frac{1}{2}$)借:在途物资——乙材料　　　　　　　503 000
　　　应交税费—应交增值税(进项税额)　85 000
　　贷:预付账款——振华公司　　　　　　　588 000

补付货款时，一方面使企业的预付账款增加了 388 000 元（503 000 + 85 000 − 200 000），另一方面使银行存款减少了 388 000 元。因此，补付货款时涉及“预付账款”和“银行存款”两个账户。预付账款的增加是资产的增加，应记入“预付账款”账户的借方，银行存款的减少是资产的减少，应记入“银行存款”账户的贷方。编制会计分录为：

（$23\frac{2}{2}$）借：预付账款——振华公司　　388 000

　　贷：银行存款　　388 000

【例 6-24】　12 月 19 日，南方有限责任公司向兴业公司购进丁材料 100 kg，每千克 1 000元，价款合计 100 000 元，增值税税额 17 000 元，签发并承兑商业汇票一张，该商业汇票的面值为 117 000 元，期限为 3 个月，材料已验收入库。

这项经济业务的发生，一方面使企业库存原材料的实际采购成本增加了 100 000 元，增值税进项税额增加 17 000 元；另一方面使公司的应付票据增加了 117 000 元（100 000 + 17 000）。因此，该项经济业务涉及“原材料”、“应交税费—应交增值税（进项税额）”和“应付票据”三个账户。库存原材料实际成本的增加是资产的增加，应记入“原材料”账户的借方，增值税进项税额的增加是负债的减少，应记入“应交税费—应交增值税（进项税额）”账户的借方，应付票据的增加是负债的增加，应记入“应付票据”账户的贷方。编制会计分录为：

（24）借：原材料——丁材料　　100 000

　　应交税费—应交增值税（进项税额）　　17 000

　　贷：应付票据——兴业公司　　117 000

【例 6-25】　12 月 21 日，本月购入的甲、乙、丙材料均已验收入库，结转各种材料的实际采购成本。

应根据“在途物资”明细账，如表 6-2、表 6-3、表 6-4 中所归集的各种材料的买价和采购费用，编制材料采购成本计算表，如表 6-5 计算确定验收入库材料的实际采购成本。

从表 6-5 中可以看出，企业购入并已验收入库甲、乙、丙材料的实际采购成本分别为：123 000 元、1 509 000 元和 104 000 元。这项经济业务的发生，一方面使企业库存原材料的实际采购成本增加 1 736 000 元，另一方面使企业的材料采购成本结转 1 736 000 元，因此，该项经济业务涉及“原材料”和“在途物资”两个账户，库存原材料实际采购成本的增加是资产的增加，应记入“原材料”账户的借方，材料采购成本结转是资产的减少，应记入“在途物资”账户的贷方。编制会计分录为：

（25）借：原材料——甲材料　　123 000

　　——乙材料　　1 509 000

　　——丙材料　　104 000

　　贷：在途物资——甲材料　　123 000

　　——乙材料　　1 509 000

　　——丙材料　　104 000

【小思考 6.2】　原材料的仓储费用是否能够计入原材料成本？

表 6-2　“在途物资”明细账

材料名称:甲材料　　单位:元

2012 年 月	日	凭证 字号	摘要	借方 买价	借方 运杂费	借方 合计	贷方
12	5	略	购入 1 000 kg,单价 120 元	120 000		120 000	
12	6	略	支付运杂费		3 000	3 000	
12	21	略	结转入库 1 000 kg 材料的采购成本				123 000

表 6-3　“在途物资”明细账

材料名称:乙材料　　单位:元

2012 年 月	日	凭证 字号	摘要	借方 买价	借方 运杂费	借方 合计	贷方
12	5	略	购入 2 000 kg,单价 500 元	1 000 000		1 000 000	
12	6	略	支付运杂费		6 000	6 000	
12	19	略	购入 1 000 kg,单价 500 元,支付运杂费 3 000 元	500 000	3 000	503 000	
12	21	略	结转入库 3 000 kg 材料的采购成本				1 509 000

表 6-4　“在途物资”明细账

材料名称:丙材料　　单位:元

2012 年 月	日	凭证 字号	摘要	借方 买价	借方 运杂费	借方 合计	贷方
12	7	略	购入 200 kg,单价 500 元	100 000	4 000	104 000	
12	21	略	结转入库 200 kg 材料的采购成本				104 000

表 6-5　材料采购成本计算表　　单位:元

成本项目	甲材料(1 000 kg) 总成本	甲材料 单位成本	乙材料(3 000 kg) 总成本	乙材料 单位成本	丙材料(200 kg) 总成本	丙材料 单位成本	合计
买价	120 000	120	1 500 000	500	100 000	500	1 720 000
运杂费	3 000	3	9 000	3	4 000	20	16 000
采购成本	123 000	123	1 509 000	503	104 000	520	1 736 000

根据上述会计分录,将其总分类核算过程列示如图 6-4 所示。

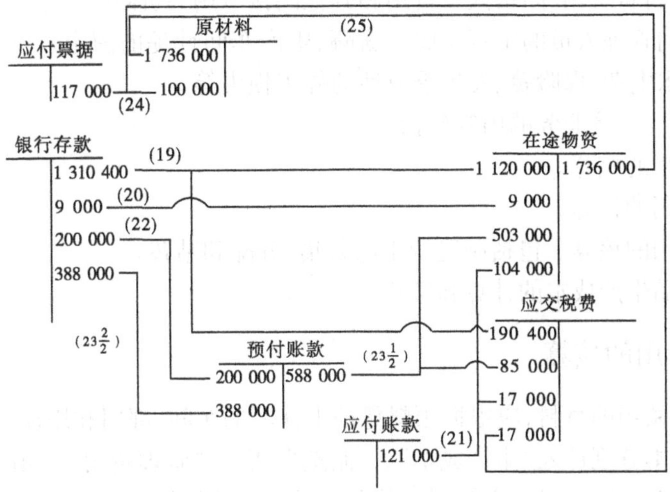

图6-4　材料采购核算示意图

第三节　生产过程的核算

产品的生产过程同时也是对各种经济资源的耗费过程。主要包括对劳动资料(如机器设备等)的耗费、对劳动对象(如原材料等)的耗费和对劳动者(如职工的劳动)的耗费等。企业在生产过程中发生的各种耗费的货币表现叫作生产费用。生产费用最终都要归集、分配到企业所生产的各种产品中去,从而形成各种产品的生产成本。也就是说,生产费用对象化于产品就形成了这些产品的成本。由此可见,费用与成本有着密切的联系,费用的发生过程也就是成本的形成过程,费用是产品成本形成的基础。但是,费用与成本也有一定的区别,费用是在一定期间为了生产经营活动而发生的各项耗费,费用与发生的期间直接相关,费用强调期间。成本是为生产某一种产品或提供某一项劳务所消耗的费用,成本与负担直接相关,成本强调对象。

生产费用按其计入产品成本的方式不同,分为直接费用和间接费用。直接费用是指产品生产过程中能够直接确定应由某种产品负担的直接耗费,包括直接材料费用、直接人工费用和其他直接费用等。间接费用是指企业为生产产品和提供劳务而发生的各项间接耗费,通常称为制造费用。直接费用在发生时直接计入产品成本,间接费用发生时首先在“制造费用”账户归集,期末按照一定的标准在各产品之间进行分配后,再结转到产品成本中。生产费用按其经济用途的分类一般称为成本项目。成本项目主要包括以下内容:

(1)直接材料,是指企业在生产产品和提供劳务的过程中所消耗的、直接用于产品生产并构成产品实体的各种原料、主要材料、外购半成品以及有助于产品形成的辅助材料等。

(2)直接人工,是指企业在生产产品和提供劳务的过程中,直接参加产品生产的工人工资以及其他各种形式的职工薪酬,包括工资、职工福利、社会保险、非货币性福利等。

(3)制造费用,是指企业生产车间(部门)为生产产品和提供劳务而发生的各项间接费用。包括间接材料费用、间接人工费用和其他间接费用,具体包括生产车间发生的机物料消耗、生产车间管理人员的工资等职工薪酬、生产车间计提的固定资产折旧、生产车间支付的办公费、水电费、保险费、发生季节性的停工损失等。

生产过程主要经济业务的内容包括:

(1)材料费用的核算。

(2)人工费用的核算。

(3)制造费用的核算。包括制造费用的归集、分配和结转。

(4)完工产品生产成本的计算和结转。

一、材料费用的核算

企业各部门领用的材料,应根据领料凭证上注明的车间、部门和用途,区分受益对象,将发出材料的成本分别计入"生产成本"、"制造费用"、"管理费用"、"销售费用"等账户和产品生产成本明细账。对于直接用于某种产品生产的材料费,领用时,应直接计入该产品生产成本明细账中的直接材料费项目;对于由几种产品共同耗用、应由这几种产品共同负担的材料费,应选择适当的标准在各种产品之间进行分配之后,计入各有关产品成本的直接材料项目;对于为创造生产条件等需要而间接消耗的各种材料费,应先在"制造费用"账户中进行归集,期末按照一定的方法分配计入有关产品成本中;对于为组织和管理企业生产经营而消耗的各种材料费,应计入当期损益。

(一)账户设置

1."生产成本"账户

"生产成本"账户属于成本类账户。该账户用来核算企业进行工业性生产发生的各项生产成本,包括生产各种产品(产成品、自制半成品等)、自制材料、自制工具、自制设备等。其借方登记应计入产品生产成本的各项费用,包括直接计入产品生产成本的直接材料费、直接人工费和期末按照一定的方法分配计入产品生产成本的制造费用;贷方登记已经生产完成并已验收入库的产成品以及自制半成品的生产成本。期末借方余额反映企业尚未加工完成的在产品的成本。该账户可按基本生产成本和辅助生产成本进行明细核算。基本生产成本应分别按照基本生产车间和成本核算对象(产品的品种、类别、订单、批别、生产阶段等)设置明细账,并按照规定的成本项目设置专栏。

2."制造费用"账户

"制造费用"账户属于成本类账户。该账户用来核算企业生产车间(部门)为生产产品和提供劳务而发生的各项间接费用。包括车间管理人员的工资等职工薪酬,生产车间计提的固定资产折旧,生产车间的办公费、水电费、保险费,机物料消耗等,发生季节性的停工损失等。其借方登记生产车间范围内发生的各项间接费用;贷方登记期末分配转入"生产成本"账户借方的制造费用;期末一般无余额。该账户可按不同的生产车间、部门和费用项目进行明细核算。

3."管理费用"账户

"管理费用"账户属于损益类账户。该账户核算企业为组织和管理企业生产经营所发生的管理费用,包括企业在筹建期间内发生的开办费、董事会和行政管理部门在企业的经营管理中发生的或者应由企业统一负担的公司经费(包括行政管理部门职工工资及福利费、物料消耗、低值易耗品摊销、办公费和差旅费等)、工会经费、董事会费(包括董事会成员津贴、会议费和差旅费等)、聘请中介机构费、咨询费(含顾问费)、诉讼费、业务招待费、房产税、车船使用税、土地使用税、印花税、技术转让费、矿产资源补偿费、研究费用、排污费用、生产车间(部门)和行政管理部门等发生的固定资产修理费用等。其借方登记企业发生的各项管理费用;贷方登记期末转入“本年利润”账户的管理费用;期末结转后无余额。该账户可按费用项目进行明细核算。

(二)举例

【例6-26】　12月31日,南方有限责任公司根据当月领料凭证,月末编制“发出材料汇总表”,如表6-6所示。

表6-6　发出材料汇总表　　单位:元

用途	甲材料			乙材料			丙材料			丁材料			合计
	数量(kg)	单价	金额	数量(kg)	单价	金额	数量(kg)	单价	金额	数量(kg)	单价	金额	
生产产品领用													
A产品耗用	500		61 500	2 000		1 006 000	20		10 400	30		30 000	1 107 900
B产品耗用	300	123	36 900	1 000	503	503 000	50	520	26 000	60	1 000	60 000	625 900
小计	800		98 400	3 000		1 509 000	70		36 400	90		90 000	1 733 800
车间一般耗用	10		1 230				5		2 600				3 830
管理部门耗用	20		2 460							10		10 000	12 460
合计	830		102 090	3 000		1 509 000	75		39 000	100		100 000	1 750 090

材料按实际成本核算时,仓库发出材料单位成本的确定方法有:先进先出法、月末一次加权平均法、移动加权平均法、个别计价法等。这些方法将在以后的有关专业课程中介绍。为了简化核算,这里假定按照本月购入甲、乙、丙、丁材料的单位成本作为发出材料的单位成本。

从表6-6所列资料可以看出该企业的材料费用可分为三个部分:第一部分为直接材料费,A、B两种产品共耗用1 733 800元。其中,A产品耗用1 107 900元,B产品耗用625 900元。第二部分为车间一般耗用的间接材料费3 830元。第三部分为管理部门耗用的应计入期间费用的材料费12 460元。

这项经济业务的发生,一方面使直接材料费增加了1 733 800元,使间接材料费增加了3 830元,使期间费用增加了12 460元;另一方面使原材料减少了1 750 090元。因此,该项经济业务涉及“生产成本”、“制造费用”、“管理费用”和“原材料”四个账户。直接材料费、间接材料费和应计入期间费用的材料费用的增加是成本、费用的增加,应分别记入“生产成本”、“制造费用”和“管理费用”账户的借方,库存原材料的减少是资产的减少,应记入“原材料”账户的贷方。编制会计分录为:

(26)借:生产成本——A 产品　　1 107 900
　　　　　　　——B 产品　　625 900
　　　制造费用　　3 830
　　　管理费用　　12 460
　　　贷:原材料——甲材料　　102 090
　　　　　　　——乙材料　　1 509 000
　　　　　　　——丙材料　　39 000
　　　　　　　——丁材料　　100 000

二、人工费用的核算

人工费用即应付职工薪酬,是指企业为获得职工提供的服务而给予各种形式的报酬以及其他相关支出。职工薪酬包括职工工资、奖金、津贴和补贴;职工福利费;医疗保险费、养老保险费、失业保险费、工伤保险费和生育保险费等社会保险费;住房公积金;工会经费和职工教育经费;非货币性福利;因解除与职工的劳动关系给予的补偿;其他与获得职工提供的服务相关的支出。企业应当在职工为其提供服务的会计期间,将应付的职工薪酬确认为负债。同时,应当根据职工提供服务的受益对象分别按以下情况处理:应由生产产品、提供劳务负担的职工薪酬,计入产品成本或劳务成本;应由在建工程、无形资产负担的职工薪酬,计入建造固定资产或无形资产成本;上述两种情况之外的其他职工薪酬计入当期损益。总之,职工薪酬的范围包括在职和离职后提供给职工的货币性和非货币性薪酬;提供给职工本人、配偶、子女或其他被赡养人的福利;以商业保险形式提供的保险待遇等。

企业采用计件工资制的情况下,生产工人计件工资和福利费等属于直接费用,直接计入有关产品的成本。生产工人以外的其他生产管理人员的工资和福利费属于间接费用,应计入“制造费用”等账户。如果企业采用计时工资制,在只生产一种产品的情况下,生产工人的工资和福利费等也是直接费用,可直接计入产品的成本;如果生产多种产品,则需要采用一定的分配标准(实际生产工时、定额生产工时等)将生产工人的工资和福利费分配计入产品成本。

(一)账户设置

“应付职工薪酬”账户属于负债类账户。该账户核算企业根据有关规定应付给职工的各种薪酬。包括应付职工工资、职工福利费、社会保险费、住房公积金、工会经费、职工教育经费、解除职工劳动关系补偿等。其贷方登记企业实际发生的计入成本费用的应付职工薪酬的数额,借方登记实际发放职工薪酬的数额,期末贷方余额反映企业应付未付的职工薪酬。该账户可按“工资”、“职工福利”、“社会保险费”、“住房公积金”、“工会经费”、“职工教育经费”、“非货币性福利”、“辞退福利”、“股份支付”等进行明细核算。

(二)举例

【例 6-27】 12 月 31 日,南方有限责任公司本月应付工资总额为 1 000 000 元,工资费用分配汇总表中列示的产品生产人员工资总额为 500 000 元。其中,A 产品生产工人工资为 300 000 元,B 产品生产工人工资为 200 000 元,车间管理人员工资为 100 000 元,厂部管理人员工资为 150 000 元，专设销售机构人员工资为 50 000 元，建造厂房人员工资为 200 000 元。

这项经济业务的发生，一方面使企业的应付职工薪酬增加了 1 000 000 元，另一方面使企业的成本和期间费用增加了 1 000 000 元。其中，A 产品生产工人工资 300 000 元，B 产品生产工人工资 200 000 元，车间管理人员工资 100 000 元，厂部管理人员工资 150 000 元，专设销售机构人员工资 50 000 元，建造厂房人员工资 200 000 元。根据各类职工提供服务的受益对象不同，生产工人和车间管理人员的工资应分别计入产品的生产成本（直接费用）和制造费用，厂部管理人员和专设销售机构人员的工资应计入期间费用，建造厂房人员工资应计入工程成本。因此，该项经济业务涉及“生产成本”、“制造费用”、“管理费用”、“销售费用”、“在建工程”和“应付职工薪酬”六个账户。生产工人的工资作为直接费用应记入“生产成本”账户的借方，车间管理人员的工资作为间接费用应记入“制造费用”账户的借方，厂部管理人员的工资作为期间费用应记入“管理费用”账户的借方，专设销售机构人员的工资作为期间费用应记入“销售费用”账户的借方，建造厂房人员的工资作为工程成本应记入“在建工程”账户的借方，应付职工薪酬的增加是企业负债的增加，应记入“应付职工薪酬”账户的贷方。编制会计分录为：

(27)借：生产成本——A 产品　300 000
　　　　　　　——B 产品　200 000
　　　制造费用　100 000
　　　管理费用　150 000
　　　销售费用　50 000
　　　在建工程　200 000
　　贷：应付职工薪酬—工资　1 000 000

【例 6-28】　沿用例 6-27，根据当地政府规定，南方有限责任公司按照职工工资总额的 20% 计提医疗保险费和养老保险费，交纳给当地社会保险经办机构。

首先，根据职工提供服务的受益对象不同，计算各类职工的社会保险费：

应计入 A 产品生产成本的社会保险费 = 300 000 × 20% = 60 000（元）

应计入 B 产品生产成本的社会保险费 = 200 000 × 20% = 40 000（元）

应计入制造费用的社会保险费 = 100 000 × 20% = 20 000（元）

应计入管理费用的社会保险费 = 150 000 × 20% = 30 000（元）

应计入销售费用的社会保险费 = 50 000 × 20% = 10 000（元）

应计入在建工程的社会保险费 = 200 000 × 20% = 40 000（元）

这项经济业务的发生，一方面使企业的应付职工薪酬增加了 200 000 元（1 000 000 × 20%），另一方面使企业的成本和期间费用增加了 200 000 元（1 000 000 × 20%）。其中，应计入 A 产品生产成本的社会保险费为 60 000 元，应计入 B 产品生产成本的社会保险费为 40 000 元，应计入制造费用的社会保险费为 20 000 元，应计入管理费用的社会保险费为 30 000 元，应计入销售费用的社会保险费为 10 000 元，应计入在建工程的社会保险费为 40 000 元。因此，该项经济业务涉及“生产成本”、“制造费用”、“管理费用”、“销售费用”、“在建工程”和“应付职工薪酬”六个账户。生产工人的社会保险费作为直接费用应记入"生产成本"账户的借方,车间管理人员的社会保险费作为间接费用应记入"制造费用"账户的借方,厂部管理人员的社会保险费作为期间费用应记入"管理费用"账户的借方,专设销售机构人员的社会保险费作为期间费用应记入"销售费用"账户的借方,建造厂房人员的社会保险费作为工程成本应记入"在建工程"账户的借方,应付职工薪酬的增加是企业负债的增加,应记入"应付职工薪酬"账户的贷方。编制会计分录为:

(28)借:生产成本——A 产品　60 000
　　　　　　　——B 产品　40 000
　　　制造费用　20 000
　　　管理费用　30 000
　　　销售费用　10 000
　　　在建工程　40 000
　　　贷:应付职工薪酬—社会保险费　200 000

【例 6-29】 南方有限责任公司开出现金支票,从银行提取现金 1 000 000 元,准备发放工资。

这项经济业务的发生,一方面使企业的库存现金增加了 1 000 000 元,另一方面使企业的银行存款减少了 1 000 000 元。因此,该项经济业务涉及"库存现金"和"银行存款"两个账户,库存现金的增加是资产的增加,应记入"库存现金"账户的借方,银行存款的减少是资产的减少,应记入"银行存款"账户的贷方。编制会计分录为:

(29)借:库存现金　1 000 000
　　　贷:银行存款　1 000 000

【例 6-30】 南方有限责任公司根据"工资结算汇总表"结算本月应付职工工资总额 1 000 000 元,用库存现金实际发放工资 1 000 000 元。

这项经济业务的发生,一方面使企业的库存现金减少了 1 000 000 元,另一方面使企业的应付职工薪酬减少了 1 000 000 元。因此,该项经济业务涉及"库存现金"和"应付职工薪酬"两个账户,库存现金的减少是资产的减少,应记入"库存现金"账户的贷方,应付职工薪酬的减少是负债的减少,应记入"应付职工薪酬 "账户的借方。编制会计分录为:

(30)借:应付职工薪酬—工资　1 000 000
　　　贷:库存现金　1 000 000

【例 6-31】 南方有限责任公司以银行存款交纳职工医疗保险费 80 000 元。

这项经济业务的发生,一方面使企业的银行存款减少了 80 000 元,另一方面使企业的应付职工薪酬减少了 80 000 元。因此,该项经济业务涉及"银行存款"和"应付职工薪酬"两个账户,银行存款的减少是资产的减少,应记入"银行存款"账户的贷方,应付职工薪酬的减少是负债的减少,应记入"应付职工薪酬"账户的借方。编制会计分录为:

(31)借:应付职工薪酬—社会保险费　80 000
　　　贷:银行存款　80 000

三、制造费用的核算

制造费用是企业为了生产产品和提供劳务而发生的各种间接费用。其主要内容是企业的生产部门为组织和管理生产活动以及为生产活动服务而发生的费用。制造费用具体包括车间用于组织和管理生产的费用，如车间管理人员的薪酬，车间管理用固定资产的折旧费，车间管理用的水电费、办公费、差旅费等；车间间接用于产品生产的费用，如车间生产用照明费、劳动保护费，车间生产用固定资产的折旧费，保险费、机物料消耗等；车间直接用于产品生产，但管理上不要求或者不便于单独核算，因而没有单独设置成本项目进行核算的费用，如周转材料摊销费、设计制图费等。在生产多种产品的车间里，制造费用在发生时一般无法直接判定其归属的成本核算对象，因而不能直接计入所生产的产品成本，应先在"制造费用"账户中进行归集、汇总，然后根据制造费用的性质，选择合理的分配方法将制造费用在各种产品之间分配。

在各种产品之间分配制造费用的方法，通常有按生产工人工资、按生产工人工时、按机器工时、按耗用原材料的数量或成本、按直接成本（原材料、燃料、动力、生产工人工资等职工薪酬之和）及按产品产量分配等。无论选择哪种分配方法，都必须与制造费用的发生具有较密切的相关性，并且使分配到每种产品上的制造费用金额科学合理，同时还应适当考虑计算手续的简便。制造费用的分配可由以下三个步骤完成：

第一步，合理选择分配方法，即合理选择分配标准。如选择按生产工人工资、按生产工人工时、按机器工时等为分配标准。

第二步，计算制造费用分配率。它的计算公式为

$$\text{制造费用分配率} = \frac{\text{制造费用总额}}{\text{分配标准之和（如各种产品生产工人工资之和等）}}$$

第三步，计算各产品应负担的制造费用。它的计算公式为

$$\text{某产品应负担的制造费用} = \text{该产品的分配标准（如该产品生产工人工资）} \times \text{制造费用分配率}$$

（一）账户设置

设置"累计折旧"账户，该账户属于资产类账户，核算企业固定资产的累计折旧。其贷方登记企业计提的固定资产折旧，借方登记处置固定资产转出累计折旧，期末贷方余额反映企业固定资产的累计折旧额。该账户可按固定资产的类别或项目进行明细核算。

固定资产使用寿命超过一个会计年度，固定资产在较长的寿命期限内保持其原有的实物形态，随着固定资产的使用和磨损，通过计提折旧的方式逐渐减少其账面价值。因管理的需要，"固定资产"账户要始终反映企业现有固定资产的原始价值，其在使用中减少的价值不能直接记入"固定资产"账户的减少方，应该专门设置一个用来反映固定资产损耗价值（即折旧额）的账户，即"累计折旧"账户。计提折旧还意味着对固定资产原价扣除预计净残值后的余额的系统分摊，分摊的结果一方面使固定资产的累计折旧增加、账面价值减少，另一方面使相关资产成本或费用增加。企业需要每月计提固定资产折旧，记入"累计折旧"账户的贷方和有关成本费用账户的借方。由于"累计折旧"账户是"固定资产"账户的抵减账户，因此"累计折旧"账户的核算和"固定资产"账户是反方向的。

（二）举例

【例6-32】　南方有限责任公司本月固定资产计提折旧110 000元。其中，生产车间使用的固定资产计提的折旧为57 000元，厂部使用的固定资产计提的折旧为35 000元，

专设销售机构使用的固定资产计提的折旧为 18 000 元。

这项经济业务的发生，一方面使企业计提的累计折旧增加了 110 000 元，另一方面使企业应计入成本费用的固定资产折旧费用增加了 110 000 元。其中，生产车间使用的固定资产计提的折旧 57 000 元，应计入制造费用，厂部使用的固定资产计提的折旧 35 000 元，应计入期间费用，专设销售机构使用的固定资产计提的折旧 18 000 元，应计入销售费用。因此，该项经济业务涉及“制造费用”、“管理费用”、“销售费用”和“累计折旧”四个账户。生产车间使用固定资产计提折旧额的增加是制造费用的增加，应记入“制造费用”账户的借方，厂部和专设销售机构使用固定资产计提折旧额的增加是期间费用的增加，应分别记入“管理费用”和“销售费用”账户的借方，累计折旧的增加是资产（固定资产）的减少，应记入“累计折旧” 账户的贷方。编制会计分录为：

(32)借：制造费用　　57 000
　　　　管理费用　　35 000
　　　　销售费用　　18 000
　　　贷：累计折旧　　110 000

【例 6-33】 南方有限责任公司开出转账支票 9 000 元，支付车间机器设备修理费 8 000元，专设销售机构机器设备修理费 1 000 元。

【小知识 6.2】 固定资产的后续支出是指固定资产在使用过程中发生的更新改造支出、修理费用等。后续支出的处理原则为：与固定资产有关的更新改造等后续支出，符合固定资产确认条件的，应当计入固定资产成本，同时将被替换部分的账面价值扣除；与固定资产有关的修理费用等后续支出，不符合固定资产确认条件的，应当计入当期损益。通常的处理方法为：固定资产修理费直接计入当期损益；固定资产更新改造支出计入固定资产成本。

机器设备的修理费应当在发生时直接计当期损益。这项经济业务的发生，一方面使企业的期间费用增加了 9 000 元，另一方面使企业的银行存款减少了 9 000 元。因此，该项经济业务涉及“管理费用”、“销售费用”和“银行存款”三个账户。期间费用的增加是费用的增加，应分别记入“管理费用”和“销售费用”账户的借方，银行存款的减少是资产的减少，应记入“银行存款”账户的贷方。编制会计分录为：

(33)借：管理费用　　8 000
　　　　销售费用　　1 000
　　　贷：银行存款　　9 000

【例 6-34】 南方有限责任公司以库存现金支付厂部办公用品费 700 元，车间办公用品费 200 元。

这项经济业务的发生，一方面使企业的车间办公用品费增加了 200 元、期间费用增加了 700 元，另一方面使企业的库存现金减少了 900 元。因此，该项经济业务涉及“制造费用”、“管理费用”和“银行存款”三个账户。车间办公用品费和期间费用的增加是费用的增加，应分别记入“制造费用”账户和“管理费用” 账户的借方，库存现金的减少是资产的减少，应记入“银行存款”账户的贷方。编制会计分录为：

(34)借:制造费用　200
　　管理费用　700
　　贷:银行存款　900

【例6-35】　南方有限责任公司开出转账支票7 000元,支付本月车间财产保险费5 000元,厂部财产保险费2 000元。

这项经济业务的发生,一方面使企业的车间财产保险费增加了5 000元,期间费用增加了2 000元;另一方面使企业的银行存款减少了7 000元。因此,该项经济业务涉及"制造费用"、"管理费用"和"银行存款"三个账户。车间财产保险费和期间费用的增加是费用的增加,应分别记入"制造费用"账户和"管理费用"账户的借方,银行存款的减少是资产的减少,应记入"银行存款"账户的贷方。编制会计分录为:

(35)借:制造费用　5 000
　　管理费用　2 000
　　贷:银行存款　7 000

【例6-36】　南方有限责任公司开出现金支票2 000元,支付本月车间经营性租入设备租金2 000元。

这项经济业务的发生,一方面使车间经营租赁费用增加了2 000元,另一方面使企业的银行存款减少了2 000元。因此,该项经济业务涉及"制造费用"和"银行存款"两个账户。车间经营租赁费用的增加是费用的增加,应记入"制造费用"账户的借方,银行存款的减少是资产的减少,应记入"银行存款"账户的贷方。编制会计分录为:

(36)借:制造费用　2 000
　　贷:银行存款　2 000

【例6-37】　南方有限责任公司车间主任张飞出差借款2 000元,以库存现金支付。

这项经济业务的发生,一方面使企业的其他应收款增加了2 000元,另一方面使企业的库存现金减少了2 000元。因此,该项经济业务涉及"其他应收款"和"库存现金"两个账户。其他应收款的增加是资产的增加,应记入"其他应收款"账户的借方,库存现金的减少是资产的减少,应记入"库存现金"账户的贷方。编制会计分录为:

(37)借:其他应收款——张飞　2 000
　　贷:库存现金　2 000

【例6-38】　南方有限责任公司车间主任张飞出差回厂报销差旅费1 970元,多余现金30元交回。

这项经济业务的发生,一方面使企业的制造费用增加了1 970元、库存现金增加了30元,另一方面使企业的其他应收款减少了2 000元。因此,该项经济业务涉及"制造费用"、"库存现金"和"其他应收款"三个账户。制造费用增加是成本的增加,应记入"制造费用"账户的借方,库存现金的增加是资产的增加,应记入"库存现金"账户的借方,其他应收款的减少是资产的减少,应记入"其他应收款"账户的贷方。编制会计分录为:

(38)借:制造费用　1 970
　　库存现金　30
　　贷:其他应收款——张飞　2 000

【小思考 6.3】 如果张飞出差回厂报销差旅费 2 500 元，应如何进行账务处理？

【例 6-39】 南方有限责任公司在月末将本月发生的制造费用按照生产工人工资比例分配计入 A、B 产品生产成本。

【小知识 6.3】 企业发生的制造费用属于间接计入产品成本的费用，需要采用一定的标准在各产品之间进行分配。制造费用的分配标准有：按生产工人工资比例分配、按生产工人工时比例分配、按机器设备运转台时分配、按产品产量分配、按耗用的原材料的数量或成本分配等。具体选用时，要考虑产品的特点和企业自身管理的需要。

月末，计算本月“制造费用”账户的借方发生额合计数，即为本月待分配的制造费用。从例 6-26 至例 6-38 可知，本月发生的制造费用有：材料费 3 830 元、工资 100 000 元、社会保险费 20 000 元、折旧费 57 000 元、办公用品费 200 元、财产保险费 5 000 元、设备租赁费 2 000 元、差旅费 1 970 元，合计 190 000 元。

制造费用分配率及某产品应负担的制造费用的计算公式分别为：

$$制造费用分配率 = 制造费用总额 \div \sum 分配标准$$

$$某产品应负担的制造费用 = 该产品的分配标准 \times 制造费用分配率$$

本例中，按照生产工人工资比例分配如下：

制造费用分配率 = 190 000 ÷ (300 000 + 200 000) = 0.38（元）

A 产品应负担的制造费用 = 300 000 × 0.38 = 114 000（元）

B 产品应负担的制造费用 = 200 000 × 0.38 = 76 000（元）

这项经济业务的发生，一方面使企业的生产成本增加了 190 000 元，另一方面使企业的制造费用减少了 190 000 元。因此，该项经济业务涉及“生产成本”和“制造费用”两个账户。生产成本的增加是成本的增加，应记入“生产成本”账户的借方，制造费用的减少是成本的减少，应记入“制造费用”账户的贷方。编制会计分录为：

(39)借：生产成本——A 产品　　114 000
　　　　　　　　——B 产品　　76 000
　　贷：制造费用　　　　　　　　190 000

四、完工产品生产成本的计算和结转

成本计算是将企业在生产过程中，为生产产品所发生的各种费用按照成本计算对象进行归集和分配，以便计算各种产品的总成本和单位成本。产品生产成本的计算是通过生产成本明细账进行的，因此应按照各个成本计算对象分别开设产品生产成本明细账，并按规定的成本项目设置专栏。某种产品期初如果有在产品，生产成本明细账中应有期初余额。本月发生的生产费用，能够分清应由哪种产品负担的，应根据有关凭证直接计入该种产品生产成本明细账，不能分清应由哪种产品负担的，应采用适当的分配方法在各成本计算对象之间进行分配，然后计入各产品生产成本明细账。各产品生产成本明细账中所归集的期初在产品成本与本月生产费用之和，就是该产品负担的生产费用总额。如果月末某种产品全部完工并验收入库，该种产品生产成本明细账中归集的费用总额，就是该种完工产品的总成本，用完工产品的总成本除以该种产品的完工总产量，即可计算出该种产品的单位成本。如果月末某种产品全部未完工，该种产品生产成本明细账中归集的费用总额，就是该种产品在产品的总成本。如果月末某种产品一部分完工，一部分未完工，应当采用适当的方法将该种产品生产成本明细账中归集的费用总额，在完工产品和在产品之间进行分配，然后计算出完工产品的总成本和单位成本。完工产品总成本的计算公式如下：

完工产品总成本 = 月初在产品成本 + 本月发生的生产费用 − 月末在产品成本

生产费用在本期完工产品和期末在产品之间的分配方法，将在其他专业课程中介绍。

（一）账户设置

设置"库存商品"账户，该账户属于资产类账户，核算企业库存的各种商品的实际成本（或进价）或计划成本（或售价），包括库存产成品、外购商品、存放在门市部准备出售的商品、发出展览的商品以及寄存在外的商品等。其借方登记验收入库的库存商品成本，贷方登记发出的库存商品成本，期末借方余额反映库存商品的实际成本（或进价）或计划成本（或售价）。该账户可按库存商品的种类、品种和规格等设置明细账户，进行明细分类核算。

（二）举例

【例 6-40】 南方有限责任公司生产车间本月生产 A、B 两种产品，A 产品月初在产品数量 2 000 件，本月投产加工 8 000 件，月末 A 产品全部完工并验收入库。如表 6-7 所示，A 产品月初在产品成本为 818 100 元，其中直接材料 687 100 元，直接人工 96 000 元，制造费用 35 000 元。B 产品为本月投产，月末无完工产品。计算并结转入库产成品的生产成本。

根据 A、B 产品本期发生的生产费用（见例 6-26 ~ 例 6-39），分别登记 A、B 产品生产成本明细账，如表 6-7 和表 6-8 所示。

根据表 6-7 登记的资料，归集在 A 产品上的生产费用总额为 2 400 000 元。其中，直接材料 1 795 000 元，直接人工 456 000 元，制造费用 149 000 元。由于 A 产品月末全部完工并验收入库，所以月末完工并验收入库 A 产品成本为 2 400 000 元，A 产品月末在产品成本为 0。

根据表 6-8 登记的资料，归集在 B 产品上的生产费用总额为 905 900 元，其中，直接材料 625 900 元，直接人工 240 000 元，制造费用 76 000 元。由于 B 产品月末全部未完工，所以 B 产品月末的生产费用总额就是 B 产品月末在产品的成本。

根据 A 产品生产成本明细账中的有关资料，编制 A 产品完工产品生产成本计算表，如表 6-9 所示。

这项经济业务的发生，一方面使企业的库存商品增加了 2 400 000 元，另一方面使企业在生产过程中占用的生产资金减少了 2 400 000 元。因此，该项经济业务涉及"库存商品"和"生产成本"两个账户。库存商品的增加是资产的增加，应记入"库存商品"账户的借方，结转入库产品成本是生产成本的减少，应记入"生产成本"账户的贷方。编制会计分录为：

（40）借：库存商品——A 产品　　2 400 000

　　　　贷：生产成本——A 产品　　2 400 000

表 6-7　生产成本明细分类账

产品名称:A 产品　　　　单位:元

2012 年		凭证		摘要	借方(成本项目)				贷方	余额
月	日	字	号		直接材料	直接人工	制造费用	合计		
12	1			期初余额	687 100	96 000	35 000	818 100		
	略	略	略	领用材料	1 107 900			1 107 900		
				生产工人工资		300 000		300 000		
				生产工人福利费		60 000		60 000		
				分配制造费用			114 000	114 000		
				本月生产费用小计	1 107 900	360 000	114 000	1 581 900		
				全部生产费用合计	1 795 000	456 000	149 000	2 400 000		2 400 000
				结转完工产品成本	(1 795 000)	(456 000)	(149 000)		2 400 000	0

注:加括号的数据为负数。

表 6-8　生产成本明细分类账

产品名称:B 产品　　　　单位:元

2012 年		凭证		摘要	借方(成本项目)				贷方	余额
月	日	字	号		直接材料	直接人工	制造费用	合计		
12	略	略	略	领用材料	625 900			625 900		
				生产工人工资		200 000		200 000		
				生产工人福利费		40 000		40 000		
				分配制造费用			76 000	76 000		
				本月生产费用合计	625 900	240 000	76 000	941 900		905 900
				月末在产品成本	625 900	240 000	76 000	941 900		905 900

表 6-9　完工产品生产成本计算表

2008 年 12 月　　　　单位:元

成本项目	A 产品(10 000 件)	
	总成本	单位成本
直接材料	1 795 000	179.5
直接人工	456 000	45.60
制造费用	149 000	14.90
生产成本	2 400 000	240.00

根据上述会计分录,将其总分类核算过程列示如图 6-5 所示。

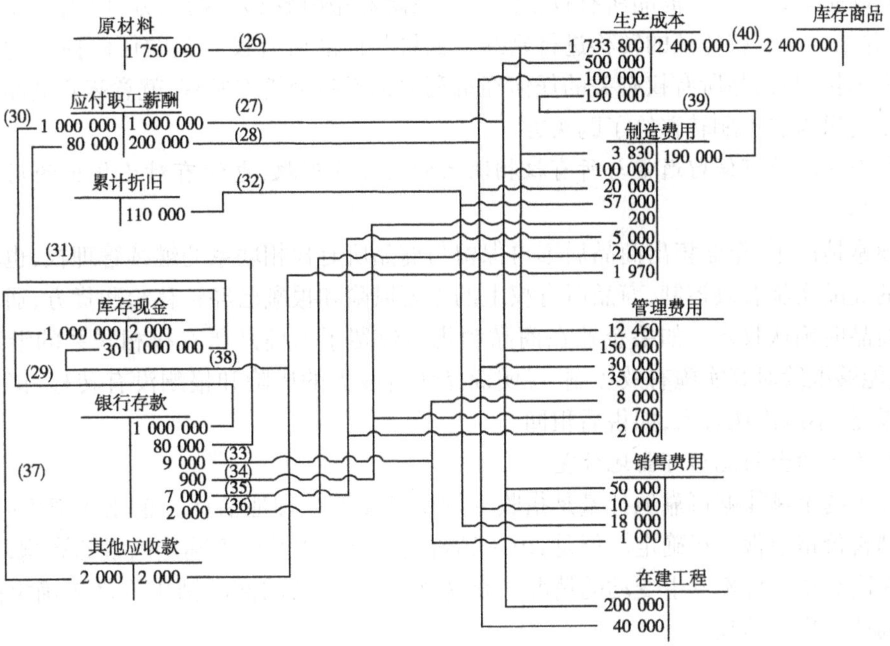

图 6-5 产品生产过程核算示意图

第四节 销售过程的核算

企业为完成其经营目标所从事的经常性活动，如工业企业生产并销售产品、商业企业销售商品、运输公司提供运输服务、商业银行对外贷款、租赁公司出租资产等属于主营业务。企业发生的与经常性活动相关的其他活动，如工业企业销售不需用的原材料、利用闲置资金对外投资、对外转让无形资产使用权等属于其他业务。本节主要介绍工业企业主营业务收支和其他业务收支的核算。

一、主营业务收支的核算

工业企业的主营业务包括销售商品、自制半成品、提供工业性劳务等。主营业务收支核算的内容主要有：主营业务收入的确认与计量、主营业务成本的计算和结转、支付各项销售费用、计算与交纳营业税金及附加、结算货款等。

（一）销售商品收入的确认与计量

对销售过程核算的首要问题就是销售收入的确认与计量问题，收入的确认实际上就是确定能不能作为收入记账，也就是收入在什么时间记账；而收入的计量就是确定收入的金额。按照《企业会计准则第 14 号——收入》的规定，企业销售商品收入同时满足下列条件的，才能予以确认。

1. 企业已将商品所有权上的主要风险和报酬转移给购买方

这里所说的风险是指商品可能发生减值或毁损等形成的损失，报酬是指商品价值增值或通过使用商品等形成的经济利益。与商品所有权有关的主要风险和报酬应同时转移。判断企业是否已将商品所有权上的主要风险和报酬转移给购买方,应当关注交易的实质,并结合所有权凭证的转移进行判断。如果与商品所有权有关的任何损失均不需要销货方承担,与商品所有权有关的任何经济利益也不归销货方所有,就意味着商品所有权上的主要风险和报酬转移给了购买方。

2. 企业既没有保留通常与所有权相联系的继续管理权,也没有对已售出的商品实施有效控制

通常情况下,企业售出商品后不再保留与商品所有权相联系的继续管理权,也不再对售出的商品实施有效控制,商品所有权上的主要风险和报酬已经转移给购货方,通常应在发出商品时确认收入。如果企业在商品销售后保留了与商品所有权相联系的继续管理权,或能够继续对其实施有效控制,说明商品所有权上的风险和报酬没有转移,销售交易不能成立,不应确认收入,如售后租回。

3. 收入的金额能够可靠地计量

收入的金额能够可靠地计量是指收入的金额能够合理地估计。企业在销售商品时,商品销售价格通常已经确定。但是,由于销售商品过程中某些不确定因素的影响,也有可能存在商品销售价格发生变动的情况。在这种情况下,新的商品销售价格未确定前通常不应确认销售商品收入。

4. 相关的经济利益很可能流入企业

相关的经济利益很可能流入企业,是指销售商品价款收回的可能性大于不能收回的可能性,即销售商品价款收回的可能性超过50%。

5. 相关的已发生或将发生的成本能够可靠地计量

通常情况下,销售商品相关的已发生或将发生的成本能够合理地估计,如库存商品的成本、商品运输费用等。如果库存商品是本企业生产的,其生产成本能够可靠地计量;如果是外购的,购买成本能够可靠地计量。有时销售商品相关的已发生或将发生的成本不能够合理地估计,此时企业不应确认收入,已收到的价款应确认为负债。

(二)账户设置

1. "主营业务收入"账户

"主营业务收入"账户属于损益类账户。该账户用来核算企业确认的销售商品、提供劳务等主营业务的收入,即企业为完成其经营目标所从事的经常性活动实现的收入。其贷方登记企业实现的主营业务收入,借方登记发生销售退回和销售折让时应冲减本期的主营业务收入和期末转入"本年利润"账户的主营业务收入额(按净额结转),该账户期末结转后应无余额。该账户可按主营业务的种类进行明细分类核算。

主营业务收入一般占企业总收入的比重较大。不同行业企业的主营业务收入所包括的内容不同。比如,工业企业的主营业务收入主要包括销售商品、自制半成品、代制品、代修品、提供工业性劳务等实现的收入。

2. "主营业务成本"账户

"主营业务成本"账户属于损益类账户。该账户用来核算企业确认销售商品、提供劳务等主营业务收入时应结转的成本,即为取得主营业务收入发生的相关成本。其借方登记主营业务发生的实际成本,贷方登记期末转入"本年利润"账户的主营业务成本,该账

户期末结转后无余额。该账户可按主营业务的种类进行明细分类核算。

3."营业税金及附加"账户

"营业税金及附加"账户属于损益类账户。该账户用来核算企业经营活动发生的营业税、消费税、城市维护建设税、资源税和教育费附加等相关税费。其借方登记按照有关的计税依据计算出的各种税金及附加,贷方登记期末转入"本年利润"账户的营业税金及附加,该账户期末结转后无余额。

4."销售费用"账户

"销售费用"账户属于损益类账户。该账户用来核算企业销售商品和材料、提供劳务的过程中发生的各种费用,包括保险费、包装费、展览费和广告费、商品维修费、预计产品质量保证费损失、运输费、装卸费等以及为销售本企业商品而专设的销售机构(含销售网点、售后服务网点等)的职工薪酬、业务费、固定资产修理费、折旧费等经营费用。其借方登记发生的各种销售费用,贷方登记期末转入"本年利润"账户的销售费用,该账户期末结转后无余额。该账户可按费用项目进行明细核算。

5."应收账款"账户

"应收账款"账户属于资产类账户。该账户用来核算企业因销售商品和提供劳务等经营活动,应向购货单位或接受劳务单位收取的款项以及代购买单位垫付的各种款项的。其借方登记由于销售商品以及提供劳务等而发生的应收账款,包括应收的价款、税款和代垫款等;贷方登记已经收回的应收账款,期末借方余额表示尚未收回的应收账款。该账户可按债务人进行明细核算。

6."应收票据"账户

"应收票据"账户属于资产类账户。该账户用来核算企业因销售商品、提供劳务等而收到的商业汇票,包括银行承兑汇票和商业承兑汇票。其借方登记企业收到的商业汇票,贷方登记收到购货单位偿还的商业汇票款。期末借方余额反映企业持有的商业汇票的票面金额。该账户可按开出、承兑商业汇票的单位进行明细核算。企业应当设置"应收票据备查簿",逐笔登记商业汇票的种类、号数和出票日、票面金额、交易合同号和付款人、背书人的姓名或单位名称、到期日、背书转让日、贴现日、贴现率和贴现净额以及收款日和收回金额、退票情况等资料。商业汇票到期结清票款或退票后,在备查簿中应予注销。

7."预收账款"账户

"预收账款"账户属于负债类账户。该账户用来核算企业按照合同规定预收的款项。其贷方登记发生的预收账款的数额和购货单位补付账款的数额,借方登记企业向购货方发货后冲销的预收账款数额和退回购货单位多付账款的数额。期末贷方余额反映企业向购货单位预收款项但尚未向购货单位发货的数额,期末借方余额反映企业尚未转销的款项。预收账款情况不多的企业,可以不设置"预收账款"账户,将预收的款项直接记入"应收账款"账户。该账户可按购货单位进行明细核算。

(三)举例

【例6-41】 南方有限责任公司向北方厂销售A产品3 000件,每件售价500元,增值税专用发票上注明价款为1 500 000元,增值税额为255 000元,货款1 755 000元已收存银行。

这项经济业务的发生，一方面使企业的银行存款增加了 1 755 000 元（1 500 000 + 255 000），另一方面使企业销售商品的收入增加了 1 500 000 元，应交增值税销项税额增加了 255 000 元。因此，该项经济业务涉及"银行存款"、"主营业务收入"和"应交税费—应交增值税（销项税额）"三个账户。银行存款的增加是资产的增加，应记入"银行存款"账户的借方，销售商品收入的增加是收入的增加，应记入"主营业务收入"账户的贷方，应交增值税销项税额的增加是负债的增加，应记入"应交税费—应交增值税（销项税额）"账户的贷方。编制会计分录为：

（41）借：银行存款　　1 755 000
　　贷：主营业务收入——A 产品　　1 500 000
　　　　应交税费——应交增值税（销项税额）　　255 000

【例 6-42】 南方有限责任公司向甲公司销售 A 产品 2 000 件，每件售价 500 元，增值税专用发票上注明价款为 1 000 000 元，增值税额为 170 000 元，用银行存款为甲公司支付代垫运输费 1 000 元，款项尚未收到。

这项经济业务的发生，一方面使企业的应收账款增加 1 171 000 元（1 000 000 + 170 000 + 1 000）；另一方面使企业销售商品的收入增加 1 000 000 元，应交增值税销项税额增加 170 000 元，银行存款减少 1 000 元。因此，该项经济业务涉及"应收账款"、"主营业务收入"、"应交税费—应交增值税（销项税额）"和"银行存款"四个账户。应收账款的增加是资产的增加，应记入"应收账款"账户的借方，销售商品收入的增加是收入的增加，应记入"主营业务收入"账户的贷方，应交增值税销项税额的增加是负债的增加，应记入"应交税费—应交增值税（销项税额）"账户的贷方，银行存款的减少是资产的减少，应记入"银行存款"账户的贷方。编制会计分录为：

（42）借：应收账款——甲公司　　1 171 000
　　贷：主营业务收入——A 产品　　1 000 000
　　　　应交税费—应交增值税（销项税额）　　170 000
　　　　银行存款　　1 000

【例 6-43】 南方有限责任公司向乙公司销售 A 产品 2 000 件，每件售价 500 元，增值税专用发票上注明价款为 1 000 000 元，增值税额为 170 000 元；销售 B 产品 300 件，每件售价 1 200 元，增值税专用发票上注明价款为 360 000 元，增值税额为 61 200 元。收到乙公司签发并承兑的商业汇票一张，面值 1 123 200 元，期限 3 个月。

这项经济业务的发生，一方面使企业的应收票据增加了 1 591 200 元（1 000 000 + 170 000 + 360 000 + 61 200）；另一方面使企业销售商品的收入增加了 1 360 000 元，应交增值税销项税额增加了 231 200 元（170 000 + 61 200）。因此，该项经济业务涉及"应收票据"、"主营业务收入"和"应交税费—应交增值税（销项税额）"三个账户。应收票据的增加是资产的增加，应记入"应收票据"账户的借方，销售商品收入的增加是收入的增加，应记入"主营业务收入"账户的贷方，应交增值税销项税额的增加是负债的增加，应记入"应交税费—应交增值税（销项税额）"账户的贷方。编制会计分录为：

(43)借:应收票据——乙公司　　1 591 200
　　贷:主营业务收入——A 产品　　1 000 000
　　　　　　　　　——B 产品　　360 000
　　　　应交税费——应交增值税(销项税额)　　231 200

【例6-44】　南方有限责任公司按照合同规定预收丙公司订购 A 产品的货款 120 000 元,存入银行。

这项经济业务的发生,一方面使企业的银行存款增加了 120 000 元,另一方面使企业的预收账款增加了 120 000 元。因此,该项经济业务涉及"银行存款"和"预收账款"两个账户。银行存款的增加是资产的增加,应记入"银行存款"账户的借方,预收账款的增加是负债的增加,应记入"预收账款"账户的贷方。编制会计分录为:

(44)借:银行存款　　120 000
　　贷:预收账款——丙公司　　120 000

【例6-45】　南方有限责任公司按照合同规定向丙公司发出 A 产品 6 000 件,每件售价 500 元,增值税专用发票上注明价款为 3 000 000 元,增值税额为 510 000 元。

这项经济业务的发生,一方面使企业的预收账款减少了 3 510 000 元(3 000 000 + 510 000);另一方面使企业销售商品的收入增加了 3 000 000 元,应交增值税销项税额增加了 510 000 元。因此,该项经济业务涉及"预收账款"、"主营业务收入"和"应交税费—应交增值税(销项税额)"三个账户。预收账款的减少是负债的减少,应记入"预收账款"账户的借方,销售商品收入的增加是收入的增加,应记入"主营业务收入"账户的贷方,应交增值税销项税额的增加是负债的增加,应记入"应交税费—应交增值税(销项税额)"账户的贷方。编制会计分录为:

(45)借:预收账款——丙公司　　3 510 000
　　贷:主营业务收入——A 产品　　3 000 000
　　　　应交税费——应交增值税(销项税额)　　510 000

【例6-46】　南方有限责任公司收到丙公司补付的购货款 3 390 000 元,存入银行。

这项经济业务的发生,一方面使企业的银行存款增加了 3 390 000 元,另一方面使企业的预收账款增加了 3 390 000 元。因此,该项经济业务涉及"银行存款"和"预收账款"两个账户。银行存款的增加是资产的增加,应记入"银行存款"账户的借方,预收账款的增加是负债的增加,应记入"预收账款"账户的贷方。编制会计分录为:

(46)借:银行存款　　3 390 000
　　贷:预收账款——丙公司　　3 390 000

【例6-47】　南方有限责任公司收到甲公司签发并承兑的商业汇票一张,面值 1 171 000 元,期限 6 个月,用以抵偿其以前所欠本公司的货款。

这项经济业务的发生,一方面使企业的应收票据增加了 1 171 000 元,另一方面使企业的应收账款减少了 1 171 000 元。因此,这项经济业务涉及"应收票据"和"应收账款"两个账户。应收票据的增加是资产的增加,应记入"应收票据"账户的借方,应收账款的减少是资产的减少,应记入"应收账款"账户的贷方。编制会计分录为:

(47)借:应收票据——甲公司　　1 171 000

贷:应收账款——甲公司　　1 171 000

【例 6-48】 南方有限责任公司月末结转本月已销售的 A、B 产品的销售成本。其中,A 产品 13 000 件,单位成本 200 元;B 产品 300 件,单位成本 500 元。

首先需要计算确定已销售的 A、B 产品的销售成本。本期销售 A 产品计 13 000 件,其销售总成本为 2 600 000 元(200 × 13 000),本期销售 B 产品 300 件,其销售总成本为 150 000 元(500 × 300)。这项经济业务的发生,一方面使企业销售商品的成本增加了 2 750 000元(2 600 000 + 150 000),其中 A 产品销售成本为 2 600 000 元,B 产品销售成本为 150 000 元;另一方面使企业的库存商品成本减少了 2 750 000 元(2 600 000 + 150 000),其中 A 产品成本 2 600 000 元,B 产品成本 150 000 元。因此,该项经济业务涉及"主营业务成本"和"库存商品"两个账户。商品销售成本的增加是费用的增加,应记入"主营业务成本"账户的借方,库存商品成本的减少是资产的减少,应记入"库存商品"账户的贷方。编制会计分录为:

(48)借:主营业务成本——A 产品　　2 600 000
　　　　　　　　　——B 产品　　150 000
　　贷:库存商品——A 产品　　　　2 600 000
　　　　　　　——B 产品　　　　150 000

【例 6-49】 南方有限责任公司开出现金支票 3 000 元支付广告费。

这项经济业务的发生,一方面使企业的销售费用增加了 3 000 元,另一方面使企业的银行存款减少了 3 000 元。因此,该项经济业务涉及"销售费用"和"银行存款"两个账户。销售费用的增加是费用的增加,应记入"销售费用"账户的借方,银行存款的减少是资产的减少,应记入"银行存款"账户的贷方。编制会计分录为:

(49)借:销售费用——广告费　　3 000
　　贷:银行存款　　　　　　3 000

【例 6-50】 南方有限责任公司开出转账支票 1 000 元支付销售产品的运输费。

这项经济业务的发生,一方面使企业的销售费用增加了 1 000 元,另一方面使企业的银行存款减少了 1 000 元。因此,该项经济业务涉及"销售费用"和"银行存款"两个账户。销售费用的增加是费用的增加,应记入"销售费用"账户的借方,银行存款的减少是资产的减少,应记入"银行存款"账户的贷方。编制会计分录为:

(50)借:销售费用——运输费　　1 000
　　贷:银行存款　　　　　　1 000

【例 6-51】 南方有限责任公司开出现金支票 8 000 元,支付本公司某销售网点业务费 3 000 元,固定资产修理费 5 000 元。

这项经济业务的发生,一方面使企业的销售费用增加了 8 000 元,另一方面使企业的银行存款减少了 8 000 元。因此,该项经济业务涉及"销售费用"和"银行存款"两个账户。销售费用的增加是费用的增加,应记入"销售费用"账户的借方,银行存款的减少是资产的减少,应记入"银行存款"账户的贷方。编制会计分录为:

(51)借:销售费用　　8 000
　　贷:银行存款　　8 000

【例 6-52】 沿用例 6-43，南方有限责任公司生产的 B 产品为应税消费品，适用的消费税税率为 10%，计算并结转销售 B 产品应交纳的消费税。

【小知识 6.4】 消费税是在我国境内生产、委托加工和进口应税消费品的单位和个人，按其流转额交纳的一种税。消费税有从价定率和从量定额两种征收方法。采用从价定率征收方法征收的消费税，以不含增值税的销售额为税基，按照税法规定的税率计算。企业的销售收入包含增值税的，应将其换算为不含增值税的销售额。

首先需要计算销售 B 产品应交纳的消费税。由于本期销售 B 产品的销售额为 360 000元，其应交消费税为 36 000 元（360 000 × 10%）。这项经济业务的发生，一方面使企业的营业税金及附加增加了 36 000 元，另一方面使企业的应交税费增加了 36 000 元。因此，该项经济业务涉及"营业税金及附加"和"应交税费—应交消费税"两个账户。营业税金及附加的增加是费用的增加，应记入"营业税金及附加"账户的借方，应交税费的增加是负债的增加，应记入"应交税费—应交消费税"账户的贷方。编制会计分录为：

（52）借：营业税金及附加　　　　36 000

　　　　贷：应交税费—应交消费税　　　　36 000

根据上述会计分录，将其总分类核算过程列示如图 6-6 所示。

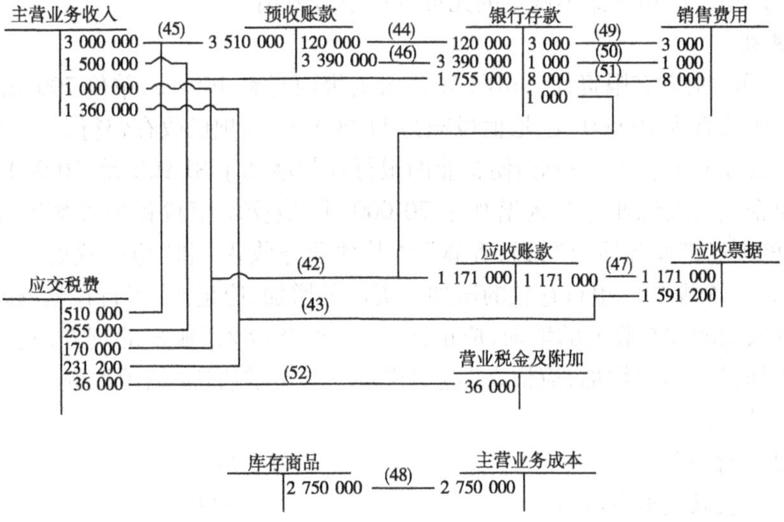

图 6-6 主营业务收支核算示意图

二、其他业务收支的核算

企业发生的与经常性活动相关的其他活动属于其他业务。工业企业的其他业务主要包括出租固定资产、出租无形资产、出租包装物和商品、销售材料、用材料进行非货币性资产交换（以公允价值为基础时）或债务重组等。其他业务收支核算的主要内容有其他业务收入的确认与计量、其他业务成本的结转、计算与交纳营业税金及附加等。

（一）账户设置

1. "其他业务收入"账户

"其他业务收入"账户属于损益类账户。该账户核算企业确认的除主营业务活动外的其他经营活动实现的收入，包括出租固定资产、出租无形资产、出租包装物和材料、销售材料等。其贷方登记企业实现的其他业务收入，借方登记发生销售退回和销售折让时应冲减本期的其他业务收入和期末转入“本年利润”账户的其他业务收入额，该账户期末结转后应无余额。该账户可按其他业务收入的种类进行明细核算。

2.“其他业务成本”账户

“其他业务成本”账户属于损益类账户。该账户核算企业确认的除主营业务活动外的其他经营活动所发生的支出，包括销售材料的成本、出租固定资产的折旧额、出租无形资产的摊销额、出租包装物的成本或摊销额等。其借方登记为取得其他业务收入发生的相关成本，贷方登记期末转入“本年利润”账户的其他业务成本，该账户期末结转后无余额。该账户可按其他业务成本的种类进行明细核算。

3.“累计摊销”账户

“累计摊销”账户属于资产类账户。该账户核算企业对使用寿命有限的无形资产计提的累计摊销额。其贷方登记企业对使用寿命有限的无形资产计提的累计摊销，借方登记处置无形资产结转的累计摊销。期末贷方余额反映企业无形资产的累计摊销额。

企业应当于取得无形资产时分析判断其使用寿命。使用寿命有限的无形资产应从取得当月进行摊销。使用寿命不确定的无形资产不应摊销。

（二）举例

【例6-53】 南方有限责任公司向M公司销售丙材料100 kg，单价700元，增值税专用发票上注明价款为70 000元，增值税额为11 900元，款项已收存银行。

这项经济业务的发生，一方面使企业的银行存款增加了81 900元（70 000 + 11 900），另一方面使企业的其他业务收入增加了70 000元，应交增值税销项税额增加了11 900元。因此，该项经济业务涉及“银行存款”、“其他业务收入”和“应交税费—应交增值税（销项税额）”三个账户。银行存款的增加是资产的增加，应记入“银行存款”账户的借方，其他业务收入的增加是收入的增加，应记入“其他业务收入”账户的贷方，应交增值税销项税额的增加是负债的增加，应记入“应交税费—应交增值税（销项税额）”账户的贷方。编制会计分录为：

（53）借：银行存款　　81 900
　　贷：其他业务收入　　70 000
　　　　应交税费—应交增值税（销项税额）　　11 900

【例6-54】 沿用例6-53，结转已销售丙材料的实际成本。假设向M公司销售丙材料的单位成本为每千克520元。

这项经济业务的发生，一方面使企业的其他业务成本增加了52 000元（520 × 100），另一方面使企业的库存材料减少了52 000元。因此，该项经济业务涉及“其他业务成本”和“原材料”两个账户。其他业务成本的增加是费用的增加，应记入“其他业务成本”账户的借方，库存材料的减少是资产的减少，应记入“原材料”账户的贷方。编制会计分录为：

（54）借：其他业务成本　　52 000
　　贷：原材料——丙材料　　52 000

【例 6-55】　南方有限责任公司向 W 公司转让某专利权的使用权,取得收入 120 000 元,存入银行。

这项经济业务的发生,一方面使企业的银行存款增加了 120 000 元,另一方面使企业的其他业务收入增加了 120 000 元。因此,该项经济业务涉及"银行存款"和"其他业务收入"两个账户。银行存款的增加是资产的增加,应记入"银行存款"账户的借方,其他业务的增加是收入的增加,应记入"其他业务收入"账户的贷方。编制会计分录为:

(55)借:银行存款　　120 000

　　贷:其他业务收入　　120 000

【例 6-56】　沿用例 6-55,南方有限责任公司按 5% 的税率计算本月转让某专利权的使用权应交纳的营业税。

【小知识 6.5】　营业税是对在我国境内提供应税劳务、转让或销售不动产的单位和个人征收的流转税。营业税以营业额作为计税依据。

应交纳的营业税 = 营业额 × 营业税税率 = 120 000 × 5% = 6 000(元)

这项经济业务的发生,一方面使企业的营业税金及附加增加了 6 000 元,另一方面使企业的应交税费增加了 6 000 元。因此,该项经济业务涉及"营业税金及附加"和"应交税费"两个账户。营业税金及附加的增加是费用的增加,记入"营业税金及附加"账户的借方,应交税费的增加是负债的增加,应记入"应交税费—应交营业税"账户的贷方。编制会计分录为:

(56)借:营业税金及附加　　6 000

　　贷:应交税费—应交营业税　　6 000

【例 6-57】　沿用例 6-55,南方有限责任公司对已转让使用权的某专利权进行摊销,本月摊销额为 7 000 元。

这项经济业务的发生,一方面使企业的其他业务成本增加了 7 000 元,另一方面使无形资产的累计摊销额增加了 7 000 元。因此,该项经济业务涉及"其他业务成本"和"累计摊销"两个账户。其他业务成本的增加是费用的增加,应记入"其他业务成本"账户的借方,累计摊销额的增加是资产(无形资产)的减少,应记入"累计摊销"账户的贷方。编制会计分录为:

(57)借:其他业务成本　　7 000

　　贷:累计摊销　　7 000

【例 6-58】　南方有限责任公司出租一批包装物,收到租金 5 850 元,存入银行。

该租金中包含有增值税,首先需要将包装物的租金进行价税分离,计算出不含增值税的租金收入为 5 000 元(5 850/(1 + 17%)),增值税销项税额为 850 元(5 000 × 17%)。这项经济业务的发生,一方面使企业的银行存款增加了 5 850 元,另一方面使企业的其他业务收入增加了 5 000 元,应交增值税销项税额增加了 850 元。因此,该项经济业务涉及"银行存款"、"其他业务收入"和"应交税费—应交增值税(销项税额)"三个账户。银行存款的增加是资产的增加,应记入"银行存款"账户的借方,其他业务收入的增加是收入的增加,应记入"其他业务收入"账户的贷方,应交增值税销项税额的增加是负债的增加,应记入"应交税费—应交增值税(销项税额)"账户的贷方。编制会计分录为:

(58)借:银行存款 5 850

贷:其他业务收入 5 000

应交税费—应交增值税(销项税额) 850

【例6-59】 沿用例6-58,南方有限责任公司结转出租包装物的成本3 900元。

这项经济业务的发生,一方面使企业的其他业务成本增加了3 900元,另一方面使企业库存包装物的成本减少了3 900元。因此,该项经济业务涉及"其他业务成本"和"周转材料——包装物"两个账户。其他业务成本的增加是费用的增加,应记入"其他业务成本"账户的借方,库存包装物成本的减少是资产的减少,应记入"周转材料——包装物"账户的贷方。编制会计分录为:

(59)借:其他业务成本 3 900

贷:周转材料——包装物 3 900

【例6-60】 南方有限责任公司本月销项税额为1 178 950元,本月进项税额为309 400元,本月应交增值税为869 550元(本月销项税额1 178 950元-本月进项税额309 400元);本月应交消费税为36 000元;本月应交营业税为6 000元。按本月应交流转税的7%和3%,分别计算本月应交纳的城市维护建设税和教育费附加。

【小知识6.6】 城市维护建设税和教育费附加是以增值税、消费税、营业税为计税依据征收的一种税。城市维护建设税税率因纳税人所在地不同从1%到7%不等。

首先确定应交城市维护建设税和教育费附加的计税依据并计算应纳税额,计算公式为:

应纳税额=(应交增值税+应交消费税+应交营业税)×适用税率

应交城市维护建设税=(869 550+36 000+6 000)×7%=63 808.50(元)

应交教育费附加=(869 550+36 000+6 000)×3%=27 346.50(元)

这项经济业务的发生,一方面使企业的营业税金及附加增加了91 155元(63 808.50+27 346.50);另一方面使企业的应交税费增加了91 155元,其中,应交城市维护建设税增加了63 808.50元,应交教育费附加增加了27 346.50元。因此,该项经济业务涉及"营业税金及附加"和"应交税费"两个账户。营业税金及附加的增加是费用的增加,记入"营业税金及附加"账户的借方,应交税费的增加是负债的增加,应记入"应交税费"账户的贷方。编制会计分录为:

(60)借:营业税金及附加 91 155

贷:应交税费—应交城市维护建设税 63 808.50

—应交教育费附加 27 346.50

根据上述会计分录,将其总分类核算过程列示如图6-7所示。

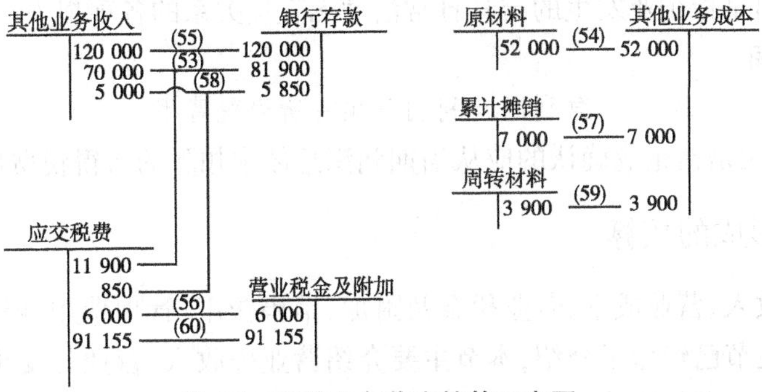

图 6-7　其他业务收支核算示意图

第五节　财务成果的核算

财务成果是指企业在一定会计期间的最终经营成果,即利润。利润是反映企业财务成果的主要指标,所以财务成果核算又称利润核算,包括利润形成核算及利润分配核算。

一、利润的构成

利润是指企业在一定会计期间的经营成果。利润包括收入减去费用后的净额、直接计入当期利润的利得和损失等。其中,收入减去费用后的净额反映的是企业日常活动的经营业绩。直接计入当期利润的利得和损失是指应当计入当期损益,会引起所有者权益增减变动的、与所有者投入资本或者向所有者分配利润无关的利得或者损失。

【小思考 6.4】　收入和利得、费用和损失之间的区别主要体现在哪些方面?

利润相关的计算公式如下。

(一)营业利润

营业利润 = 营业收入 - 营业成本 - 营业税金及附加 - 销售费用 - 管理费用 - 财务费用 - 资产减值损失 + 公允价值变动收益(- 公允价值变动损失) + 投资收益(- 投资损失)

其中,营业收入是指企业经营业务所确认的收入总额,包括主营业务收入和其他业务收入。

营业成本是指企业经营业务所发生的实际成本总额,包括主营业务成本和其他业务成本。

资产减值损失是指企业计提各项资产减值准备所形成的损失。

公允价值变动收益(或公允价值变动损失)是指企业交易性金融资产公允价值变动形成的计入当期损益的利得(或投资损失)。

投资收益(或投资损失)是指企业以各种方式对外投资所取得的收益(或发生的损失)。

(二)利润总额

利润总额 = 营业利润 + 营业外收入 - 营业外支出

其中,营业外收入是指企业发生的与其日常活动无直接关系的各项利得。

营业外支出是指企业发生的与其日常活动无直接关系的各项损失。

（三）净利润

$$净利润 = 利润总额 - 所得税费用$$

其中，所得税费用是指企业确认的应从当期利润总额中扣除的所得税费用。

二、利润形成的核算

有关营业收入、营业成本、营业税金及附加、销售费用、管理费用、财务费用的核算内容在本章前面几节已经作了介绍，本节主要介绍营业外收入、营业外支出、所得税费用以及利润总额和净利润的核算。有关投资收益、资产减值损失、公允价值变动损益的核算将在其他专业课程中介绍。

（一）账户设置

1.“营业外收入”账户

“营业外收入”账户属于损益类账户。该账户核算企业发生的各项营业外收入，主要包括非流动资产处置利得、非货币性资产交换利得、债务重组利得、政府补助、盘盈利得、捐赠利得等。其贷方登记企业确认的各项营业外收入，借方登记期末转入“本年利润”账户的营业外收入，该账户期末结转后应无余额。该账户可按营业外收入项目进行明细核算。

2.“营业外支出”账户

“营业外支出”账户属于损益类账户。该账户核算企业发生的各项营业外支出，包括非流动资产处置损失、非货币性资产交换损失、债务重组损失、公益性捐赠支出、非常损失、盘亏损失等。其借方登记企业发生的各项营业外支出，贷方登记期末转入“本年利润”账户的营业外支出，该账户期末结转后应无余额。该账户可按支出项目进行明细核算。

3.“所得税费用”账户

“所得税费用”账户属于损益类账户。该账户核算企业确认的应从当期利润总额中扣除的所得税费用。其借方登记企业确认的所得税费用，贷方登记期末转入“本年利润”账户的所得税费用，该账户期末结转后应无余额。该账户可按“当期所得税费用”和“递延所得税费用”进行明细核算。

4.“本年利润”账户

“本年利润”账户属于所有者权益类账户。该账户核算企业当期实现的净利润（或发生的净亏损）。其贷方登记期（月）末由损益类收入账户，包括主营业务收入、其他业务收入、公允价值变动损益、投资收益、营业外收入等账户转入“本年利润”账户的金额，借方登记期（月）末由损益类支出账户，包括主营业务成本、其他业务成本、营业税金及附加、销售费用、管理费用、财务费用、资产减值损失、营业外支出、所得税费用等账户转入“本年利润”账户的金额，结转后该账户贷方余额为当期实现的净利润；借方余额为当期发生的净亏损。年度终了，应将本年收入和支出相抵后结出的本年实现的净利润（或发生的净亏损）转入“利润分配”账户，结转后该账户应无余额。

(二)举例

【例 6-61】 南方有限责任公司收到捐赠设备 1 台,该设备价值 76 200 元,不需要安装。

捐赠利得属于企业的营业外收入。这项经济业务的发生,一方面使企业的固定资产增加了 76 200 元,另一方面使企业的营业外收入增加了 76 200 元。因此,该项经济业务涉及"固定资产"和"营业外收入"两个账户。固定资产的增加是资产的增加,应记入"固定资产"账户的借方,营业外收入的增加是收益的增加,应记入"营业外收入"账户的贷方。编制会计分录为:

(61)借:固定资产　　76 200

　　贷:营业外收入　　76 200

【例 6-62】 南方有限责任公司收到捐赠现金 18 000 元,已存入银行。

这项经济业务的发生,一方面使企业的银行存款增加了 18 000 元,另一方面使企业的营业外收入增加了 18 000 元。因此,该项经济业务涉及"银行存款"和"营业外收入"两个账户。银行存款的增加是资产的增加,应记入"银行存款"账户的借方,营业外收入的增加是收益的增加,应记入"营业外收入"账户的贷方。编制会计分录为:

(62)借:银行存款　　18 000

　　贷:营业外收入　　18 000

【例 6-63】 南方有限责任公司收到某单位违约罚款收入 17 015 元,已存入银行。

罚款收入属于企业的营业外收入。这项经济业务的发生,一方面使企业的银行存款增加了 17 015 元,另一方面使企业的营业外收入增加了 17 015 元。因此,该项经济业务涉及"银行存款"和"营业外收入"两个账户。银行存款的增加是资产的增加,应记入"银行存款"账户的借方,营业外收入的增加是收益的增加,应记入"营业外收入"账户的贷方。编制会计分录为:

(63)借:银行存款　　17 015

　　贷:营业外收入　　17 015

【例 6-64】 南方有限责任公司用银行存款支付一项公益性捐赠 216 000 元。

公益性捐赠属于企业的营业外支出。这项经济业务的发生,一方面使企业的营业外支出增加了 216 000 元,另一方面使企业的银行存款减少了 216 000 元。因此,该项经济业务涉及"营业外支出"和"银行存款"两个账户。营业外支出的增加是费用支出的增加,应记入"营业外支出"账户的借方,银行存款的减少是资产的减少,应记入"银行存款"账户的贷方。编制会计分录为:

(64)借:营业外支出　　216 000

　　贷:银行存款　　216 000

【例 6-65】 南方有限责任公司用银行存款支付环境污染处罚款 20 000 元。

违约罚款属于企业的营业外支出。这项经济业务的发生,一方面使企业的营业外支出增加了 20 000 元,另一方面使企业的银行存款减少了 20 000 元。因此,该项经济业务涉及"营业外支出"和"银行存款"两个账户。营业外支出的增加是费用支出的增加,应记入"营业外支出"账户的借方,银行存款的减少是资产的减少,应记入"银行存款"账户的

贷方。编制会计分录为:

(65)借:营业外支出　20 000

　　贷:银行存款　20 000

【例 6-66】 南方有限责任公司用银行存款支付税款滞纳金 80 000 元。

税款滞纳金属于企业的营业外支出。这项经济业务的发生,一方面使企业的营业外支出增加了 80 000 元,另一方面使企业的银行存款减少了 80 000 元。因此,该项经济业务涉及"营业外支出"和"银行存款"两个账户。营业外支出的增加是费用支出的增加,应记入"营业外支出"账户的借方,银行存款的减少是资产的减少,应记入"银行存款"账户的贷方。编制会计分录为:

(66)借:营业外支出　80 000

　　贷:银行存款　80 000

【例 6-67】 南方有限责任公司期末将本期实现的各项收入,包括主营业务收入 6 860 000元、其他业务收入 195 000 元、营业外收入 111 215 元,转入"本年利润"账户。

企业期(月)末应将各损益类账户的金额转入"本年利润"账户,结平各损益类账户。这项经济业务的发生,一方面使企业各损益类收入账户的发生额减少,另一方面使企业的本年利润增加。因此,该项经济业务涉及"主营业务收入"、"其他业务收入"、"营业外收入"和"本年利润"四个账户。各损益类账户的收入发生额的减少是收入的减少,应记入"主营业务收入"、"其他业务收入"、"营业外收入"账户的借方,本年利润的增加是所有者权益的增加,应记入"本年利润"账户的贷方。编制会计分录为:

(67)借:主营业务收入　6 860 000

　　其他业务收入　195 000

　　营业外收入　111 215

　　贷:本年利润　7 166 215

【例 6-68】 南方有限责任公司期末将本期发生的各项费用,包括主营业务成本 2 750 000元、其他业务成本 62 900 元、营业税金及附加 133 155 元、销售费用 91 000 元、管理费用 238 160 元、财务费用 75 000 元、营业外支出 316 000 元,转入"本年利润"账户。

这项经济业务的发生,一方面使企业各损益类支出账户的发生额减少,另一方面使企业的本年利润减少。因此,该项经济业务涉及 8 个账户。各损益类支出账户的结转是费用支出的减少,应记入"主营业务成本"、"其他业务成本"、"营业税金及附加"、"销售费用"、"管理费用"、"财务费用"和"营业外支出"账户的贷方,本年利润的减少是所有者权益的减少,应记入"本年利润"账户的借方。编制会计分录为:

(68)借:本年利润　3 666 215

　　贷:主营业务成本　2 750 000

　　　其他业务成本　62 900

　　　营业税金及附加　133 155

　　　销售费用　91 000

　　　管理费用　238 160

　　　财务费用　75 000

营业外支出 316 000

【例 6-69】 南方有限责任公司 12 月份实现利润总额 3 500 000 元,12 月份有两项纳税调整项目:即支付的罚款 20 000 元和税收滞纳金 80 000 元。假定该公司 1 ~11 月的利润总额为 30 000 000 元,全年除上述两项纳税调整项目外,无其他纳税调整项目。本年度已预交所得税 7 600 000 元。所得税税率为 25%。计算南方有限责任公司 12 月份应交所得税。

【小知识 6.7】 根据税法规定,企业所得税应按纳税年度计算,分月或者分季预交,自月份或者季度终了之日起 15 日内,预交税款。自年度终了之日起 5 个月内汇算清缴,结清应交应退税款。

应交所得税的计算公式为:

应交所得税 = 应纳税所得额 × 适用的所得税税率

应纳税所得额 = 利润总额 ± 纳税调整项目

在计算应纳税所得额时,需要调整的项目主要有:企业的不征税收入、免税收入如国债利息等应从利润总额中减去;根据税法规定不得扣除的支出,如税收滞纳金、罚金、罚款和被没收财物的损失、赞助支出等应加回利润总额;其他项目(如资产、负债的账面价值与其计税基础不同产生的差额等)。

本年度应纳税所得额 = (30 000 000 + 3 500 000 + 20 000 + 80 000)

= 33 600 000(元)

本年度应交所得税 = 应纳税所得额 × 适用的所得税税率 = 33 600 000 × 25%

= 8 400 000(元)

本月应交所得税 = 本年度应交所得税 - 本年度已预交所得税

= 8 400 000 - 7 600 000 = 800 000(元)

这项经济业务的发生,一方面使企业的所得税费用增加了 800 000 元,另一方面使企业的应交税费增加了 800 000 元。因此,该项经济业务涉及"所得税费用"和"应交税费—应交所得税"两个账户。所得税费用的增加是费用支出的增加,应记入"所得税费用"账户的借方,应交税费的增加是负债的增加,应记入"应交税费—应交所得税"账户的贷方。编制会计分录为:

(69)借:所得税费用 800 000

贷:应交税费—应交所得税 800 000

【例 6-70】 沿用例 6-69,南方有限责任公司期末将本月所得税费用账户发生额结转到"本年利润"账户。

这项经济业务的发生,一方面使企业所得税费用减少,另一方面使企业的本年利润减少。因此,该项经济业务涉及"所得税费用"和"本年利润"两个账户。所得税费用的减少是费用支出的减少,应记入"所得税费用"账户的贷方,本年利润的减少是所有者权益的减少,应记入"本年利润"账户的借方。编制会计分录为:

(70)借:本年利润 800 000

贷:所得税费用 800 000

本年净利润 = 30 000 000 + 3 500 000 - 8 400 000 = 25 100 000(元)

【例 6-71】 沿用例 6-69，南方有限责任公司 2012 年所得税汇算清缴，用银行存款结清应交所得税款。

计算应补交所得税款 = 8 400 000 − 7 600 000 = 800 000（元）

这项经济业务的发生，一方面使企业的应交所得税减少，另一方面使企业的银行存款减少。因此，该项经济业务涉及“应交税费—应交所得税”和“银行存款”两个账户。应交所得税的减少是负债的减少，应记入“应交税费—应交所得税”账户的借方，银行存款的减少是资产的减少，应记入“银行存款”账户的贷方。编制会计分录为：

（71）借：应交税费—应交所得税　　800 000

　　　贷：银行存款　　　　　　　　　800 000

【小思考 6.5】 企业预交所得税时，应如何进行账务处理？

根据上述会计分录，将其总分类核算过程列示如图 6-8 所示。

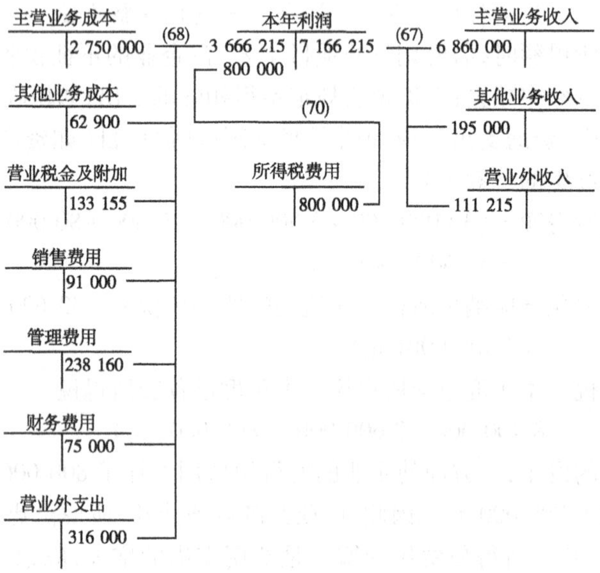

图 6-8　净利润形成核算示意图

三、利润分配的核算

（一）利润分配顺序

根据我国《公司法》等有关法规的规定，企业当年实现的净利润，一般应当按照下列顺序进行分配。

1. 提取法定盈余公积

公司制企业的法定盈余公积按照税后利润的 10% 的比例提取（非公司制企业也可以按照超过 10% 的比例提取），在计算提取法定盈余公积的基数时，不应包括企业年初未分配利润。公司法定盈余公积累计额为公司注册资本的 50% 以上时，可以不再提取法定盈余公积。

公司的法定盈余公积不足以弥补以前年度亏损的，在提取法定盈余公积之前，应当先用当年利润弥补亏损。

2. 提取任意盈余公积

公司从税后利润中提取法定盈余公积之后,经股东会或者股东大会决议,还可以从税后利润中提取任意盈余公积。非公司制企业经类似权力机构批准,也可提取任意盈余公积。

3. 向投资者分配利润或股利

公司弥补亏损和提取公积金之后所余税后利润,有限责任公司股东按照实交的出资比例分取红利(但全体股东约定不按出资比例分取红利的除外);股份有限公司按照股东持有的股份比例分配(但股份有限公司章程规定不按持股比例分配的除外)。

企业按照利润分配顺序对当年净利润分配之后剩余的利润称为未分配利润。未分配利润是企业留待以后年度进行分配的历年结存的利润。

(二)账户设置

1. "利润分配"账户

"利润分配"账户属于所有者权益类账户。该账户核算企业利润的分配(或亏损的弥补)和历年分配(或弥补)后的未分配利润(或未弥补亏损)。贷方登记年度终了,自"本年利润"账户转入的企业本年实现的净利润以及用盈余公积弥补亏损的金额,借方登记实际分配的利润额,包括提取盈余公积和向投资者分配利润或股利以及年度终了自"本年利润"账户转入的企业本年发生的净亏损。年内期末借方余额反映已分配的利润额,年度终了借方余额反映未弥补的亏损、年度终了贷方余额反映未分配利润。

"利润分配"账户应当设置"提取法定盈余公积"、"提取任意盈余公积"、"应付现金股利或利润"、"转作股本的股利"、" 盈余公积补亏"、" 未分配利润"明细账户,进行明细核算。

"提取法定盈余公积"、"提取任意盈余公积"、"应付现金股利或利润"、"转作股本的股利" 明细账户,其借方登记实际分配的利润额,贷方登记年度终了转入"未分配利润"明细账户的金额,年终结转后,该类明细账户无余额。

"盈余公积补亏" 明细账户,其贷方登记用盈余公积弥补亏损的金额,借方登记年度终了转入"未分配利润"明细账户的金额,年终结转后,该明细账户无余额。

"未分配利润"明细账户,其贷方登记年度终了自"本年利润"账户转入的企业本年实现的净利润以及年度终了自"盈余公积补亏"明细账户转入的用盈余公积弥补亏损的金额,借方登记年度终了自"提取法定盈余公积"、"提取任意盈余公积"、"应付现金股利或利润"、"转作股本的股利"明细账户转入的实际分配的利润额以及自"本年利润"账户转入的企业本年发生的净亏损。

年终结转后,除"未分配利润"明细账户外,其他明细账户应无余额。

2. "盈余公积"账户

"盈余公积"账户属于所有者权益类账户。该账户核算企业从净利润中提取的盈余公积,包括法定盈余公积和任意盈余公积。其贷方登记提取的盈余公积,借方登记用盈余公积弥补亏损或转增资本等减少的盈余公积,期末贷方余额反映企业的盈余公积。该账户应分别"法定盈余公积"、"任意盈余公积"进行明细核算。

3.“应付股利”账户

“应付股利”账户属于负债类账户。该账户核算企业分配的现金股利或利润。其贷方登记应支付给投资者的现金股利或利润,借方登记实际支付给投资者的现金股利或利润,期末贷方余额反映应付未付的现金股利或利润。该账户可按投资者进行明细核算。

董事会或类似机构通过的利润分配方案中拟分配的现金股利或利润,不做账务处理,应在附注中披露。根据股东大会或类似机构审议批准的利润分配方案,做利润分配的账务处理。

(三)举例

【例6-72】 南方有限责任公司全年实现净利润25 100 000元,按当年净利润的10%提取法定盈余公积。

应提取的法定盈余公积 = 25 100 000 × 10% = 2 510 000(元)

这项经济业务的发生,一方面使企业已分配的利润额增加,另一方面使企业的盈余公积增加。因此,该项经济业务涉及“利润分配—提取法定盈余公积”和“盈余公积—法定盈余公积”两个账户。已分配的利润额的增加是所有者权益的减少,应记入“利润分配—提取法定盈余公积”账户的借方,盈余公积的增加是所有者权益的增加,应记入“盈余公积—法定盈余公积”账户的贷方。编制会计分录为:

(72)借:利润分配—提取法定盈余公积　　2 510 000
　　　贷:盈余公积—法定盈余公积　　　　2 510 000

【例6-73】 南方有限责任公司经股东大会批准,按净利润的5%提取任意盈余公积。

应提取的任意盈余公积 = 25 100 000 × 5% = 1 255 000(元)

这项经济业务的发生,一方面使企业已分配的利润额增加,另一方面使企业的盈余公积增加。因此,该项经济业务涉及“利润分配—提取任意盈余公积”和“盈余公积—任意盈余公积”两个账户。已分配的利润额的增加是所有者权益的减少,应记入“利润分配—提取任意盈余公积”账户的借方,盈余公积的增加是所有者权益的增加,应记入“盈余公积—任意盈余公积”账户的贷方。编制会计分录为:

(73)借:利润分配—提取任意盈余公积　　1 255 000
　　　贷:盈余公积—任意盈余公积　　　　1 255 000

【例6-74】 南方有限责任公司经股东大会批准,按照股东实交的出资比例发放现金股利8 000 000元。

【小知识6.8】 投资者的出资比例或股东的股份比例,通常是确定所有者在企业所有者权益中所占份额和参与企业财务经营决策的基础,也是企业进行利润分配或股利分配的依据,同时还是企业清算时确定所有者对企业净资产的要求权的依据。

从例6-1至例6-4可知,A公司应分得现金股利1 600 000元(8 000 000 × 20%),B公司应分得现金股利3 200 000元(8 000 000 × 40%),C公司应分得现金股利1 120 000元(8 000 000 × 14%),D公司应分得现金股利480 000元(8 000 000 × 6%),E公司应分得现金股利1 600 000元(8 000 000 × 20%)。对于现金股利,在股东大会批准利润分配方案之后,应做账务处理。这项经济业务的发生,一方面使企业已分配的利润额增加,另一方面使企业的应付股利增加。因此,该项经济业务涉及“利润分配—应付现金股利或利润”和“应付股利”两个账户。已分配的利润额的增加是所有者权益的减少，应记入“利润分配—应付现金股利或利润”账户的借方，应付股利的增加是负债的增加，应记入“应付股利”账户的贷方。编制会计分录为：

(74)借：利润分配—应付现金股利或利润 8 000 000
　　贷：应付股利——A公司 1 600 000
　　　　　　　——B公司 3 200 000
　　　　　　　——C公司 1 120 000
　　　　　　　——D公司 480 000
　　　　　　　——E公司 1 600 000

【例6-75】 南方有限责任公司年度终了，结转当年实现的净利润25 100 000元。

年度终了企业应将本年收入和支出相抵后结出的本年实现的净利润转入“利润分配—未分配利润”账户，结转后“本年利润”账户无余额。这项经济业务的发生，一方面使企业在“本年利润”账户记录的累积净利润减少了25 100 000元，另一方面使企业的可供分配的利润增加了25 100 000元。因此，该项经济业务涉及“本年利润”和“利润分配—未分配利润”两个账户。结转净利润时，应记入“本年利润”账户的借方和“利润分配—未分配利润”账户的贷方（结转净亏损时，作相反的分录）。编制会计分录为：

(75)借：本年利润 25 100 000
　　贷：利润分配—未分配利润 25 100 000

【小思考6.6】 年度终了，企业如果发生了净亏损，应如何进行账务处理？

【例6-76】 南方有限责任公司实际发放现金股利8 000 000元。

这项经济业务的发生，一方面使企业的应付股利减少，另一方面使企业的银行存款减少。因此，该项经济业务涉及“应付股利”和“银行存款”两个账户。应付股利的减少是负债的减少，应记入“应付股利”账户的借方，银行存款的减少是资产的减少，应记入“银行存款”账户的贷方。编制会计分录为：

(76)借：应付股利——A公司 1 600 000
　　　　　　——B公司 3 200 000
　　　　　　——C公司 1 120 000
　　　　　　——D公司 480 000
　　　　　　——E公司 1 600 000
　　贷：银行存款 8 000 000

【例6-77】 南方有限责任公司年度终了，结清利润分配账户所属的各有关明细账户的余额。

年度终了，应将“利润分配”所属明细账户的余额转入“利润分配—未分配利润”账户。年终结转后，除“未分配利润”明细账户外，其他明细账户应无余额。结转前“利润分配”所属明细账户的记录为：“提取法定盈余公积”明细账户借方余额2 510 000元、“提取任意盈余公积”明细账户借方余额1 255 000元、“应付现金股利或利润”明细账户借方余额8 000 000元。结转时，应将各个明细账户的余额从其相反的方向转出，即账户借方的余额从该账户的贷方转出，账户贷方的余额从该账户的借方转出。因此，这项经济业务编制会计分录为：

(77)借：利润分配—未分配利润　　11 765 000

　　贷：利润分配—提取法定盈余公积　　2 510 000

　　　　　　　　—提取任意盈余公积　　1 255 000

　　　　　　　　—应付现金股利或利润　8 000 000

“利润分配—未分配利润”账户的余额为：25 100 000 − 11 765 000 = 13 335 000(元)

根据上述会计分录，将其总分类核算过程列示如图6-9所示。

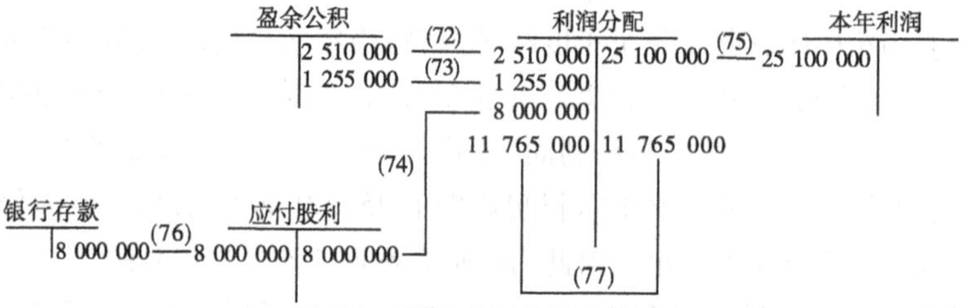

图6-9　利润分配核算示意图

■本章小结

本章以工业企业的资金运动轨迹为主线，通过分析每一项经济业务发生后影响会计要素的增减变动情况，确定应设置的账户以及账户之间的对应关系，详细介绍了借贷记账法在资金筹集、供应、生产、销售和财务成果等主要核算环节的具体运用。

资金筹集主要包括投资者投入的资本和向债权人借入的资金。供应过程是为生产产品做准备的过程，主要包括劳动资料和劳动对象的准备。生产过程是对各种经济资源的耗费过程，企业生产过程中发生的各种耗费的货币表现叫作生产费用，生产费用分为直接费用和间接费用，直接费用在发生时直接计入产品成本，间接费用发生时首先在“制造费用”账户归集，期末通过分配后结转到产品成本中。销售商品收入同时满足下列条件的才能予以确认：①企业已将商品所有权上的主要风险和报酬转移给购买方；②企业既没有保留通常与所有权相联系的继续管理权，也没有对已售出的商品实施有效控制；③收入的金额能够可靠地计量；④相关的经济利益很可能流入企业；⑤相关的已发生或将发生的成本能够可靠地计量。利润是指企业在一定会计期间的经营成果。净利润要按照一定的顺序进行分配。

■主要概念

实收资本　材料采购成本　成本项目　财务成果　利润分配

■基本训练

□知识题

1.1　阅读理解

1)企业的资金来源渠道有哪些？应设置哪些账户？如何进行核算？

2)供应过程的主要经济业务有哪些？应设置哪些账户？如何进行核算？

3)生产过程的主要经济业务有哪些？应设置哪些账户？如何进行核算？

4)生产费用与产品成本的关系如何？

5)销售过程的主要经济业务有哪些？应设置哪些账户？如何进行核算？

6)利润形成和利润分配包括哪些内容？应设置哪些账户？如何进行核算？

1.2　知识应用

1)材料采购成本包括哪些内容？对两种或两种以上材料所发生的采购费用如何进行归集和分配？举例说明。

2)什么是成本项目？产品成本项目包括哪些内容？举例说明。

3)如何分配制造费用？举例说明。

4)如何结转收入和费用？举例说明。

5)利得和损失具体包括哪些内容？举例说明。

□技能题

1.1　规则练习

1)企业销售商品收入确认的条件有哪些？

2)如何计算营业利润、利润总额和净利润？

3)利润的分配顺序是什么？

4)固定资产的修理费应记入哪些账户的借方？

1.2　操作练习

1)本月企业生产车间发生以下费用：生产A产品领用甲材料100 kg，乙材料200 kg，A产品生产工人工资为15 000元；生产B产品领用甲材料150 kg，乙材料100 kg，B产品生产工人工资为30 000元。其中，甲材料单位成本为每千克50元，乙材料单位成本为每千克100元。制造费用本月合计为25 230元，按生产工人工资比例在A、B两种产品之间分摊。本月B产品投产2 000件，无月初在产品，期末全部完工。计算B产品的单位成本。

2)本月企业产品销售收入为800 000元，增值税销项税额为136 000元，已销产品成本为450 000元，材料销售收入为80 000元，增值税销项税额为13 600元，材料成本为60 000元，销售费用为50 000元，财务费用为10 000元，管理费用为30 000元，营业外收入为2 000元，营业外支出为5 000元。假定本月利润总额等于应纳税所得额，所得税税率为25%。计算本月营业利润、利润总额和净利润。

□能力题

1)北方有限责任公司于2012年1月2日设立，该公司2012年发生经济业务如下：

(1)1月2日，收到A公司投入资本360 000元，存入银行。

(2)1月2日，收到B公司投入的不需要安装的机器设备1台，合同约定该机器设备的价值为180 000元。收到C公司投入的土地使用权1项，投资合同约定的价值60 000元。

(3)7月1日，向银行借入短期借款200 000元，期限为5个月，年利率为12%，根据与银行签署的协议，该借款本金到期后一次归还；利息分月预提，按季支付。该借款已于当天存入银行存款账户。

(4)7 月 31 日,计提上述短期借款的应付利息 2 000 元。

(5)9 月 30 日,支付本季度的短期借款利息 6 000 元(其中 7、8 月份利息 4 000 元)。

(6)12 月 1 日,偿还上述短期借款本金 200 000 元,同时支付 10、11 月份已计提未支付的利息。

(7)12 月 1 日,向银行借入 800 000 元,期限为 2 年,年利率 7.2%,每年付息 1 次,期满后一次还清本金。借款已于当天存入银行存款账户。

要求:根据上述经济业务编制会计分录。

2)B 有限责任公司 2008 年 5 月发生经济业务如下:

(1)5 日,购入 1 台不需要安装的设备,价款为 30 000 元,增值税 5 100 元,运杂费 500 元,款项以银行存款支付。

(2)6 日,购入 1 台需要安装的甲设备,价款为 200 000 元,增值税 34 000 元,运杂费 3 000元,款项以银行存款支付。

(3)7 日,在甲设备安装过程中以银行存款支付安装费用 10 000 元,应付本企业安装人员的薪酬 6 000 元。

(4)16 日,上述甲设备安装完毕,已达到预定可使用状态,结转其成本。

(5)17 日,从 M 公司购入甲、乙两种材料,甲材料 1 000 kg,单价 100 元,乙材料 2 000 kg,单价 300 元,增值税专用发票上注明的税款共计 119 000 元,全部款项已用银行存款付清,材料尚未到达。

(6)18 日,用银行存款 9 000 元支付上述购入甲、乙材料的外地运杂费。

(7)18 日,向 N 公司购进丙材料 500 kg,每千克 100 元,增值税专用发票上注明的税款为 8 500 元,新兴公司代垫运杂费 300 元,材料已经验收入库,所有款项均未支付。

(8)18 日,按照合同规定,以银行存款预付给 F 公司订购乙材料的款项 10 000 元。

(9)19 日,向 H 公司购进丁材料 500 kg,每千克 2 000 元,增值税专用发票上注明的税款为 170 000 元,签发并承兑商业汇票一张,该商业汇票的面值为 1 170 000 元,期限为 3 个月,材料已验收入库。

(10)19 日,本月从 M 公司购入的甲、乙两种材料均已验收入库,结转各种材料的实际采购成本。

(11)企业用银行存款偿还前欠 N 公司购料款 58 800 元。

(12)29 日,收到 F 公司发运来的乙材料,增值税专用发票上注明价款 100 000 元,增值税额 17 000 元,F 公司代垫运杂费 3 000 元,冲销原预付账款后,所欠款项以银行存款支付,材料已经验收入库。

要求:根据上述经济业务编制会计分录。

3)D 有限责任公司 2008 年 6 月发生经济业务如下:

(1)1 日,车间主任李林出差借差旅费 3 000 元,以库存现金支付。

(2)5 日,以库存现金支付厂部办公用品费 600 元,车间办公用品费 300 元。

(3)10 日,开出转账支票 14 000 元,支付本月车间财产保险费 8 000 元,厂部财产保险费 6 000 元。

(4)11 日,开出现金支票 6 000 元,支付本月车间经营性租入设备租金。

(5)12日,车间主任李林出差回厂报销差旅费3 300元,与原借款之间的差额以现金支付。

(6)16日,开出转账支票12 000元,支付车间机器设备修理费8 000元,管理部门设备维修费3 000元,专设销售机构机器设备修理费1 000元。

(7)18日,从银行提取现金2 000 000元,准备发放工资。

(8)18日,根据"工资结算汇总表"结算本月应付职工工资总额2 000 000元,用库存现金实际发放工资2 000 000元。

(9)28日,以银行存款交纳职工医疗保险费80 000元。

(10)30日,计提本月固定资产折旧800 000元。其中,生产车间使用的固定资产计提折旧500 000元,厂部使用的固定资产计提折旧200 000元,专设销售机构使用的固定资产计提折旧100 000元。

(11)30日,用银行存款支付上月水电费,增值税专用发票上注明的水费27 000元、电费63 000元,增值税额合计为15 300元。

(12)30日,根据水费分配表和外购动力费分配表,本月应付水电费总额为960 00元。其中,生产A产品耗用50 000元,生产B产品耗用30 000元,车间耗用2 000元,行政管理部门耗用8 000元,专设销售机构耗用6 000元。

(13)30日,根据当月领料凭证,月末编制"发出材料汇总表",如表6-10所示。

表6-10　发出材料汇总表　单位:元

用途	甲材料			乙材料			丙材料			合计
	数量(kg)	单价	金额	数量(kg)	单价	金额	数量(kg)	单价	金额	
生产产品领用										
A产品耗用	2 000		60 000	200		10 000	1 000		20 000	90 000
B产品耗用	3 000	30	90 000	100	50	5 000	500	20	10 000	105 000
小计	5 000		150 000	300		15 000	1 500		30 000	195 000
车间一般耗用	200		6 000				100		2 000	8 000
管理部门耗用	500		15 000				200		4 000	19 000
专设销售机构耗用	100		3 000				50		1 000	4 000
合计	5 800		174 000	300		15 000	1 850		37 000	226 000

(14)30日,根据工资费用分配汇总表,本月应付工资总额为360 000元。其中,A产品生产工人工资为120 000元,B产品生产工人工资为80 000元,车间管理人员工资为20 000元,厂部管理人员工资为30 000元,专设销售机构人员工资为50 000元,建造厂房人员工资为60 000元。

(15)30日,根据当地政府规定,按照职工工资总额的10%计提医疗保险费,按照职工工资总额的12%计提养老保险费,交纳给当地社会保险经办机构。

(16)30日,月末将本月发生的制造费用按照生产工人工资比例分配计入A、B产品生产成本。

(17)30 日,本月生产 A、B 两种产品,A 产品月初在产品数量 200 件,本月投产加工 800件,月末 A 产品全部完工并验收入库。A 产品月初在产品成本为 50 000 元。B 产品为本月投产数量 200 件。A、B 两种产品月末全部完工并验收入库。计算并结转入库产成品的生产成本。

要求:根据上述经济业务编制会计分录。

4)E 有限责任公司 2012 年 11 月发生经济业务如下:

(1)1 日,向 N 公司销售 A 产品 2 000 件,每件售价 50 元,增值税专用发票上注明价款为 100 000 元,增值税额为 17 000 元,款项已收存银行。

(2)2 日,向 Y 公司销售 B 产品 5 000 件,每件售价 20 元,增值税专用发票上注明价款为 100 000 元,增值税额为 17 000 元,用银行存款为 Y 公司支付代垫运输费 1 000 元。款项尚未收到。

(3)3 日,向 M 公司销售 A 产品 3 000 件,每件售价 50 元,增值税专用发票上注明增值税额为 25 500 元,销售 B 产品 300 件,每件售价 20 元,增值税专用发票上注明增值税额为 1 020 元,收到乙公司签发并承兑的商业汇票一张,面值 182 520 元,期限 3 个月。

(4)3 日,按照合同规定预收 D 公司订购 A 产品的货款 20 000 元,存入银行。

(5)3 日,收到上月 C 公司所欠货款 8 000 元,存入银行。

(6)6 日,收到 A 公司签发并承兑的商业汇票一张,面值 11 700 元,期限 3 个月,用以抵偿其以前所欠本公司的货款。

(7)15 日,开出现金支票 5 000 元支付广告费。

(8)16 日,开出转账支票 2 000 元支付销售产品的运输费。

(9)17 日,开出现金支票 20 000 元,支付本公司某销售网点业务费 18 000 元,固定资产修理费 2 000 元。

(10)18 日,一张面值为 15 000 元的商业承兑汇票到期,通过银行取得票据款。

(11)19 日,按照合同规定向 D 公司发出 A 产品 10 000 件,每件售价 50 元,增值税专用发票上注明增值税额为 85 000 元。

(12)20 日,收到 D 公司补付的购货款 565 000 元,存入银行。

(13)21 日,向 M 公司销售甲材料 1 000 kg,单价 800 元,增值税专用发票上注明增值税额为 136 000 元,款项已收存银行。

(14)21 日,上述向 M 公司销售甲材料的单位成本为每千克 500 元。结转已销售甲材料的实际成本。

(15)22 日,向 W 公司出租某专利权,取得收入 100 000 元,存入银行。

(16)22 日,按 5% 的税率计算本月向 W 公司转让某专利使用权收入应交纳的营业税。

(17)26 日,出租一批包装物,收到租金 5 000 元,存入银行。

(18)26 日,结转上述出租包装物的成本 3 000 元。

(19)30 日,对已出租的某专利权进行摊销,本月摊销额为 1 000 元。

(20)30 日,结转本月已销售的 A、B 产品的销售成本。其中 A 产品 15 000 件,单位成本 20 元,B 产品 5 300 件,单位成本 10 元。

(21)30 日,按规定计算本月应交纳的消费税为 8 000 元,城市维护建设税为 7 000 元,教育费附加为 3 000 元。

要求:根据上述经济业务编制会计分录。

5)F 有限责任公司 2008 年 12 月发生经济业务如下:

(1)1 日,收到捐赠设备 1 台,该设备价值 30 000 元,不需要安装。

(2)5 日,收到捐赠现金 20 000 元,已存入银行。

(3)16 日,收到某单位违约罚款收入 10 000 元,已存入银行。

(4)27 日,用银行存款支付一项公益性捐赠 80 000 元。

(5)28 日,用银行存款支付环境污染处罚款 20 000 元。

(6)29 日,用银行存款支付税款滞纳金 30 000 元。

(7)31 日,将本期实现的各项收入包括主营业务收入 7 000 000 元、其他业务收入 200 000 元、营业外收入 60 000 元,转入"本年利润"账户。

(8)31 日,将本期发生的各项费用,包括主营业务成本 3 000 000 元、其他业务成本 120 000 元、营业税金及附加 80 000 元、销售费用 100 000 元、管理费用 2 500 000 元、财务费用 70 000 元、营业外支出 130 000 元,转入"本年利润"账户。

(9)31 日,12 月份实现利润总额 1 260 000 元,12 月份有两项纳税调整项目,即支付的罚款 20 000 元和税收滞纳金 30 000 元。假定该公司 1 ~ 11 月的利润总额为13 790 000 元,全年除上述两项纳税调整项目外无其他纳税调整项目。本年度已预交所得税 3 000 000元。所得税税率为 25%。计算该公司 12 月份应交所得税。

(10)31 日,假定 2008 年所得税已经汇算清缴,用银行存款结清应交所得税款。

(11)31 日,结转本月所得税费用账户发生额。

(12)31 日,假定当年实现净利润 11 275 000 元,按当年净利润的 10% 提取法定盈余公积,按净利润的 5% 提取任意盈余公积。

(13)31 日,假定按当年净利润的 30% 向投资者发放现金股利。

(14)31 日,结转当年实现的净利润 11 275 000 元。

(15)31 日,结清利润分配账户所属的各有关明细账户的余额。

要求:根据上述经济业务编制会计分录。

第七章　会计凭证

■**学习目标**

通过本章学习，了解会计凭证的意义，掌握会计凭证的分类；明确原始凭证、记账凭证的格式；掌握会计凭证的填制和审核方法；了解会计凭证的传递与保管。

第一节　会计凭证概述

一、会计凭证的意义

会计凭证是记录经济业务、明确经济责任，并据以登记账簿的具有法律效力的书面证明。

任何一个企业、单位，对所发生的每一项经济业务事项都必须按照规定的程序和要求，由经办人员填制或取得会计凭证，对整个经济活动过程做出书面记录。同时，有关部门和人员要在会计凭证上签字盖章，表示对会计凭证的真实性、正确性和合法性负责。只有经过审核无误的会计凭证，才能够据以收付款项、收发财产物资和登记账簿。填制和审核会计凭证，是会计核算工作的开始，也是对经济业务事项进行日常监督的重要环节。做好会计凭证的填制、取得和审核工作，对各单位完成会计任务，实现会计职能具有重要作用。

（一）会计凭证是提供经济信息和会计信息的重要载体

在日常会计核算过程中，经办人员可以以会计凭证为载体，对大量的、分散的经济业务交易事项进行整理、分类和汇总，并经过相应的会计处理，为经营管理者决策提供有用的信息。

（二）会计凭证是进行账簿登记的必要依据

经济业务一旦发生，就必须取得和填制会计凭证，随着经济业务的执行，记载业务完成情况的会计凭证就逐渐按规定的程序最终汇集到会计部门，成为登记账簿的基本依据。

（三）会计凭证是明确经济责任的主要手段

各单位所发生的经济业务，特别是货币资金的收付，财产物资的购进、入库、领用、发出等经济活动，都是由有关部门协同完成的。通过取得或填制适当的会计凭证，要求经办人员在凭证上签字、盖章，不仅将经办单位和经办人员联系在一起，相互监督，相互牵制，而且有利于促使经办人员对经济业务的真实性、合法性与合理性承担责任。

（四）会计凭证是实行会计监督的具体措施

通过会计凭证的审核，可以检查经济业务的发生是否符合有关的法令制度，是否符合业务经营及财务收支的方针、计划和预算的规定，以确保经济业务的合理、合法和有效性。监督经济业务的发生和发展，控制经济业务的有效实施，是发挥会计管理职能的重要内容。

二、会计凭证的种类

会计凭证的形状格式、大小繁简虽各不相同，并可以按照不同的标准予以分类，但其最基本的分类是按其填制程序和用途分类。按其填制程序和用途不同可以分为原始凭证和记账凭证。原始凭证是反映经济业务事项的证据，是会计核算的原始依据；记账凭证是以原始凭证为依据编制的，用来确定会计分录，是登记账簿的直接依据。二者既有密切联系，但其作用又有所不同。

第二节　原始凭证

一、原始凭证的含义和分类

（一）原始凭证的含义

原始凭证是在经济业务发生或完成时取得或填制的，用以记录、证明经济业务已经发生或完成的情况，明确业务经办人员的经济责任，并具有法律效力和作为记账原始依据的一种记账凭证。应该注意的是，凡是不能证明经济业务已经执行或完成的书面文件，如购销合同、请购单等，均不能单独作为原始凭证，而只能作为主要原始凭证的附件。

（二）原始凭证的分类

各企业、事业及行政单位的经济活动是多种多样的，各单位使用的原始凭证及填制原始凭证的方法也不尽相同，本节就同类型原始凭证进行相关归纳和分析。

1. 按照取得来源不同分类

原始凭证按照取得来源不同，可以分为外来原始凭证和自制原始凭证。

1）外来原始凭证

外来原始凭证是指在同外单位发生经济业务往来事项时，从外单位取得的凭证。如从供货单位购入货物时取得的普通发票和增值税专用发票，支付款项时所取得的收据及银行结算凭证，如托收承付凭证等。

2）自制原始凭证

自制原始凭证是指在经济业务事项发生或完成时，由本单位内部经办部门或人员填制的凭证。如收料单、领料单、工资结算单、销货发票、成本计算单。

【小思考7.1】　差旅费报销凭单是否属于自制原始凭证？

2. 按照填制手续不同分类

原始凭证按照其填制手续不同，分为一次凭证、累计凭证和汇总原始凭证

1）一次凭证

一次凭证是指一次只记录一项经济业务或同时记录若干项同类经济业务的原始凭证。各种往来原始凭证都是一次凭证。自制凭证大部分是一次凭证。如企业购进材料验收入库时，由仓库保管员填制的入库单，生产车间向仓库领用材料时填制的领料单，出差人员报销差旅费时填制的报销凭单等，都是一次凭证。一次凭证只需填写一次即可完成

全部填制手续，作为记账的原始依据。

2）累计凭证

累计凭证是指在一定时期内，多次记载同类重复发生的经济业务，填制手续在一张凭证中多次进行才能完成的原始凭证。累计凭证一般属于自制原始凭证，如限额领料单。但需要注意的是，由于这种凭证要反复使用，必须严格凭证的保管制度和材料收发手续。

3）汇总原始凭证

汇总原始凭证是指根据一定时期内反映相同经济业务的多张原始凭证，汇总编制而成的自制原始凭证。它可以集中反映某项经济业务的总括情况。汇总原始凭证既可以简化会计核算工作，又便于进行经济业务的分析比较。如工资汇总表、发料凭证汇总表、收货汇总表、商品销货汇总表等。汇总原始凭证所汇总的内容只能是同类经济业务，即将反映同类经济业务的各原始凭证汇总编制一张汇总原始凭证，不能汇总两类或两类以上的经济业务。汇总原始凭证也属于原始凭证的范畴。

二、原始凭证的基本内容和附加内容

（一）原始凭证的基本内容

在会计实务中，由于各种经济业务的内容和经济管理的要求不同，原始凭证的名称、格式和内容多种多样，其填制和审核的具体内容也会因此而多种多样。但是，为了真实反映经济业务的发生和完成情况，明确有关经办人员的责任，任何一张原始凭证都必须具备一些基本内容。按照我国《会计基础工作规范》的规定，原始凭证应当具备以下内容：

（1）原始凭证的名称；

（2）填制凭证的日期；

（3）填制单位的名称或填制人姓名；

（4）接受凭证单位名称；

（5）经济业务内容、数量、单价和金额；

（6）经办人员的签名或盖章。

（二）原始凭证的附加内容

原始凭证除必须具备以上基本要素外，还应当具备一定的附加内容：

（1）从外单位取得的原始凭证，必须盖有填制单位的公章；对外开出的原始凭证，必须加盖本单位的公章。没有公章的原始凭证不能作为编制记账凭证的依据。但几种公认的外来原始凭证除外，如火车票、汽车票等。从个人取得的原始凭证，必须有填制人员的签名或者盖章。

（2）自制原始凭证必须有经办单位领导人或者其指定的人员签名或者盖章。

（3）支付款项的原始凭证，必须要有收款单位和收款人的收款证明，不能仅以支付款项的有关凭证代替。如购买一批办公用品，开出一张转账支票，作为这项业务发生的原始凭证必须有转账支票存根和购买有关办公用品发票以及有关人员签名，而不能只有转账支票存根或只有发票。其目的是防止舞弊行为的发生。

（4）购买实物的原始凭证，必须有验收证明。实物验收由经管实物的人员负责办理，会计人员通过有关的原始凭证进行监督检查。不需要入库的实物，除经办人员在凭证上签章外,必须交给实物保管人员或者使用人员验收,并在凭证上签章。需要入库的实物,必须填写入库验收单,由实物保管员验收后在入库单上如实填写实收数量,并加盖印章。总之,购买实物的原始凭证必须有购买人取得的原始凭证和购买人以外的第三者查证核实的原始凭证。其目的是明确经济责任,保证账物相符,防止盲目采购,避免物资短少和流失。

(5)销售货物发生退回并退还货款时,除填制退货发票外,还必须有退货验收证明;退款时,必须取得对方的收款收据或者汇款银行的凭证,不得以退货发票代替收据,也不能没有退货的验收证明。其目的是防止退货流失和发生舞弊行为。

(6)职工公出的借款凭据,必须附在记账凭证之后。收回借款时,应当另开收据或者退还借据副本,不得退还原借款收据。因为借款和还款是有联系的两项业务,必须分别在会计账目上单独反映,因此借款凭证和退款凭证的收据都须予以保留。

(7)经上级有关部门批准的经济业务,应当将批准文件作为原始凭证附件;如果批准文件需要单独归档的,应当在凭证上注明批准机关名称、日期和文件字号,以便确认经济业务的审批情况和查阅。

三、原始凭证的填制要求

(一)真实可靠

填制在原始凭证上的内容和数字,必须真实可靠,要符合有关经济业务的实际情况。不允许以任何手段弄虚作假,伪造原始凭证。

(二)填写齐全

原始凭证上的各项内容必须逐项填写齐全,不得遗漏,同时必须符合手续完备的要求,经办业务的有关部门和人员要认真审核,签名或盖章。

(三)填制及时

经济业务发生或完成后,要及时填制原始凭证,及时送交财会部门。

(四)书写规范

原始凭证要用蓝色或黑色墨水书写,文字要简洁明了,字迹要清晰规范。

1. 阿拉伯金额数字的书写

阿拉伯金额数字应逐个书写,不得连笔写。阿拉伯金额数字前面应写有人民币符号“￥”,且注意人民币符号“￥”与阿拉伯金额数字之间不得留有空白。凡阿拉伯金额数字前写有人民币符号“￥”的,为避免重复,数字后不再书写“元”字。所有以元为单位的阿拉伯金额数字,除表示单价等情况外,一律填写到角分。无角分的,角位和分位可写成“00”,或使用符号“—”;有角无分的,分位应写成“0”,不得用符号“—”代替。

2. 汉字大写金额数字的书写

汉字大写金额数字一律采用正楷或行书书写,如壹、贰、叁、肆、伍、陆、柒、捌、玖、拾、佰、仟、万、亿、元、角、分、零、整等。不得用一、二(两)、三、四、五、六、七、八、九、十、毛、另、正等字代替,且不得乱造简化字。应注意的是,阿拉伯金额数字中间有“0”时,汉字大写金额要写“零”字,如￥303.51,汉字大写金额数字应写成“人民币叁佰零叁元伍角壹分”。阿拉伯金额数字中连续有几个“0”时,汉字大写金额数字中可以只写一个“零”字,如￥3 006.58,汉字大写金额数字应写成“人民币叁仟零陆元伍角捌分”。阿拉伯金额数字元位是“0”,或者数字中间连续有几个“0”、元位也是“0”但角位不是“0”时,汉字大写金额数字可以只写一个“零”字,也可以不写“零”字。如￥3 000.68,汉字大写金额数字应写成“人民币叁仟零陆角捌分”或“人民币叁仟元陆角捌分”。此外,如果阿拉伯金额数字分位为0,汉字大写金额最后要加“整”字。如果阿拉伯金额数字有分位,则在分位后面不要写“整”字。如￥303,汉字大写金额应写成“人民币叁佰零叁元整”;又如￥303.50,汉字大写金额应写成“人民币叁佰零叁元伍角整”;再如￥303.51,汉字大写金额应写成“人民币叁佰零叁元伍角壹分”。

【小知识7.1】 《会计法》规定,原始凭证记载的各项内容均不得涂改,原始凭证有错误的,应当由出具单位重开或者更正,更正处应当加盖出具单位印章。原始凭证金额有错误的,应当由出具单位重开,不得在原始凭证上更正。

(五)连续编号

各种凭证都必须连续编号,按顺序使用,以备查考,对于重要的已预先编号的原始凭证(如发票、支票等),在写错需要作废时,应加盖“作废”戳记并加以保存,不得任意撕毁。

四、常用原始凭证的填制举例

(一)收料单的填制

收料单是在外购的材料物资验收入库时填制的凭证,一般一式三联,一联由验收人员留底备查,一联交仓库保管人员据以登记明细账,一联随同发货票交会计部门办理结算。其格式及内容见表7-1。

表7-1 收料单

供货单位:××公司

发票编号:2345　　20××年12月7日　　凭证编号:673

材料类别	材料编号	名称规格	计量单位	数量		金额(元)			
				应收	实收	单价	买价	运杂费	合计
钢材	3715	圆钢	kg	2 000	2 000	0.75	1 500	100	1 600
备注						合计			1 600

仓库保管员:(签章)　　收料人:(签章)　　仓库主管:(签章)

(二)领料单的填制

为了便于分类汇总,领料单要“一料一单”地填制,即一种原材料填写一张单据。领用原材料需经领料车间负责人批准后方可填制领料单。领料单一般一式三联,仓库发料后,其中一联连同材料交还领料部门,一联交由仓库登记材料明细账,一联交由会计部门进行材料收发核算和成本核算。仓库管理员、发料人和领料人等均需在领料单中签章,无签章或签章不全的均属无效,不能作为记账的依据。其格式及内容见表7-2。

表 7-2 领料单

领料单位:一车间　　　　　　　　　　　　　　　　凭证编号:120

用途:生产甲产品　　　　　20××年 12 月 16 日　　　　　发料仓库:2 号库

<table>
<tr><th rowspan="2">材料类别</th><th rowspan="2">材料编号</th><th rowspan="2">材料名称</th><th rowspan="2">计量单位</th><th colspan="2">数量</th><th rowspan="2">单价</th><th rowspan="2">金额（元）</th></tr>
<tr><th>请领</th><th>实发</th></tr>
<tr><td>钢材</td><td>1214</td><td>Φ12 mm 圆钢</td><td>kg</td><td>500</td><td>500</td><td>6</td><td>3 000</td></tr>
<tr><td colspan="5">备注:</td><td>合计</td><td colspan="2">3 000</td></tr>
</table>

仓库管理员:（签章）　　　　发料人:（签章）　　　　领料人:（签章）

（三）限额领料单的填制

限额领料单是一种一次开设、多次使用、领用限额已定的累计凭证。在有效期（最长 1 个月）内，只要领用数量不超过限额就可以连续使用。其格式及内容见表 7-3。

表 7-3 限额领料单

领料单位:加工车间　　　　　　　　　　　　　　　　凭证编号:005

材料用途:生产 A 产品　　　　　20××年 12 月　　　　　发料仓库:2 号库

<table>
<tr><th rowspan="2">材料类别</th><th rowspan="2">材料编号</th><th rowspan="2">材料名称及规格</th><th rowspan="2">计量单价</th><th rowspan="2">单价</th><th rowspan="2">领用限额</th><th colspan="3">实际领用</th></tr>
<tr><th colspan="2">数量</th><th>金额</th></tr>
<tr><td>黑色金属</td><td>6638</td><td>Φ25 mm 圆钢</td><td>kg</td><td>30</td><td>6 000</td><td colspan="2">5 900</td><td>177 000</td></tr>
<tr><td colspan="3">供应部门负责人</td><td colspan="6">生产计划部门负责人</td></tr>
<tr><td rowspan="2">领料日期</td><td colspan="2">请领</td><td colspan="3">实发</td><td rowspan="2">限额结余</td><td colspan="2">退库</td></tr>
<tr><td>数量</td><td>领料单位负责人</td><td>数量</td><td>发料人</td><td>领料人</td><td>数量</td><td>退料单编号</td></tr>
<tr><td>3</td><td>1 200</td><td>王彦</td><td>1 200</td><td>李敏</td><td>陈晓</td><td>4 800</td><td></td><td></td></tr>
<tr><td>6</td><td>1 200</td><td>王彦</td><td>1 200</td><td>李敏</td><td>陈晓</td><td>3 600</td><td></td><td></td></tr>
<tr><td>11</td><td>1 200</td><td>王彦</td><td>1 200</td><td>李敏</td><td>陈晓</td><td>2 400</td><td></td><td></td></tr>
<tr><td>16</td><td>1 200</td><td>王彦</td><td>1 200</td><td>李敏</td><td>陈晓</td><td>1 200</td><td></td><td></td></tr>
<tr><td>22</td><td>1 200</td><td>王彦</td><td>1 200</td><td>李敏</td><td>陈晓</td><td>0</td><td></td><td></td></tr>
<tr><td>26</td><td></td><td>王彦</td><td></td><td></td><td></td><td></td><td>100</td><td></td></tr>
</table>

供应部门负责人:（签章）　　生产计划部门负责人:（签章）　　仓库负责人:（签章）

表 7-3 中的限额领料单由生产计划部门和供应部门根据生产情况和材料供应情况具体制定，一般根据当期产品计划产量和材料消耗定额计算。“限额领料单”一式数联（一般一式三联），经生产计划部门和供应部门负责审核签章后，一联交仓库据以发料，登记材料明细账；一联交领料单位据以领料；一联交会计部门据以进行成本核算。

（四）普通发货票的填制

填制普通发货票首先要写清购货单位的全称，不能过于简略，然后按凭证格式和内容逐项填列齐全。发货票要如实填写，不能按购货人的要求填写。经办人的签章和单位公章都要盖全。其格式和内容见表7-4。

表7-4　××市工商企业统一发票

购货单位：××公司　　　　No：

货号	品名规格	单位	数量	单价	金额									
					千	百	十	万	千	百	十	元	角	分
	设计费								8	6	5	0	0	0
合计：人民币（大写）捌仟陆佰伍拾元整								¥	8	6	5	0	0	0

（五）增值税专用发票的填制

增值税专用发票是一般纳税人于销售货物或对外提供劳务时开具的销售发票。增值税专用发票一式四联，第一联为存根联，由销货方留存备查；第二联为发票联，交购货方作付款的记账凭证；第三联为税款抵扣联，交购货方作扣税凭证；第四联为记账联，由销售方作销售的记账凭证。其格式和内容见表7-5。

表7-5　增值税专用发票

开票日期：　　20××年12月20日　　No：3929356

购货单位	名称	××公司			纳税人识别号	138666666662345	
	地址电话	黄河路120号　8153112			开户银行及账号	濮阳市建设银行黄河路支行	
货物或应税劳务名称		计量单位	数量	单价	金额	税率（%）	税额
Φ20 mm钢材		t	100	2 000	200 000	17	34 000
合计					200 000		34 000
价税合计（大写）		贰拾叁万肆仟零佰零拾零元零角零分　¥234 000					
销货单位	名称	宝源钢铁公司			纳税人识别号	13523456987	
	地址 电话	宝源路30号　52345678			开户银行及账号	宝源市工商银行	
备注：							

（六）发料凭证汇总表的填制

制造业企业在生产过程中领用材料比较频繁，业务量大，同类凭证也较多。为了简化核算手续，需要编制发料凭证汇总表。编制时间根据业务量大小确定，可5天、10天、15天或1个月汇总编制一次。汇总时，要根据领发料凭证、领料部门及材料用途分类进行。

其格式和内容见表7-6。

表7-6　发料凭证汇总表

20××年12月　　单位:元

应借科目		应贷科目		
		原材料	燃料	合计
生产成本	1~10日	10 000		10 000
	11~20日	5 000		5 000
	21~31日	5 000		5 000
	小计	20 000		20 000
制造费用	1~10日	30 000	10 000	40 000
	11~20日	10 000		10 000
	21~31日	3 000		3 000
	小计	43 000	10 000	53 000
管理费用	1~10日		5 000	5 000
	11~20日	4 000		4 000
	21~31日	16 000		16 000
	小计	20 000	5 000	25 000
合计		83 000	15 000	98 000

会计主管:(签章)　记账:(签章)　稽核:(签章)　制单:(签章)

(七)借款单的填制

借款单由借款人填写,经单位负责人审批签字后,到会计部门经审核后借款。报销借款时,由出纳人员填写副联,交借款人作为还款凭证。借款单及其副联见表7-7。

表7-7　借款单及其副联

借款单

2012年12月20日

借款部门	供应科
借款用途	差旅费
借款金额(大写)	人民币玖佰元整
出差地点	北京
预计期限	10天
会计主管:(签章)	审批人:(签章)

借款单(副联)

2012年12月20日

姓名	张晶
借款金额	人民币玖佰元整
报销金额	¥850
还款	¥50
记账凭证号	
借款人:(签章)	出纳:(签章)

五、原始凭证的审核

为正确反映并监督各项经济业务，防止利用原始凭证进行舞弊现象的发生，《会计法》规定，会计机构、会计人员必须按照国家统一的会计制度的规定对原始凭证进行审核，对不真实、不合法的原始凭证有权不予接受，并向单位负责人报告；对记载不准确、不完整的原始凭证予以退回，并要求按照国家统一的会计制度的规定更正、补充。只有经过审核无误的原始凭证，才能作为编制记账凭证和登记账簿的依据。

（一）原始凭证的审核内容

1. 真实性和合法性审核

会计人员应审核原始凭证所反映的经济业务是否真实、合法。真实性审核就是审核原始凭证反映的是否是经济业务的本来面目，有没有掩盖、歪曲或颠倒真实的情况。合法性审核就是审核原始凭证所反映的经济业务是否符合国家的有关政策、法令和本单位的计划、预算和合同的规定等。对于违反制度和法令的一切收支，会计人员应拒绝付款、拒绝报销或拒绝执行，并有义务向本单位领导报告。对于伪造凭证、涂改凭证和虚报冒领等不法行为，必须及时揭露，并向领导汇报，严肃处理。

2. 完整性和及时性审核

会计人员应根据原始凭证的要素，逐项审核原始凭证的内容是否完整，原始凭证的各项目是否按规定填写齐全，是否按规定手续办理，相关人员是否签章。若原始凭证的内容填写不齐全，手续不完备，应退经办人员补办完整后，方予受理。此外，在完成完整性审核的同时，应注意审查原始凭证的填制日期，尤其是支票、银行汇票、银行本票等时效性较强的原始凭证，要注意仔细验证其签发的日期。

3. 技术性审核

会计人员应根据原始凭证的填写要求，审核原始凭证的摘要和数字的填写是否规范，审核原始凭证的数量、单价、金额及合计数的勾稽关系是否正确，大小写金额是否一致。如有差错，应退经办人员予以更正。

（二）对原始凭证审核结果的处理

原始凭证审核是一项细致而又严肃的工作，必须坚持原则，照章办事，如发现不符合上述要求，有错误或不完整之处，应当按照有关规定进行处理：

（1）对不合法、不合理的收支，会计人员有权不予受理。

（2）如发现伪造、变造、涂改凭证，弄虚作假、虚报冒领及其他违法乱纪行为，应及时向单位负责人有关方面报告，并追究当事人的责任。

（3）对记载不准确、不完整的原始凭证予以退回，并要求经办人员按照国家统一的会计制度的规定进行更正、补充。

（4）对有错误的原始凭证，要按照规定进行错误更正：

①原始凭证的内容有错误的，应当由开具单位重开或更正，并在更正处加盖出具单位印章。

②原始凭证金额出现错误的不得更正，只能由原始凭证出具单位重新开具。

第三节　记账凭证

一、记账凭证的含义和分类

（一）记账凭证的含义

记账凭证是会计人员根据审核无误的原始凭证，按照经济业务的内容加以归类整理，并确定会计分录填制、作为登记会计账簿直接依据的一种载体。

在实际工作中，由于原始凭证来自不同的单位，种类繁多，数量庞大，格式大小不一，不便于填列应借、应贷的会计科目和金额，不便于记账和查账。为了便于登记账簿，需要将原始凭证加以归类、整理，填制具有统一格式的记账凭证，确定会计分录并将相关的原始凭证附在记账凭证后面。这样不仅能简化记账工作，减少差错，而且还有利于原始凭证的保管，便于对账和查账，能提高会计工作质量。

（二）记账凭证的分类

在不同类型的企业单位中，因经济业务事项的内容和繁简程度的不同，分别适用不同种类的记账凭证。按照不同的分类标准，大体上有以下几种类型的记账凭证。

1. 按用途不同分类

记账凭证按其用途不同可分为专用记账凭证和通用记账凭证。

1）专用记账凭证

专用记账凭证是专门用于记录某一类经济业务的记账凭证。按其所记录的经济业务是否与现金、银行存款收付有关，又分为收款凭证、付款凭证和转账凭证三种。

2）通用记账凭证

通用记账凭证是指为各类经济业务共同使用的凭证。

2. 按填制方法不同分类

记账凭证按其填制方法不同可分为复式记账凭证和单式记账凭证。

1）复式记账凭证

复式记账凭证是指将一项经济业务所涉及的会计科目都集中填列在一张记账凭证上的记账凭证。上述收款、付款、转账凭证及通用记账凭证的格式，都属于复式记账凭证。复式记账凭证把每项经济业务涉及的所有会计科目集中地反映在一张会计凭证上，会计科目对应关系明确，有利于反映经济业务的全貌，全面了解资本运动的来龙去脉；同时还可以减少记账凭证的数量，便于查账。但是，不便于为每一会计科目进行计算汇总。一般企业多用复式记账凭证。

2）单式记账凭证

单式记账凭证是指把一项经济业务所涉及的每个会计科目，分别填列在记账凭证上，每张凭证只填列一个会计科目的记账凭证。单式记账凭证的内容单一，有利于汇总计算每个会计科目的发生额，便于分工记账；但制证工作量较大，在一张凭证上不能反映出经济业务的全貌，不便于查找记录差错。会计实务中很少使用单式记账凭证。

3. 按是否经过汇总分类

记账凭证按是否经过汇总可分为非汇总记账凭证和汇总记账凭证。

1) 非汇总记账凭证

非汇总记账凭证就是不经过汇总的凭证。像上述的专用记账凭证、通用记账凭证、复式记账凭证和单式记账凭证都是非汇总记账凭证。

2) 汇总记账凭证

汇总记账凭证是将上述一定时期填写的专用记账凭证和通用记账凭证,按照相同的会计科目分借方金额和贷方金额进行加总而分次(或一次)填制的一类记账凭证。企业常用的汇总记账凭证有科目汇总表、汇总收款凭证、汇总付款凭证和汇总转账凭证。

二、记账凭证必须具备的内容

为了概括地反映经济业务的基本情况,满足登记账簿的需要,保证会计核算的基本要求,记账凭证必须具备以下基本内容(凭证要素):

(1)记账凭证的名称和编号;

(2)记账凭证的填制日期;

(3)经济业务的摘要;

(4)应记会计科目(包括一级科目、二级科目和明细科目)方向及金额;

(5)记账符号(记账标记);

(6)所附原始凭证张数;

(7)填制凭证人员、审核人员、记账人员、会计主管人员签名或盖章;收、付款凭证还应当由出纳人员签名或盖章。

三、记账凭证的填制要求

(一)必须以审核无误的原始凭证为依据

必须以审核无误的原始凭证为依据即在对原始凭证审核无误的基础上填制记账凭证。除结账和更正错误外,记账凭证必须附有原始凭证并注明所附原始凭证张数。

(二)正确填制会计科目和编制会计分录

正确填制会计科目和编制会计分录即根据经济业务的内容,正确区别不同类型的原始凭证,正确使用会计科目,为了便于登记总账和日记账,还应填写子目甚至细目。正确编制会计分录并保证借贷平衡。在此基础上,记账凭证可以根据每一张原始凭证填制,或者根据若干张同类原始凭证汇总编制,也可以根据原始凭证汇总表填制;但不得将不同内容和类别的原始凭证汇总填制在一张记账凭证上,否则就会造成摘要无法填写,会计科目失去对应关系,记账时审核困难,容易造成记账错误。

(三)选择、确定记账凭证的种类

会计人员应根据原始凭证所记录的经济业务内容,先确定应借应贷的会计科目,即会计分录。在采用收、付、转记账凭证的情况下,若分录的借方出现库存现金或银行存款会计科目的,应选择使用收款凭证;若分录的贷方出现库存现金或银行存款会计科目的,应选择使用付款凭证;若分录的借方出现库存现金,而贷方出现银行存款会计科目,或反之,应选择使用付款凭证；若会计分录的借、贷方均未出现库存现金或银行存款会计科目，则应选择使用转账凭证。在采用通用记账凭证的情况下，则无论出现什么类型的会计分录，都统一使用一种通用记账凭证。

（四）选择书写工具

填写记账凭证应选择钢笔或碳素笔。用蓝黑墨水或碳素墨水书写。

（五）填写记账凭证的日期

记账凭证的填写日期分三种情况：

(1)现金或银行存款付款业务的记账凭证，一般以财会部门付出现金或银行存款结算凭证的日期填写。

(2)现金收款业务的记账凭证，应当填写收款当日的日期；银行存款收款业务的记账凭证，实际收款日期可能和收到该凭证的日期不一致，则应按填制收款凭证的日期填写。

(3)按权责发生制原则计算收益、分配费用、结转成本利润等调整分录和结账分录的记账凭证，虽然需要到下月才能编制，但仍应填写当月月末的日期，以便在当月的账内进行登记。

（六）填写摘要

摘要应与原始凭证内容一致，能正确反映经济业务的主要内容，表述简短精练。应使阅读的人通过摘要就能了解该项经济业务的性质、特征，判断出会计分录的正确与否，一般不必再去翻阅原始凭证或询问有关人员。

（七）记账凭证中金额的填写

记账凭证中的金额必须与原始凭证的金额相符；阿拉伯数字应书写规范，并填至分位；相应的数字应平行对准相应的借贷方的栏次和会计科目的栏次，防止错栏串行；填制合计金额时，应在金额最高位置数字前填写人民币“￥”符号，以示金额封顶，防止窜改。

（八）记账凭证应按行逐笔填写，不得跳行或留有空行

记账凭证金额栏留有的空行，用直线或“S”线注销。所画的直线或“S”线应以金额栏最后一笔金额数字下的空行画到合计数上面的空行。

（九）填写记账凭证的编号

为了根据记账凭证顺序登记账簿和日后核对账簿、凭证以及保全会计凭证的安全和完整，要对记账凭证进行编号。

【小知识 7.2】 记账凭证的编号方法有三种：

(1)将 1 个月的全部经济业务，按经济业务顺序统一编号。其编号方法简便，使用于采用通用记账凭证的单位。

(2)将 1 个月的全部经济业务，分收款业务、付款业务和转账业务三类顺序编号。

(3)将 1 个月的全部经济业务，分现金收入、现金支出、银行存款收入、银行存款支出和转账五类进行编号。

记账凭证应当按月顺序编号，即每月都从 1 号编起，按顺序编至月末，不得跳号、重号。一笔经济业务需要填制两张或者两张以上记账凭证的，可采用分数编号法编号，如某笔经济业务是某月转账业务的第 29 笔业务，须填制两张记账凭证共同完成，那么这两张记账凭证的编号都是 29，分母 2 表示这笔经济业务须 2 张记账凭证，分子 1、2 分别表示第

1、2 张记账凭证。

（十）计算和填制所附原始凭证的张数

所附原始凭证张数的计算一般以原始凭证的自然张数为准。与记账凭证中的经济业务记录有关的每一张证据，都应当作为原始凭证的附件。如果记账凭证中附有原始凭证汇总表，则应该把所附的原始凭证汇总表的张数计入附件的张数，再把原始凭证作为原始凭证汇总表的张数。如报销差旅费等的零散票券，可以粘贴在凭证粘贴单上，作为一张原始凭证，但在凭证粘贴单上应注明所附原始凭证的张数和金额。

【小知识 7.3】 一张原始凭证如涉及几张记账凭证的，可以将该原始凭证附在一张主要的记账凭证后面，在其他记账凭证上注明该主要记账凭证的编号或者附上该原始凭证的复印件。

（十一）记账凭证的签名或盖章

记账凭证填制完成后，一般由填制人员、审核人员、会计主管人员和记账人员分别签名盖章，以示其经济责任，并使会计人员相互制约，防止错误和舞弊行为的发生。对于收款凭证及付款凭证，还应由出纳人员签名盖章，以证明款项已收讫或付讫。

实行会计电算化的单位，机制记账凭证应当符合对记账凭证的一般要求，并应认真审核，做到会计科目使用正确，数字准确无误。打印出来的机制记账凭证上，要加盖制单人员、审核人员、记账人员和会计主管人员印章或者签字，以明确责任。

（十二）一张原始凭证由两个以上的单位共同使用时的处理

一张原始凭证所列的支出需要由两个以上的单位共同负担时，应当由保存该原始凭证的单位开给其他应负担单位原始凭证分割单。原始凭证分割单必须具备原始凭证的基本内容，包括凭证的名称、填制凭证的日期、填制凭证单位的名称或填制人的姓名、经办人员的签字或盖章、接受凭证单位的名称，以及经济业务的内容、数量、单价、金额和费用的分担情况等。

（十三）记账凭证发生错误时的处理

填制记账凭证时，如果发生错误，应当重新填制。已经登记入账的记账凭证在当年内发现错误的，可以采用规定的方法进行更正。

（十四）只涉及现金和银行存款之间相互划转业务的处理

只涉及现金和银行存款之间收入或付出的经济业务，应以付款业务为主，只填制付款凭证，不填制收款凭证，以免重复。

四、记账凭证的填制

（一）收款凭证和付款凭证的填制方法

收款凭证是用来记录现金和银行存款收入业务的记账凭证，是根据有关现金和银行存款收入的原始凭证填制的。收款凭证可分为现金收款凭证和银行存款收款凭证两种，即根据现金收入业务的原始凭证填制的收款凭证，称为现金收款凭证；根据银行存款收入业务的原始凭证填制的收款凭证，称为银行存款收款凭证。收款凭证是登记现金日记账、银行存款日记账以及有关明细账和总账的依据，也是出纳人员收讫款项的依据。

付款凭证是用来记录现金和银行存款付出业务的记账凭证，是根据有关现金和银行存款付出业务的原始凭证填制的(格式与内容见表7-9)。付款凭证可分别根据现金和银行存款付出业务的原始凭证,填制现金付款凭证和银行存款付款凭证,是登记现金日记账、银行存款日记账以及有关明细账和总账的依据,也是出纳人员支付款项的依据。

收、付款凭证的填制程序通常是,先有制证人员根据现金、银行存款收付业务的原始凭证填制,送交主管人员或指定人员审核后,出纳人员方可收、付款项,办理收、付手续。经出纳人员签章,再交审核人员审核。经审核无误后,记账人员方可登记入账。入账后,再在记账凭证中的过账备注栏内划"√"或登记入账的页数,以备查考,也可以防止重复记账。其格式和填制方法举例如下。

【例7-1】 鹏城公司2012年6月20日,销售A产品一批,增值税专用发票上注明商品价款50 000元,增值税销项税额8 500元。收到购货单位开出金额为58 500元的转账支票一张。填制银行存款收款凭证的格式与内容如表7-8所示。

表7-8 收款凭证

银收字×号

借方科目:银行存款　　2012年6月20日　　附件:　张

摘要	贷方总账科目	明细科目	记账	金额									
				千	百	十	万	千	百	十	元	角	分
销售A产品	主营业务收入	A产品					5	0	0	0	0	0	0
	应交税费	应交增值税(销项税额)						8	5	0	0	0	0
合计						¥	5	8	5	0	0	0	0

会计主管:(签章)　记账:(签章)　出纳:(签章)　稽核:(签章)　制单:(签章)

【例7-2】 鹏城公司2012年6月26日支付职工王华预借差旅费1 000元。填制现金付款凭证的格式与内容如表7-9所示。

表7-9 付款凭证

现付字×号

贷方科目:库存现金　　2012年6月26日　　附件:　张

摘要	借方总账科目	明细科目	记账	金额									
				千	百	十	万	千	百	十	元	角	分
职工王华预借差旅费	其他应收款	王华						1	0	0	0	0	0
合计							¥	1	0	0	0	0	0

会计主管:(签章)　记账:(签章)　出纳:(签章)　稽核:(签章)　制单:(签章)

值得注意的是，收款凭证和付款凭证是用来记录货币资金收付的凭证，既是登记现金日记账、银行存款日记账、明细分类账及总分类账等账簿的依据，也是出纳人员收付款项的依据。出纳人员不能依据现金、银行存款收付业务的原始凭证收、付款项，必须根据会计主管人员或指定人员审核批准的收款凭证和付款凭证收、付款项，以加强对货币资金的管理和监督。

（二）转账凭证和通用记账凭证的填制方法

转账凭证是会计人员根据审核无误的转账业务（与现金和银行存款收付业务无关）原始凭证编制的，是登记有关明细账和总账等账簿的依据。

在借贷记账法下，将经济业务所涉及的会计科目全部填列在凭证内，借方科目在先，贷方科目在后，将各会计科目所记应借应贷金额填列在“借方科目”或“贷方科目”栏内。借、贷方金额合计应该相等。制单人应在填制凭证后签名盖章，并填上所附原始凭证的张数。其格式和填制方法举例如下。

【例 7-3】 鹏城公司 2012 年 3 月 18 日，从天地公司购入甲材料一批，增值税专用发票上注明价款 8 000 元，增值税进项税额 1 360 元。材料已验收入库，货款尚未支付。会计人员根据审核无误的原始凭证填制记账凭证，其格式及内容如表 7-10 所示。

表 7-10 转账凭证　　转字第 × 号

2012 年 3 月 18 日　　附件：　张

摘要	总账科目	明细科目	借方金额									贷方金额								
			百	十	万	千	百	十	元	角	分	百	十	万	千	百	十	元	角	分
从天地公司购料	原材料	甲材料				8	0	0	0	0	0									
	应交税费	应交增值税（进项税额）				1	3	6	0	0	0									
	应付账款	天地公司													9	3	6	0	0	0
合计					¥	9	3	6	0	0	0			¥	9	3	6	0	0	0

会计主管：（签章）　记账：（签章）　出纳：（签章）　稽核：（签章）

通用记账凭证是指各类经济业务共同使用的，具有统一格式的记账凭证。通用记账凭证一般适用于规模较小、经济业务简单、收付款业务不多的单位。通用记账凭证的填制方法与转账凭证相同。其格式和填制方法举例如下。

【例 7-4】 鹏城公司 2012 年 3 月 25 日以现金 838 元购买办公用品。根据审核无误的原始凭证填制记账凭证，其格式与内容如表 7-11 所示。

表 7-11　通用凭证　　总字第 × 号

2012 年 3 月 25 日　　附件：　张

摘要	总账科目	明细科目	借方金额									贷方金额								
			百	十	万	千	百	十	元	角	分	百	十	万	千	百	十	元	角	分
购买办公用品	管理费用	办公费					8	3	8	0	0									
	库存现金															8	3	8	0	0
合计						¥	8	3	8	0	0				¥	8	3	8	0	0

会计主管：(签章)　记账：(签章)　出纳：(签章)　稽核：(签章)　制单：(签章)

(三)复式记账凭证、单式记账凭证的填制方法

复式记账凭证是指将某项经济业务所涉及的全部会计科目集中在一起填列的记账凭证。上述收款凭证、付款凭证、转账凭证和通用记账凭证都是复式记账凭证。

复式记账凭证的优点在于能够集中反映账户的对应关系，便于了解经济业务的全貌，了解资金的来龙去脉；而且附件集中，便于进行复核和查错，同时可以节省凭证填制的工作量。其缺点则是不便于按会计科目汇总金额，也不便于分工记账。

单式记账凭证是指按每笔经济业务所涉及的各个会计科目分别填列的记账凭证。采用单式记账凭证，一笔经济业务涉及几个会计科目，就要填制几张会计凭证，每张会计凭证只填列一个会计科目。

单式记账凭证的优点在于便于汇总每个会计科目的发生额和进行分工记账。缺点就是在一张凭证上反映不出经济业务的全貌，不便于查账，且所用凭证量大、填制工作量也大。单式记账凭证按其反映经济业务所涉及的会计科目和对应科目，又分为借项记账凭证和贷项记账凭证。单式记账凭证的格式及填制方法举例如下。

【例 7-5】　鹏城公司 2012 年 3 月 24 日收到甲单位前欠货款 4 800 元，存入银行。

根据审核无误的原始凭证，应分别填制一张借项记账凭证，一张贷项记账凭证。其格式和内容如表 7-12 和表 7-13 所示。

表 7-12　借项记账凭证　　字第 × 号

借方科目：银行存款　　2012 年 3 月 24 日　　附件：　张

明细科目		摘要	账页	金额
		收到甲单位前欠货款	28	4 800
对方科目	应收账款	合计		4 800

会计主管：(签章)　记账：(签章)　出纳：(签章)　稽核：(签章)　制单：(签章)

表 7-13　贷项记账凭证字　　字第 × 号

贷方科目:应收账款　　2012 年 3 月 24 日　　附件:　张

明细科目		摘要	账页	金额
甲单位		收到甲单位前欠货款	32	4 800
对方科目	银行存款	合计		4 800

会计主管:(签章)　记账:(签章)　出纳:(签章)　稽核:(签章)　制单:(签章)

(四)汇总记账凭证的填制方法

汇总记账凭证是指将许多同类记账凭证逐日或定期(3 天、5 天或者 10 天,根据业务量大小确定)加以汇总后填制的记账凭证。根据汇总的目的不同,可以分为两种情况。将收款凭证、付款凭证和转账凭证按一定的时间间隔分别汇总,编制汇总收款凭证、汇总付款凭证和汇总转账凭证。汇总记账凭证反映账户间的对应关系,便于了解经济业务的来龙去脉,但汇总比较烦琐,尤其当转账凭证较多时,编制汇总转账凭证的工作量较大。

【小知识 7.4】 将一段时间的记账凭证按相同会计科目的借方和贷方分别汇总,编制记账凭证汇总表,叫科目汇总表。科目汇总表比较简单,而且还可以起到试算平衡的作用,但不能反映经济业务的来龙去脉,不便于查对账目。

五、记账凭证的审核

为了使记账凭证核算的内容真实、客观,正确地登记账簿和监督经济业务,必须对记账凭证进行严格的审核。审核的内容主要包括以下三个方面。

(一)审核所附原始凭证的真实性

审核记账凭证是否附有原始凭证或原始凭证汇总表,以及所附的原始凭证是否齐全,是否正确无误;审核所附原始凭证反映的经济业务发生的内容是否与记账凭证填列的内容相一致。

(二)审核记账凭证的正确性

审核记账凭证上所列应借、应贷的会计科目及明细科目是否恰当,所用会计科目及其核算的内容是否符合会计制度的规定。此外,还要审核账户对应关系是否清晰,借、贷方的金额是否计算正确。

(三)审核记账凭证的完整性

审核记账凭证的各项内容是否按规定的要求填写完整,摘要是否填写清楚,日期、凭证编号、附件张数及各类有关人员的签章是否齐全等。

在记账凭证的审核过程中,如果发现填制有误,应查明原因,重新填制或按规定办理更改手续,只有经过审核无误的记账凭证,才能据以登记账簿。

第四节　会计凭证的传递和保管

一、会计凭证的传递

会计凭证尤其是原始凭证并非都是由会计人员填制和办理凭证手续的，但都必须集中到会计部门，由会计人员将它们全部登记入账。会计凭证除作为记账依据外，还有其他用途，如组织经营活动、明确岗位责任、加强会计监督等。因此，企业必须认真做好会计凭证的传递工作。

会计凭证的传递是指会计凭证从填制或取得起至归档保管止，按一定的传递程序和时间在有关部门及人员之间传递的全过程。具体地讲，就是取得或填制会计凭证后，应在什么时间内交到哪个部门、哪个岗位，由谁接办业务手续，直至归档保管为止。因此，会计凭证的传递主要包括以下几点。

（一）凭证的传递程序

各单位应根据经济业务的特点、内部机构的设置和人员分工等的不同，恰当地规定每种凭证的联数和所流经的必要环节，同时规定经过经办人员和部门传递签章。凭证的传递程序应该确保会计凭证经过必要的环节，并进行了处理和审核，同时避免会计凭证在不必要的环节停留，使经济活动有序地、协调地高速流转。

（二）凭证的传递时间

确定会计凭证的传递时间应考虑各环节的工作内容和工作量，以及在正常情况下完成工作所需的时间，明确规定凭证在各个环节停留的时间，以保证会计凭证及时传递，加快传递速度，提高工作效率。

（三）凭证传递的交接制度

为了保证会计凭证传递过程中的安全和完整，各单位应建立凭证的交接签收制度，凭证的收发、交接都应该按照一定的手续制度办理，做到责任明确、手续完备。

由于各种会计凭证所记录的经济业务不同，所涉及的部门和人员不同，所要据以办理的业务手续也不尽相同，因此各单位应根据自身各种经济业务的性质和特点，为每种会计凭证规定合理的传递程序、传递时间以及传递过程中应办理的交接手续。

二、会计凭证的保管

会计凭证的保管是指会计凭证登账后的整理、装订和归档存查等工作，是会计档案管理工作的一个重要方面。会计凭证是记账的依据，是企业或上级部门日后了解经济活动情况、检查工作、明确责任的证明，是重要的经济档案和历史资料，因此必须妥善保管，不得随意丢失或任意销毁。会计凭证归档保管的要求主要有以下几点。

（1）每月记账完毕，会计部门必须组织会计人员将本月记录的记账凭证整理归类，检查有无缺号及附件是否齐全，然后将记账凭证连同所附的原始凭证或原始凭证汇总表，按照编号顺序折叠整齐，加具封面、封底装订成册，并由装订人员在装订线上加贴封签。

（2）每本会计凭证封面上，按规定注明有关内容，应写明：单位名称、年度、月份、记账凭证种类、起讫日期、起讫号数、记账凭证和原始凭证的张数、有关人员签章,并在封签处加盖会计主管的骑缝章。如果有些会计凭证所附的原始凭证数量过多或性质非常重要,也可单独装订保管,但应在封面上注明所属记账凭证的种类、日期、编号,同时在有关记账凭证上注明"附件另存"和原始凭证名称、编号,以便查考。

(3)装订成册的会计凭证应集中保管,并由会计部门指定专人负责日常管理,查阅凭证要履行一定的手续。会计凭证的保管期限和销毁手续必须严格执行会计制度的规定,任何人无权随意销毁。

■本章小结

会计核算是以账户和复式记账为核心的一个完整系统,而填制和取得会计凭证是会计核算工作的开始,是会计核算中直接的、重要的依据。只有规范、合法的会计凭证,才能保证账户记录和财务报表数据的真实与完整。

■主要概念

会计凭证　原始凭证　记账凭证　专用记账凭证

■基本训练

□知识题

1.1　阅读理解

1)什么是会计凭证?其意义如何?

2)原始凭证的基本内容有哪些?如何审核原始凭证?

3)记账凭证应具备哪些基本内容?如何审核记账凭证?

1.2　知识应用

1)原始凭证是如何分类的?其填制要求是什么?

2)记账凭证是如何分类的?其填制要求是什么?

3)保管会计凭证有哪些要求?

□技能题

1.1　规则练习

1)如何填制收、付、转账凭证?涉及现金与银行存款之间的业务,应填制何种凭证?为什么?

2)在组织会计凭证传递中应当注意哪些问题?

1.2　操作练习

1)原始凭证的填制和审核

资料:以鹏城公司为会计主体,练习相关原始凭证的填制。

鹏城公司概况:该公司为增值税一般纳税人,开户行:建设银行白下支行,账号:888763489,地址:南京市沿江工业区新华路108号,税务登记号:345612789123782。公司会计主管:王锋;会计人员:郑平;出纳员:周小兰。大华公司概况:该公司为增值税一般纳税人,开户行:工商银行徐汇支行,账号:612763568,地址:上海市梅陇路180号,税务登记号:3789654312378210。

2012 年 6 月份鹏城公司发生下列经济业务。

(1)8 日,人事处王华预借差旅费 1 800 元,财务处以现金付讫。

(2)20 日,向大华公司销售 A 产品 800 件,每件单价 240 元,增值税销项税额为 20 400元,货款尚未支付。

(3)16 日,向市民章飞销售 A 产品 50 件,每件单价 285 元(含增值税),收到现金,并开出零售发票。

要求:

(1)判断上述经济业务应填制什么原始凭证?并填制相关的原始凭证。(凭证格式参考表 7-4、表 7-5 和表 7-7)

(2)根据原始凭证的审核内容,对填制的原始凭证进行审核。

2)记账凭证的填制和审核

资料:鹏城公司 2012 年 3 月份发生下列经济业务:

(1)1 日,从天地公司购进甲材料 2 500 kg,单价 18 元/kg,增值税进项税额为 7 650 元,开出转账支票付款,甲材料尚未验收入库。

(2)3 日,以银行存款支付甲材料运输费 3 500 元,装卸费 500 元。

(3)4 日,甲材料验收入库,结转甲材料的实际采购成本。

(4)6 日,从银行提取现金 1 000 元。

(5)7 日,人事处王华预借差旅费 1 800 元,以现金付讫。

(6)9 日,从银行借入短期借款 100 000 元,存入银行。

要求:

(1)判断上述经济业务应编制什么类型的记账凭证?并填制有关的记账凭证。

(2)对填制的记账凭证进行审核。

第八章　会计账簿

■**学习目标**

通过本章学习，了解设置会计账簿的意义，明确会计账簿的分类，掌握日记账、总分类账和明细分类账的格式和登记方法，能够熟练、正确地登记账簿；掌握更正错账的方法，并能正确地对账与结账。

第一节　会计账簿概述

一、会计账簿的概念及基本内容

（一）会计账簿的概念及作用

企业在生产经营过程中会发生许多经济业务，如购买材料、生产产品和销售产品及进行收、付款业务等。对发生的每一项经济业务，都必须取得或填制原始凭证并进行审核，根据审核无误的原始凭证填制记账凭证，以便及时反映和监督企业所发生的每一笔经济业务情况。由于记账凭证的数量多、数据分散，每张凭证只能反映个别经济业务的内容，所提供的会计信息是零散的、缺乏系统性，而且也不便于日后的整理和报告，无法满足信息使用者的需要。为此，我国《会计法》第三条中规定“各单位必须依法设置会计账簿，并保证其真实、完整”。所以，要全面反映和监督企业的经济活动与财务收支情况、提供完整的会计核算数据，在会计核算中，除填制和取得会计凭证外，还需要运用账簿这一会计载体，把分散在会计凭证上的全部信息加以集中、分类和汇总。

会计账簿是指由若干张具有一定格式而又相互联系的账页连接在一起、按照会计科目开设户头，用来序时、分类、全面地记录和反映企业各项经济业务的簿籍。其中，账页是账户的载体，账簿则是若干账页的集合。这里，账簿与账户有着密切的联系，账户是根据会计科目开设的、存在于账簿之中，没有账簿，账户无法存在；但是，账簿只是一个外在形式，账户才是账簿的真实内容，账簿记录经济业务就是在具体的账户中完成的。账簿是由若干账页组成的一个整体，而开设于账页上的账户则是这个整体中的个别部分，账簿与账户的关系是形式和内容的关系。

设置账簿是会计工作的一个重要步骤，根据会计凭证，按照一定的程序，在账簿中登记各项经济业务的过程，叫作记账，即是通常所说的登记账簿。通过设置和登记会计账簿，把大量分散的数据通过账簿进行归类整理，逐步加工成为有用的会计信息，以便全面记录各单位经济活动的全过程，并为下一步编制财务报表提供重要依据。设置和登记会计账簿是连接会计凭证与财务报表的中间环节，在会计核算中具有重要意义。

（1）设置账簿，并将经济业务登记在账簿中，能够全面、连续、系统地反映一个单位的经济业务，从而为提供完整、有用的会计信息打下基础。

(2)账簿记录是编制财务报表的主要依据,财务报表编制是否及时,财务报表质量是否可靠,都同账簿的设置和登记密切相关。账簿记录的会计资料是否正确、完整,将直接影响财务报表的质量。

(3)为企业管理部门提供分类、汇总的会计信息。会计账簿是企业连续、分类、系统地记录经济业务,提供会计信息的载体。登记会计账簿,既能提供总括的核算数据,又可提供详细的核算资料;既可进行分类核算,又可进行序时核算。因此,会计账簿可以分类、汇总会计信息,提供企业财务状况及经营成果的综合价值指标。

(4)有利于开展会计检查和会计分析。会计账簿既是汇集、加工会计信息的工具,也是积累、储存经济活动情况的数据库。企业的一切财务收支、经营过程和结果都体现在账簿中。因此,利用账簿提供的资料,可以有效地开展会计检查和会计分析,加强会计监督,保护财产的安全和完整,提高企业的经济管理水平。

(二)会计账簿的基本内容

每个企业在设置会计账簿时,应根据自身经济业务的特点和管理上的需求确定应设置的账簿,各企业的需要不同,所设置的账簿也会有所不同,各种账簿记录的经济内容不同,其形式也多种多样。但是,各种账簿都应具备以下基本内容。

1. 封面

封面主要标明账簿的名称,如各种总分类账、明细账、库存现金日记账、银行存款日记账等。

2. 扉页

扉页主要列明科目索引、账簿启用和经管人员一览表(活页账、卡片账在装订成册后,填列账簿启用和经管人员一览表),应在账簿启用和经管人员一览表上填明会计账簿启用的日期、页数、册次、经管账簿人员和签章,会计主管签章等。

3. 账页

账页是账簿用来记录具体经济业务的载体,其基本内容包括:

(1)账户的名称(一级科目、二级科目或明细科目);

(2)登记账户的日期栏;

(3)凭证种类和号数栏;

(4)摘要栏(简要说明所记录经济业务的内容);

(5)金额栏(记录经济业务引起账户发生额、余额增减变动的数额);

(6)总页次和分户页次。

二、会计账簿的种类

会计账簿的种类多种多样,其用途、形式、内容及登记方法各有不同,为了更好地掌握和使用会计账簿,应对会计账簿进行分类。常见的会计账簿的分类方法如下。

(一)按照会计账簿的用途不同分类

按照会计账簿的用途不同,可分为序时账簿、分类账簿和备查账簿。

1. 序时账簿

序时账簿又称为日记账簿,是指按照经济业务发生或完成时间的先后顺序逐日逐笔进行登记的账簿。序时账簿可以用来核算和监督某一类型经济业务或全部经济业务的发生或完成情况。记录全部经济业务的日记账称为普通日记账,记录某一类型经济业务的日记账称为特种日记账。

【观念应用8.1】 用来记录库存现金收付业务及其结存情况的库存现金日记账、用来记录银行存款收付业务及其结存情况的银行存款日记账以及专门记录转账业务的转账日记账是序时账簿。

2. 分类账簿

分类账簿是对全部经济业务进行分类登记的账簿。分类账簿按其提供核算指标的详细程度不同,又分为总分类账和明细分类账。总分类账简称总账,是根据总分类科目开设账户,用来登记全部经济业务,进行总分类核算,提供总括核算资料的分类账簿。明细分类账简称明细账,是根据明细分类科目开设账户,用来登记某一类经济业务,进行明细分类核算,提供明细核算资料的分类账簿。

在实际工作中,若经济业务较简单、总账科目数量不多的单位,可将日记账和分类账合并设置与登记,称为联合账簿,使一本账簿兼有日记账和分类账两种用途。如将日记账和总分类账结合而成为日记总账等。

3. 备查账簿

备查账簿是对某些在日记账簿和分类账簿中未能记载或记载不全的经济业务进行补充登记的账簿。如设置租入固定资产登记簿、代销商品登记簿等。备查账簿记录的内容不受总分类账的制约,是对日记账和明细分类账的补充,它可以为某些经济业务的内容提供必要的参考资料。各单位可根据实际需要设置备查账簿。

序时账簿、分类账簿和备查账簿三者的作用是不同的。序时账簿提供连续、系统的信息,反映企业资金运动的全貌;分类账簿是按照企业经营管理的需要而设置的账簿,归集并汇总各类信息,反映资金运动的各种状态、形式及其构成;备查账簿与序时账簿、分类账簿相比,不同之处主要有以下两点:第一,备查账簿的登记可能不需要记账凭证,甚至不需要一般意义上的原始凭证;第二,备查账簿的格式和登记方法有其自身的特点,即备查账簿的设置应根据企业的实际需要而定,它没有固定格式,其主要栏目不记录金额,它更注重用文字来表述某项经济业务的发生情况。例如,租入固定资产登记簿,它登记的依据主要是租赁合同与企业内部使用单位收到设备的证明,而这两者在企业一般经济业务的核算中,不能充当正式原始凭证,只能作为原始凭证的附件(如作为支付租金的依据)。登记租入固定资产备查簿,也不需要编制记账凭证,该备查簿记录的内容主要有:出租单位、设备名称、规格、编号、设备原值、净值、租用时间、月份或年度租金数额、租金支付方式、租用期间修理或改造的有关规定及损坏赔偿规定、期满退租方式及退租时间等。

【小知识8.1】 在账簿组织中,分类账簿占有特别重要的地位,只有通过分类账簿,才能把数据按账户形成不同信息,满足编制财务报表的需要。

(二)按照会计账簿的外表形式不同分类

按照会计账簿的外表形式不同,可分为订本式账簿、活页式账簿和卡片式账簿。

1. 订本式账簿

订本式账簿又称订本账,是指在账簿启用之前就将若干账页进行顺序编号并固定装订成册的账簿。订本式账簿可以避免账页的散失,防止账页被抽换,从而保证账簿记录的安全与完整。但是,由于订本式账簿的账页固定,同一时间内,同一本账本只能由一人登记,不便于分工记账。同时,由于账页固定,不能增减,在使用之前必须先估计每一账户所需要的账页的数量,预留出空白账页。若预留账页过多,会造成账页的浪费;预留账页过少,又会影响账簿记录的连续性。订本式账簿一般适用于库存现金日记账、银行存款日记账和总分类账。

2. 活页式账簿

活页式账簿是指在账簿启用前和使用过程中都不把账页固定装订在一起,而是把账页装在账夹中夹起来,可以随时增添、取出的一种账簿。活页式账簿的优点是便于根据需要,随时将空白账页装入账簿,或抽取不需要的账页,便于同一时间组织若干会计人员分工记账,也便于计算机打印记账;缺点是如果管理不善,账页易散乱、被抽换以至于丢失。但是,当活页式账簿登记完毕之后(通常是一个会计年度结束之后),应给各账页进行连续编号,将账页予以装订并加具封面。各种明细账一般都采用活页式账簿。

3. 卡片式账簿

卡片式账簿是由专门格式、分散的卡片作为账页存放在卡片箱中保管的账簿。卡片式账簿实际上也是一种活页账,但它不是装在活页账夹中,而是装在卡片箱内,卡片式账簿具有一般活页式账簿的优缺点,仅为防止因经常抽取造成破坏而采用卡片形式,它不需每年更换,可以跨年使用。在我国,对固定资产明细账核算一般采用卡片式账簿形式。卡片式账簿在使用结束、更换新账后,必须予以封扎,妥善保管。

(三)按照会计账簿的账页格式不同分类

按照会计账簿的账页格式不同,可分为三栏式账簿、多栏式账簿和数量金额式账簿。

1. 三栏式账簿

三栏式账簿是指账簿的账页格式只开设借方、贷方、余额三个金额栏。三栏式账页是最基本的账页格式,其他账页格式都是据此增减栏目而形成的。

2. 多栏式账簿

多栏式账簿是指账簿的账页中的借方或贷方或借、贷双方分设若干专栏,详细反映该账户核算内容的账簿。

3. 数量金额式账簿

数量金额式账簿的账页格式是在“收入”、“发生”、“结余”三栏下再设“数量”、“单价”和“金额”栏,以便全面记录、反映经济业务的数量和金额。

第二节　会计账簿的设置与登记

一、会计账簿的设置

会计账簿的设置,包括确定账簿的种类、设计账页的格式及内容、规定账簿的登记方法等。每个单位都应根据本身业务特点和经营管理的需要,设置一定种类和数量的账簿。一般来说,应遵循以下几项原则:

（1）满足需求。账簿的设置要能满足经营管理的需要，全面、系统、完整地反映和监督经济活动及财务状况。

（2）讲求科学。账簿的设置，体系要完整，组织要严密，有关账簿之间要保持上下统驭关系，以提供科学、完整的核算指标。

（3）适当简化。账簿设置要结合实际，力求简便、实用和灵活，以提高会计工作效率。

二、会计账簿的启用

为了保证账簿记录的合法性和账簿资料的完整性，保证会计核算工作的质量，明确记账责任，必须按照一定的规则启用账簿。

（1）启用新的会计账簿，应当在账簿封面上写明单位名称和账簿名称。

（2）填写账簿扉页上的账簿启用表。账簿启用表内容包括：启用日期、账簿页数（活页式账簿一般在装订成册后填写）、记账人员和会计机构负责人、会计主管人员姓名等，并加盖名章和单位公章。更换记账人员时，要在账簿启用登记表上注明交接日期、移交人员、接管人员和监交人员姓名，并由交接双方签名或者盖章，以明确有关人员的责任，加强有关人员的责任感，维护会计账簿记录的严肃性。账簿启用表的格式和内容见表8-1。

表8-1　账簿启用表

<table>
<tr><td colspan="2">单位名称</td><td colspan="8"></td><td>印鉴</td></tr>
<tr><td colspan="2">账簿名称</td><td colspan="8"></td><td rowspan="4"></td></tr>
<tr><td colspan="2">账簿编号</td><td colspan="8">字第　号第　册共　册</td></tr>
<tr><td colspan="2">账簿页数</td><td colspan="8">本账簿共计　　页</td></tr>
<tr><td colspan="2">启用日期</td><td colspan="8">年　月　日</td></tr>
<tr><td colspan="2">经管人员</td><td colspan="3">接管</td><td colspan="3">移交</td><td colspan="2">会计负责人</td><td>印花税票粘贴处</td></tr>
<tr><td>姓名</td><td>盖章</td><td>年</td><td>月</td><td>日</td><td>年</td><td>月</td><td>日</td><td>姓名</td><td>盖章</td><td></td></tr>
<tr><td></td><td></td><td></td><td></td><td></td><td></td><td></td><td></td><td></td><td></td><td></td></tr>
<tr><td></td><td></td><td></td><td></td><td></td><td></td><td></td><td></td><td></td><td></td><td></td></tr>
</table>

（3）按会计科目表的科目排列顺序填写账户目录，格式见表8-2。启用订本式账簿，应当按从第一页至最后一页的顺序编定页数，不得跳页、缺号。使用活页式账页，应当按账户顺序编号，并通过定期装订成册。装订后再按实际使用的页面顺序编定页码，另加目录，记录每个账户的名称和页次。

表8-2　账户目录

页数	科目	页数	科目	页数	科目	页数	科目

三、会计账簿的登记

会计人员应当根据审核无误的会计凭证登记会计账簿。这就要求记账人员在登记账簿之前,应当首先审核会计凭证的合法性、完整性和真实性。这是会计内部稽核制度中的一个重要环节。

(一)登记会计账簿的基本要求

1. 准确完整

登记会计账簿时,应当将会计凭证日期、编号、业务内容摘要、金额和其他有关资料逐项记入账内,做到数字准确、摘要清楚、登记及时、字迹工整。

2. 注明记账符号

登记完毕后,要在记账凭证上签名或者盖章,并注明已经登账的符号,表示已经记账,以免发生重记或漏记。

3. 书写留空

账簿中书写的文字和数字上面要留有适当空格,不要写满格,一般占格距的1/2。这样,一旦发生登记错误时,就能比较容易地进行更正,同时也方便查账工作。

4. 正常记账使用蓝黑墨水

登记账簿要用蓝黑或者碳素墨水书写,不得使用圆珠笔(银行的复写账簿除外)或者铅笔书写。

5. 特殊记账使用红墨水书写

下列情况下,可以使用红墨水记账:

(1)按照红字冲账的记账凭证,冲销错误记录;

(2)在不设借贷等栏的多栏式账页中,登记减少数;

(3)在三栏式账户的余额栏前,如未印明余额方向的,在余额栏内登记负数余额;

(4)根据国家统一制度的规定,可以用红墨水登记的其他会计记录。

6. 顺序连续登记

各种账簿应按页次顺序连续登记,不得跳行、隔页。如果发生跳行、隔页,应当将空行、空页画线注销,或者注明"此行空白"、"此页空白"字样,并由记账人员签名或者盖章。

7. 结出余额

凡需要结出余额的账户,结出余额后,应当在"借或贷"栏内写明"借"或"贷"字样;没有余额的账户,应当在"借或贷"栏内写"平"字,并在余额栏内用"0"表示。现金日记账和银行存款日记账必须逐日结出余额。一般来说,对于没有余额的账户,在余额栏内标注的"0"应当放在"元"位。

8. 过次页、承前页

每一账页登记完毕结转下页时,应当结出本页合计数及余额,写在本页最后一行和下页第一行有关栏内,并在摘要栏内分别注明"过次页"和"承前页"字样,也可以将本页合计数及金额只写在下页第一行有关栏内,并在摘要栏内注明"承前页"字样。

对于"过次页",实际工作中有以下三种规定:

(1)对需要结计本月发生额的账户,结计"过次页"的本页合计数应当为自本月初起至本页末止的发生额合计数。这样做,便于根据“过次页”的合计数,随时了解本月初至本页末的发生额,也便于月末结账时,加计“本月合计”数。

(2)对需要结计本年累计发生额的账户,结计“过次页”的本页合计数应当为自年初起至本页末止的累计数。这样做,便于根据“过次页”的合计数,随时了解本年初到本页末止的累计发生额,也便于年终结账时,加计“本年累计数”。

(3)对既不需要结计本月发生额也不需要结计本年累计发生额的账户,可以将每页末的余额结转次页。

(二)日记账的设置和登记方法

日记账是根据企业经济业务发生或完成的时间先后顺序逐笔进行登记的账簿。按照日记账登记的经济内容不同,可分为普通日记账和特种日记账。普通日记账是用来序时登记全部经济业务的发生和完成情况的账簿。特种日记账簿是用来序时登记某一类经济业务的发生和完成情况的账簿。

1. 普通日记账的设置和登记

普通日记账又称分录簿,一般只设置借方和贷方两个金额栏次,以满足编制会计分录的需要,由于只设借方和贷方两个金额栏次,故也称为两栏式账簿。普通日记账用来登记根据企业发生的各项经济业务所确定的账户名称(会计科目)及借方和贷方的金额。其格式如表8-3所示。

表8-3　普通日记账(两栏式)

2012年		摘要	账户名称	借方金额	贷方金额	记账
月	日					
7	6	向银行借款	银行存款	150 000		√
			短期借款		150 000	√
	10	购入办公用品	管理费用	800		√
			库存现金		800	√
	14	报销差旅费	管理费用	900		√
			库存现金	100		√
			其他应收款		1 000	√
	15	支付购货运费	在途物资	1 920		√
			银行存款		1 920	√
	20	支付企业办公用房租金	管理费用	12 000		√
			银行存款		12 000	√
	25	从银行提取现金	库存现金	9 600		√
			银行存款		9 600	√
	31	发放7月份工资	应付职工薪酬	9 600		√
			库存现金		9 600	√

普通日记账将企业所有经济业务,不论经济性质全部按其发生的时间顺序进行登记。

普通日记账的登记方法如下：

(1)日期栏。日期栏按经济业务发生的先后顺序进行填列，注明经济业务发生的年、月、日。

(2)摘要栏。摘要栏简明扼要地写清经济业务的内容。

(3)账户名称栏。账户名称栏写明经济业务所涉及的账户名称。登记经济业务所涉及的账户名称要分两行(或多行)排列，先借后贷，借贷方账户要错开。

(4)借方金额栏和贷方金额栏。将会计科目对应的金额分别记入借方金额栏和贷方金额栏内。

(5)记账栏。记账栏登记过入分类账中该账户的页数，或注明"√"表示已经过账。

普通日记账是根据原始凭证序时逐笔登记的，即将日常发生的每一笔经济业务转化为会计分录直接登记在日记账上，作为记入分类账的依据，起记账凭证的作用，避免了根据经济业务直接登记各分类账可能发生的差错，因此设置普通日记账一般可不再做记账凭证。

普通日记账的优点是：有利于了解企业一定时期内发生的所有经济业务的全貌；通过全月发生额合计，可以进行试算平衡；同时，由于将每一笔经济业务涉及的应借、应贷账户的名称、金额汇集在一处，并有该业务的摘要可供查考，可以比较容易地发现记账错误。普通日记账的不足是：不能分类地反映各项经济业务的发生和完成情况，不便于会计人员的分工记账，过账的工作量较大。

普通日记账适用于规模较小、经济业务较少的企业，这类企业应用普通日记账可以集中序时地记录全部经济业务，满足企业管理的需要。

2. 特种日记账的设置和登记

特种日记账是指专门用来登记某一类经济业务的日记账。为了加强货币资金的管理，反映库存现金、银行存款的收入、支出和结余，各单位通常应设置库存现金日记账、银行存款日记账。库存现金日记账、银行存款日记账必须采用订本式账簿，按每一张账页顺序编号，不得用银行对账单或其他方法代替日记账。

1)库存现金日记账的设置和登记方法

库存现金日记账是指用来核算和监督库存现金每日收入、支出和结存情况的特种日记账簿。库存现金日记账由出纳员根据审核无误的现金收款凭证、现金付款凭证及银行付款凭证(企业从银行提取现金业务)，按时间先后顺序逐笔登记。每日业务结束后，根据"上日余额＋本日收入－本日支出＝本日余额"的公式，计算当天库存现金余额，填入余额栏，并与库存现金实有数核对，以检查每日现金收付情况。

库存现金日记账的账页格式一般采用三栏式，也可以采用多栏式。

三栏式库存现金日记账是企业常用的一种日记账格式。这种日记账通常设置收入、支出和余额三个基本栏目，为清楚地反映库存现金收付业务的内容，在"摘要"栏后，常常设有"对方科目"栏，用于登记对方科目的名称，以便记账时标明现金收入的来源科目和现金支出的用途科目。三栏式库存现金日记账格式如表8-4所示。

三栏式库存现金日记账的登记方法说明如下：

(1)日期栏。日期栏根据记账凭证的日期填列。

表 8-4 三栏式库存现金日记账

2012 年		凭证		摘要	对方科目	收入	支出	余额
月	日	字	号					
7	1			上月结余				1 200
	4	银付	1	提取现金	银行存款	600		
	4	现付	1	借支差旅费	其他应收款		500	
	4	现付	2	支付市内运费	销售费用		80	
	4	现付	3	购买办公用品	管理费用		775	
				本日合计		600	1 355	445
	⋮							
	31			本日合计		565	420	396
	31			本月合计		18 670	19 474	396

(2)凭证栏。凭证栏根据收、付款凭证的种类和编号填列。其中,“种类”指记账凭证的种类,如现金付款凭证简写为“现付”,银行付款凭证简写为“银付”;“编号”按记账凭证的编号登记。

(3)摘要栏。摘要栏根据记账凭证中的摘要登记经济业务的内容。

(4)对方科目栏。对方科目栏登记与现金收入或现金支出对应的会计科目,可以根据收、付款凭证中的对方科目进行登记。

(5)收入栏。收入栏根据现金收款凭证和银行付款凭证中的金额填列。

(6)支出栏。根据现金付款凭证所列金额填列。

对于从银行提取现金的业务,为了避免重复记账,可以只填制银行付款凭证,根据银行付款凭证登记现金日记账收入栏金额。

多栏式库存现金日记账是在三栏式库存现金日记账基础上发展起来的,为了更清楚地在日记账中反映有关收入和支出来源,在现金收入栏(借方栏)下,按与现金对应的贷方科目设专栏;在现金支出栏(贷方栏)下,按与现金对应的借方科目设置专栏。每月月末,结出与现金科目相对应的各科目的发生额合计数,并据以登记有关总账(采用多栏式日记账登记总账的情况下)。多栏式现金日记账格式如表 8-5 所示。

如表 8-5 所示的多栏式现金日记账,如果现金对应科目较多,为避免账页过宽,可分别设置库存现金收入日记账和库存现金支出日记账两本账。其中,库存现金收入日记账按对应的贷方科目设置专栏,另设“支出合计”栏和“余额”栏;库存现金支出日记账则只按支出的对方科目,即只按对应的借方科目设专栏。其格式分别如表 8-6 和表 8-7 所示。

表 8-5　多栏式现金日记账

2012 年		凭证		摘要	收入				支出				余额
月	日	字	号		银行存款	其他业务收入	…	合计	银行存款	管理费用	…	合计	

表 8-6　库存现金收入日记账

2012 年		凭证		摘要	收入(贷方科目)				支出合计	余额
月	日	字	号		银行存款	其他应收款	…	收入合计		

表 8-7　库存现金支出日记账

2012 年		凭证		摘要	支出(借方科目)					支出合计
月	日	字	号		银行存款	其他应收款	管理费用	制造费用	…	

登记收入和支出分设的多栏式库存现金日记账时，由出纳人员根据审核后的有关现金收入业务的记账凭证，逐日逐笔登记现金收入日记账；根据有关现金支出业务的记账凭证登记现金支出日记账，每日营业终了，应将库存现金支出日记账中结计的当日支出合计数，一笔转记入库存现金收入日记账中当日的“支出合计”栏内，并结出当日账面余额。

2)银行存款日记账的设置和登记方法

银行存款日记账是用来核算和监督银行存款每日的增减变化和结存情况的特种日记

账。银行存款日记账按企业在银行开立的账户和币种分别设置，由出纳员根据审核后的银行存款收款凭证、银行存款付款凭证以及与银行存款有关的现金付款凭证，逐日逐笔顺序登记。其账页格式一般采用三栏式，也可采用多栏式，但是无论是采用三栏式还是采用多栏式，银行存款日记账都应在适当位置增加"结算凭证"一栏，以便记账时标明每笔业务的结算凭证及编号，用于和银行核对账目。

三栏式银行存款日记账的格式如表 8-8 所示。

表 8-8 三栏式银行存款日记账

2012 年		凭证		摘要	结算凭证		对方科目	收入	支出	余额
月	日	字	号		种类	号数				
7	1			上月结余						3 850
	4	银收	1	收到货款			应收账款	60 000		
	4	银付	1	提取现金	现	186	库存现金		1 000	
	4	银付	2	支付运费	转	228	销售费用		850	
	4	银付	3	交纳税金	转	229	应交税费		2 000	
	4	银收	2	收到国家投资			实收资本	500 000		
	4			本日合计				560 000	3 850	560 000
	⋮									
	31			本日合计				4 860	3 270	42 800
	31			本月合计				750 000	711 050	42 800

三栏式银行存款日记账的登记方法与三栏式库存现金日记账基本相同。但应注意"结算凭证"栏分为"种类"和"号数"两个专栏，分别登记结算凭证的种类和号码。例如，用转账支票结算材料款，则应在"种类"栏登记"转账支票"，在"号数"栏登记转账支票号码，以便与银行对账；"对方科目"栏登记与银行收入或支出对应的会计科目，可根据有关收、付款凭证中的对方科目进行登记。其中，收入栏根据银行收款凭证和现金付款凭证中的金额填列；支出栏根据银行付款凭证所列金额填列。对于将现金存入银行的业务，为避免重复记账，可以只填制现金付款凭证，根据现金付款凭证登记银行存款日记账收入栏金额。每日终了，计算银行存款收入和支出的合计数及账面余额，并且定期与银行送来的对账单进行核对，以保证账实相符。

银行存款日记账与库存现金日记账一样，也可以采用多栏式，采用多栏式银行存款日记账，按银行存款收入、支出的对方科目分设专栏登记。月末结账时，分栏加计发生额，以便更清楚地了解银行存款的来龙去脉。多栏式银行存款日记账格式如表 8-9 所示。

表 8-9　多栏式银行存款日记账

2012 年		凭证		摘要	结算凭证		收入				支出				余额
月	日	字	号		种类	号数	库存现金	应收账款	…	合计	原材料	销售费用	…	合计	

如表 8-9 所示的多栏式银行存款日记账其不足在于，当对应科目较多时，账页过长，登记不方便。为此可分别设置多栏式银行存款收入日记账和银行存款支出日记账两本账，由出纳人员根据审核后的收、付款凭证，逐日逐笔登记银行存款收入日记账和银行存款支出日记账，每日终了应将支出日记账中当日支出合计数转记入银行存款收入日记账中当日支出合计栏内，以结算当日账面余额。

应当注意的是，采用多栏式银行存款日记账登记总账时，月末对于银行存款与现金之间相互划转的业务，其专栏的合计数不必过入总分类账户，以免重复。

（三）总分类账的设置和登记方法

总分类账是根据总分类科目开设的，用来分类登记企业经济业务，以提供总括会计信息的账簿。运用总分类账，可以全面、系统、综合地反映经济业务和财务收支情况，为编制财务报表提供资料，所以每一个企业都应设置总分类账。

总分类账一般采用订本式账簿。由于总分类账的核算是运用货币量度反映各账户金额的增减变动情况的，因此总分类账多采用借方、贷方、余额三栏式，根据企业需要，在总分类账中增设“对方科目”栏，也可以不设置“对方科目”栏，其格式如表 8-10 与表 8-11 所示。

表 8-10　总分类账（设对方科目，三栏式）

会计科目：原材料

2012 年		凭证		摘要	对方科目	借方金额	贷方金额	借或贷	余额
月	日	字	号						
7	1			期初余额				借	20 000
	6	银付	1	购入材料	银行存款	50 000		借	70 000
	10	转	8	领用	生产成本		15 000	借	55 000
	⋮								
	31			本月合计		50 000	15 000	借	55 000

表 8-11　总分类账（一般三栏式）

会计科目:原材料

2008 年		凭证		摘要	借方金额	贷方金额	借或贷	余额
月	日	字	号					
7	1			月初余额			借	52 000
	8			购入材料	25 600		借	77 600
	15			领用材料		36 000	借	41 600
	31			本月合计	25 600	36 000	借	41 600

总分类账的登记依据和方法取决于采用的账务处理程序,可以根据记账凭证逐笔登记,也可以按一定的方式汇总,如先将记账凭证进行汇总,编制汇总记账凭证或科目汇总表,再据以登记总分类账。

（四）明细分类账的设置和登记方法

明细分类账是根据二级科目或明细科目开设账户,分类、连续地登记经济业务,以提供明细核算资料的账簿。明细分类账是总分类账的明细记录,它是按照总分类账的核算内容,按照更详细的分类,反映某一具体类别经济活动的财务收支情况,它对总分类账起补充说明的作用,其所提供的会计数据也是编制财务报表的重要依据,各企业应根据需要设置必要的明细分类账。

明细分类账的登记,一般有三种方法:一是根据原始凭证直接登记明细账;二是根据汇总原始凭证登记明细账;三是根据记账凭证登记明细分类账。登记明细分类账既可以是逐日逐笔登记,也可以是定期(3 天或 5 天)汇总登记。根据会计主体业务量的大小、业务性质及管理要求选择不同的登记方法。明细分类账一般采用活页式账簿或卡片式账簿,其格式主要有三栏式、数量金额式和多栏式三种。

1. 三栏式明细分类账

三栏式明细分类账设有“借方”、“贷方”和“余额”三个金额栏。它一般适用于只能或只需采用金额进行明细核算的账户,如“应收账款”、“应付账款”等债权债务类的明细核算。三栏式明细分类账的格式与三栏式总分类账的格式基本相同。表 8-11 也可以用作明细分类账。

三栏式明细分类账的登记方法是:根据有关记账凭证逐笔进行借方、贷方金额登记,而后结出余额。如为借方余额,在“借或贷”栏中填写“借”字;如为贷方余额,则填写“贷”字。

2. 数量金额式明细分类账

数量金额式明细分类账是在设置的收入、发出、结存三大类下,分别设置数量、单价、金额三小栏。它适用于既要进行金额核算,又要进行数量核算的经济业务,如原材料、库存商品等财产物资明细分类账。这种明细分类账能提供财产物资收、发、存的详细数据,便于加强财产物资的实物管理和使用监督。例如,原材料明细分类账格式如表 8-12 所示。

表 8-12　原材料明细分类账

2012 年		凭证		摘要	收入			发出			结存		
月	日	字	号		数量	单价	金额	数量	单价	金额	数量	单价	金额

数量金额式明细分类账的登记方法是：根据财产物资收入、发出的原始凭证或原始凭证汇总表分别进行"收入"栏、"发出"栏的登记。如根据材料的"收料单"原始凭证可以登记材料明细账的"收入"栏，根据"发料单"可以登记"发出"栏；而后计算出"结存"栏的数量、单价、金额。

3. 多栏式明细分类账

多栏式明细分类账是根据经济业务的特点和经济管理的要求，在一张账页内记录某一科目及其所属的各明细科目的内容，按该总账科目的明细项目设置专栏，适用于成本、费用、收入、利润等明细账的登记，如"主营业务收入"、"管理费用"、"财务费用"、"本年利润"等账户。多栏式明细分类账按登记的经济业务不同，其账页格式又可分为借方多栏式、贷方多栏式和借方、贷方多栏式三种格式。

1）借方多栏式明细分类账

借方多栏式明细分类账适用于借方需要设多个明细科目或明细项目的账户，如"生产成本"、"制造费用"、"管理费用"、"财务费用"、"销售费用"等科目的明细账分类核算。管理费用明细分类账格式如表 8-13 所示。

表 8-13　管理费用明细分类账

2012 年		凭证		摘要	借方（项目）						贷方	余额
月	日	字	号		工资	折旧费	水电费	办公费	…	合计		
7	1			购买办公用品				800		800		
	8			发放工资	8 500					8 500		
	9			付水电费			950			950		
	⋮											
	31			计提折旧		1 260				1 260		
	31			本月发生额	8 500	1 260	950	800		11 510	11 510	0

多栏式明细分类账是由会计人员根据审核无误的记账凭证或原始凭证逐笔登记的。借方多栏式明细分类账，由于只在借方设多栏，平时在借方登记费用发生额，如果需要冲减有关费用的事项，可以在明细分类账中以红字在借方登记，月末将借方发生额从贷方结转到本年利润账户或其他账户。

2）贷方多栏式明细分类账

贷方多栏式明细分类账适用于贷方需要设置多个明细科目或明细项目的账户，如“主营业务收入”、“营业外收入”等账户。主营业务收入明细分类账格式见表 8-14。

表 8-14　主营业务收入明细分类账

年		凭证		摘要	借方	贷方（项目）				余额
月	日	字	号			百货组	鞋帽组	…	合计	
7	1			销售商品		60 000			60 000	60 000
	8			销售商品			350 000		350 000	410 000
	9			退货		2 000			2 000	408 000
	20			销售商品			12 000		12 000	420 000

贷方多栏式明细分类账只在贷方设多栏，平时贷方登记收入发生额，借方登记月末将贷方发生额一次转出数额。如果平时发生销售退回，应用红字在“贷方”栏中登记。

3）借方、贷方多栏式明细分类账

借方、贷方多栏式明细分类账是在账页的借方和贷方均分设若干专栏，主要适用于借方、贷方都需要设置多栏进行明细核算的经济业务，如“本年利润”账户。本年利润明细账格式见表 8-15。

表 8-15　本年利润明细账

年		凭证		摘要	借方（项目）				贷方（项目）				余额
月	日	字	号					合计				合计	

第三节　会计账簿的错账更正

由于各种原因，记账错误是难以杜绝的。为了保证账簿记录正确无误，需要根据会计核算特点，探寻常见错误的产生原因及规律，总结出有效的查错方法，以便能够及时地查找错账并按规定的方法予以更正。

一、产生错误的两种情况

（一）影响借贷平衡的错账

影响借贷平衡的错账通常有倒码、错位、反方等。倒码就是相邻数字颠倒，如 86 记为 68；错位就是多记或少记位数，如 300 错记为 3 000，或 5 000 错记为 500；反方就是记错借贷方向，如将借方发生额错记为贷方，借、贷双方一方记账，另一方漏记账。

以上错账在试算平衡时能够发现。

(二)不影响借贷平衡的错账

不影响借贷平衡的错账主要有:

(1)重记整笔业务;

(2)漏记整笔业务;

(3)串户,即把甲账户发生额错记入乙账户中;

(4)几种错误交织,差数互相抵销。

以上错账在试算平衡时不易发现。

二、查找错误的方法

(一)全面检查

全面检查按照查错的顺序是否与记账程序的方向相同,可分为顺查法和逆查法两种。

1.顺查法

顺查法是按照记账的顺序,从原始凭证到记账凭证,再到账簿、报表顺次查找。

顺查法按照记账的先后顺序查找,有利于全面检查账簿记录的正确性,但查错的工作量大,费时费力。因此,这种方法适用于错账比较多,难以确定查找方向与重点范围的情况。

2.逆查法

逆查法是从发现错账的位置起,逆记账程序的方向,至查到错误的原因。

逆查法重点放在发现错账的部位,通过分析,逆记账程序的方向查找,能减少查找的工作量,也符合错误的原因是在其结果之前的客观规律。

(二)局部抽查

局部抽查常用的方法有差额核对法、差额除二法、差额除九法三种。

1.差额核对法(检查重记、漏记)

如果对账时发现差错数正好等于某笔经济业务的发生额,则可能是重记或漏记一方的数字。例如,本期在试算平衡时,正常的发生额合计数是10 000,而借方发生额合计为10 800,差额800正好等于某项经济业务的发生额。如果本期账目只存在这一项错误,则可以确定该错误是由于发生额为800的经济业务的借方重记一次造成的,即该笔经济业务在借方记了两次800,贷方记了一次800;如果借方漏记,则本期借方发生额合计数为9 200。

2.差额除二法(检查借贷方向)

如果错账的差错数是偶数,能被2除尽,商数等于某项经济业务的发生额,就可能是借、贷的某一方记错了方向。例如,本期试算平衡时,发现借方发生额合计数大于贷方发生额合计数,差数是88,88÷2=44,就可能是把一笔发生额44的应记入贷方的经济业务错记到了借方,造成借方重复记录,即借方记了两次44,贷方漏记,试算平衡时必然借方比贷方多88。

3.差额除九法(检查邻数倒置或数字错位)

如果错账的差错数能被9除尽,错误可能有下述两种情况。

1)邻数倒置

邻数倒置即将一笔金额中相邻的两位数字或相邻的三位数字记颠倒的错误,如75误记成57等。这种错误,可以采用差额除九法。其差额去除以9,为整数。然后在账簿记录中去检查是否出现数字颠倒的错误。例如,将金额386元记为638元,差数为252元,然后用9去除,商数为28。

2)数字错位

如果差数的数额较大,就应检查是否在记账时发生了数字错位。因为在登账过程中,往往会把十位数错记为百位数,或者将千位数错记成百位数等。出现错位这种错误情况,其差数均可被9整除,其商数就是要查找的差错数。

数字错位一般是向前或向后记错一位,使原数扩大或缩小10倍。例如,把36误记为3.6,36 - 3.6 = 32.4,32.4是36的0.9倍,32.4 ÷ 9 = 3.6,3.6是正确数36的1/10;如果把36误记为360,360 - 36 = 324,324是36的9倍,324 ÷ 9 = 36,36就是要查找的正确数。可见,如果错数与正确数的差额是正确数的9倍,可以用9除尽,则除以9所得的商就是要查找的正确数;如果错数与正确数的差额是正确数的0.9倍,可以用9除尽,则除以9所得的商就是正确数的1/10。依此类推,数字错位还有的错记两位、错记三位,此处不再详述。

查找错账是一项耗费时间和精力的工作,有经验的会计人员查找错账不限于上述方法。会计人员应力求认真记账,做好对账和复核工作,尽量做到不出错账。一旦出现错账,查找后应按正确的方法予以更正。

三、更正错账的方法

(一)画线更正法

画线更正法又称红线更正法,这种方法适用于在结账前发现账簿记录中文字、数字错误,而其所依据的记账凭证并无错误的情况。画线更正的方法是:在错误的文字或数字上画一条红线,以示注销;然后将正确的文字或数字填写在被注销的文字或数字上方,并由更正人员在更正处盖章,以便明确责任。对于错误的数字,应整个画销,不得只画销其中个别数字。另外,对注销的文字或数字,应当能辨认出原有字迹,不得涂抹,以备查考。例如,将5978误写为5987,用红线居中全部画去,然后将正确数字填在上方,并在更正处盖章。又如,误将"应收账款"写为"应付账款",更正方法是:将"付"字画去,在其上方填写"收"字,并盖章。

(二)红字更正法(又称红字冲销法)

红字更正法是指由于记账凭证错误而使账簿记录发生错误,而用红字冲销原记账凭证,以更正账簿记录的一种方法。红字更正法适用于以下两种情况。

(1)记账凭证中的应借、应贷会计科目或记账方向有错误,更正的方法是:先用红字金额填写一张会计科目与原错误记账凭证完全相同的记账凭证,在"摘要"栏中写明"更正×年×月×号凭证的错账",并据以用红字登记入账,以冲销原来的错误账簿记录;然后,再用蓝字或黑字填写一张正确的记账凭证,在"摘要"栏中写明"更正×年×月×号凭证的错账",并据以用蓝字或黑字登记入账。

【例 8-1】　甲公司购入行政管理部门用办公用品 3 000 元，货款尚未支付。在填制记账凭证时，误记入“应收账款”科目，并据以登记入账，其错误记账凭证所反映的会计分录如下：

(1)借：管理费用　　3 000

　　贷：应收账款　　3 000

该项业务的会计分录应贷记“应付账款”科目。在更正时，应用红字金额填制一张记账凭证冲销原会计分录，并据以登记入账，冲销原错误的账簿记录。

(2)借：管理费用　　3 000①

　　贷：应收账款　　3 000

然后再用蓝字或黑字填制一张正确的记账凭证，并据以登记入账。

(3)借：管理费用　　3 000

　　贷：应付账款　　3 000

以上有关账户更正记录如图 8-1 所示。

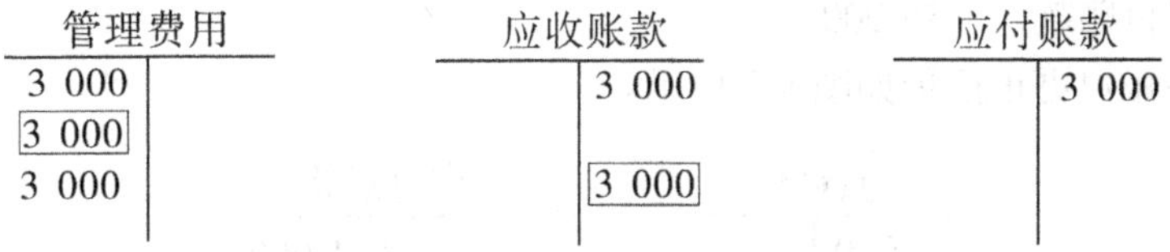

图 8-1　错账更正图(一)

(2)记账凭证所记金额大于应记的正确金额，而应借、应贷的会计科目没有错误，更正的方法是：将多记的金额用红字填制一张记账凭证，而应借、应贷会计科目与原错误记录凭证相同，在“摘要”栏写明“冲销 × 年 × 月 × 号凭证多记金额”，并据以登记入账，以冲销多记的金额。

【例 8-2】　企业的生产车间领用一批材料用于产品生产，价值 1 000 元。在填制记账凭证时，误记金额为 10 000 元，但会计科目、借贷方向均没有错误，并已据以登记入账。其错误记账凭证所反映的会计分录如下：

(1)借：生产成本　　10 000

　　贷：原材料　　10 000

更正时，应将多记的金额 9 000 元用红字编制如下记账凭证，并登记入账。

(2)借：生产成本　　9 000

　　贷：原材料　　9 000

以上有关账户更正记录如图 8-2 所示。

(三)补充登记法(又称蓝字补充法)

补充登记法是指由于记账凭证错误导致账簿记录错误，从而采用编制补充凭证，以更

---

① 加“□”的数字金额表示红字填制，下同。

生产成本			原材料	
10 000				10 000
[9 000]				[9 000]

图 8-2　错账更正图(二)

正账簿记录的一种方法。记账以后,如果发现记账凭证和账簿记录的金额有错误(所记金额小于应记的正确金额),而应借、应贷的会计科目没有错误,应用补充登记法进行更正。更正的方法是:将少记的金额用蓝字填制一张记账凭证,而应登记科目与原记账凭证相同,在"摘要"栏注明"补充登记×年×月×日凭证少记金额",并据以登记入账。

【例 8-3】　企业从某厂购入材料一批,计 40 000 元,货款尚未支付(不考虑税金)。在填制记账凭证时,对应账户没有记错,但是把金额误记为 4 000 元,本月已记账。发现这一错误时,应将少记的 36 000 元(40 000 - 4 000)用蓝字金额填制一张与原来对应账户相同的记账凭证。

借:原材料　　36 000

　　贷:应付账款　　36 000

以上有关账户更正记录如图 8-3 所示。

原材料			应付账款	
4 000				4 000
36 000				36 000

图 8-3　错账更正图(三)

四、会计账簿的更换与保管

(一)会计账簿的更换

会计账簿的更换是指在会计年度终了,将上年旧账更换为次年新账。更换新账的程序是:年度终了,在本年有余额的账户"摘要"栏内注明"结转下年"字样。在更换新账时,注明各账户的年份,在第一行"日期"栏内写明 1 月 1 日;"记账凭证"栏空置不填;将各账户的年末余额直接抄入新账"余额"栏内,并注明余额的借贷方向。过入新账的有关账户的余额转让事项,不需要再编制记账凭证。在新的会计年度建账并不是所有的账簿都更换为新的。

【小知识 8.2】　一般来说,现金日记账、银行存款日记账、总分类账、大多数明细分类账应每年更换一次。但是,有些财产物资明细账和债权债务明细账,由于材料品种、规格和往来单位较多,更换新账,重抄一遍,工作量较大。因此,可以跨年度使用,不必每年更换一次。第二年使用时,可直接在上年终了的双线下面记账。各种备查账簿也可以连续使用。

(二)会计账簿的保管

会计账簿是各单位重要的经济资料,必须建立管理制度,妥善保管。账簿管理分为账簿日常管理和旧账归档保管两部分。

1. 账簿日常管理

账簿日常管理的具体要求如下：

各种账簿要分工明确，指定专人管理，账簿经管人员既要负责记账、对账、结账等工作，又要负责保证账簿安全。会计账簿未经单位领导和会计负责人或者有关人员批准，非经管人员不能随意翻阅、查看会计账簿。会计账簿除需要与外单位核对外，一般不能携带外出，对携带外出的账簿，一般应由经管人员或会计主管指定专人负责。会计账簿不能随意交与其他人员管理，以保证账簿安全和防止任意涂改账簿等问题发生。

2. 旧账归档保管

年度终了更换并启用新账后，对更换下来的旧账要整理装订，造册归档。归档前旧账的整理工作包括：检查和补齐应办的手续，如改错盖章、注销空行及空页、结转余额等。活页账应撤出未使用的空白账页，再装订成册，并注明各账页号数。旧账装订时应注意：活页账一般按账户分类装订成册，一个账户装订成册或数册；某些账户账页较少，也可以合并装订成册。装订时，需检查账簿扉页的内容是否填写齐全。装订后，应由经办人员及装订人员、会计主管在封口处签名或盖章。旧账装订完毕应编制目录和编写移交清单，然后按期移交档案部门保管。

【小知识 8.3】　各种账簿同财务凭证和财务报表一样，都是重要的经济档案，必须按照制度统一规定的保存年限妥善保管，不得丢失和任意销毁。根据《会计档案管理办法》的规定，总分类账、明细分类账、辅助账、日记账均应保存 15 年。其中，现金、银行存款日记账要保存 25 年，涉外账簿应永久保存。保管期满后，应按照规定的审批程序报经批准后才能销毁。

第四节　对账与结账

一、对账

对账是指在结账之前，将会计账簿记录的有关数字与库存实物、货币资金、有价证券、往来单位或者个人等进行相互核对，以保证账证、账账和账实相符。为了确保各种会计账簿记录的真实、正确和完整，各单位必须在会计期末结账之前进行对账，以便为编制财务报表提供真实、可靠、完整的会计资料。会计对账工作的主要内容包括以下几点。

（一）账证核对

账证核对是指各种会计账簿的记录（总分类账、明细分类账以及现金和银行存款日记账等）与有关会计凭证（记账凭证及其所附的原始凭证）的核对。尽管账簿是根据审核后的会计凭证登记的，但实际工作中仍然可能发生账证不符的情况。因此，记完账后，要将账簿记录与会计凭证进行核对。

账证核对要求会计人员在编制凭证和记账过程中认真进行复核，并通过定期或不定期的复查进行核对，以保证账证相符。月终，如果发现账证不符，就应回过头来对账簿记录与会计凭证进行核对，以保证账证相符。

（二）账账核对

账账核对是指各种账簿之间的有关数字应当核对相符。具体核对以下内容。

（1）总分类账簿各账户借方期末余额合计数应与贷方期末余额合计数核对相符。

按照会计基本等式（资产 = 负债 + 所有者权益）和“有借必有贷，借贷必相等”的记账规律，总分类账簿中各账户的期初余额、本期发生额和期末余额之间存在对应的平衡关系，各账户的期末借方余额合计和贷方余额合计也必然存在平衡关系。该项核对工作，主要是通过编制“总分类账户发生额和余额试算平衡表”来进行。

（2）总分类账中各账户的期末余额应与其所属的各明细分类账户的期末余额合计数核对相符。主要是通过编制“总分类账户与明细分类账户发生额及余额对照表”来进行，其格式如表 5-7 所示。

（3）现金存款日记账、银行存款日记账的本期发生额与期末余额以及各明细分类账的本期发生额与期末余额合计数，应与有关总分类账户的本期发生额与期末余额核对相符。

（4）会计部门有关财产物资明细账的余额与财产物资保管和使用部门的明细账余额要定期核对相符。核对时，可以由物资保管部门或使用部门定期编制收入、发出、结存汇总表报会计部门进行核对。

（三）账实核对

账实核对是指账簿记录余额与实存数的核对，即各项财产物资、债权债务等账面余额与实有数额之间的核对。账实核对的主要内容有：

（1）库存现金日记账的账面余额与库存现金数额核对相符；

（2）银行存款日记账的账面余额与银行对账单的余额核对相符；

（3）各种债权债务明细账的账面余额应与有关单位的账面记录核对相符；

（4）各种财产物资明细账的账面余额应与其实存数额核对相符。

二、结账

结账是指在本期内所发生的经济业务全部登记入账的基础上，于会计期末按照规定的方法结算账目，包括结计出本期发生额和期末余额。各个单位的经济活动是连续不断进行的，为了总结每一会计期间（月度、季度、年度）的经济活动情况，考核经营成果，编制财务报表，就必须在每一会计期末进行结账。

（一）结账的主要程序和内容

（1）结账前，必须将本期内发生的各项经济业务全部登记入账。

（2）根据权责发生制的要求，调整有关账项，合理确定本期应计的收入和应计的费用。

（二）结账的方法

计算所登记的各种账簿的本期发生额和期末余额的工作，一般按月进行，称为月结；有的账目，还应按季结算，称为季结；年度终了，还应进行年终结账，称为年结。期末结账主要采用画线结账法，也就是期末结出各账户的本期发生额和期末余额后，加以画线标记，将期末余额结转到下期。

结账时，应当结出每个账户的期末余额。需要结出当月发生额的，应当在“摘要”栏内注明“本月合计”字样，并在下面画通栏单红线；需要结出本季累计发生额的，应当在“摘要”栏内注明“本季合计”字样，并在下面画通栏单红线；需要结出本年累计发生额的，应当在“摘要”栏内注明“本年累计”字样，并在下面画通栏单红线。12 月份末的“本年累计”就是全年累计发生额，全年累计发生额下应当画通栏双红线；年度终了结账时，所有总账账户都应当结出全年发生额和年末余额。

对上述结账程序与方法，在实际工作中要注意以下四点：

(1)结账时，应当根据不同的账户记录，分别采用不同的方法。

①对不需要按月结计本期发生额的账户，如各项应收款明细账和各项财产物资明细账等，每次记账以后，都要随时结出余额，每月最后一笔余额即为月末余额。也就是说，月末余额就是本月最后一笔经济业务记录的同一行内的余额。月末结账时，只需要在最后一笔经济业务记录之下画一单红线，不需要再结计一次余额。

②现金存款日记账、银行存款日记账和需要按月结计发生额的收入、费用等明细账，每月结账时，要在最后一笔经济业务记录下面画一单红线，结出本月发生额和余额，在“摘要”栏内注明“本月合计”字样，并在下面再画一单红线。

③需要结计本年累计发生额的某些明细账户，如主营业务收入、成本明细账等，每月结账时，应在“本月合计”行下结计自年初起至本月末止的累计发生额，登记在月份发生额的下面，在“摘要”栏内注明“本年累计”字样，并在下面再画一单红线。12 月份末的“本年累计”就是全年累计发生额，全年累计发生额下画双红线。

④总账账户平时只需结计月末余额。年终结账时，为了反映全年各项资产、负债及所有者权益增减变动的全貌，便于核对账目，要将所有总账账户结计全年发生额和年末余额，在“摘要”栏内注明“本年合计”字样，并在合计数下画一双红线。

⑤需要结计本月发生额的某些账户，如果本月只发生一笔经济业务，由于这笔记录的金额就是本月发生额，结账时，只要在此行记录下画一单红线，表示与下月的发生额分开就可以了，不需另结出“本月合计”数。

(2)结账如何画线。结账画线的目的，是突出本月合计数及月末余额，表示本会计期间的会计记录已经截止或结束，并将本期与下期的记录明显分开。月结画单线，年结画双线。画线时，应画通栏红线，不应只在本账页中的金额栏画线。

(3)账户余额的填写方法。每月结账时，应把月末余额写在本月最后一笔经济业务记录的同一行内。但在现金日记账、银行存款日记账和其他需要按月结计发生额的账户，如各种成本、费用、收入的明细账等，每月结账时，还应将月末余额与本月发生额写在同一行内，在“摘要”栏注明“本月合计”字样。这样做，账户记录中的月初余额加减本期发生额等于月末余额，便于账户记录的稽核。需要结计本年累计发生额的某些明细账户，每月结账时，“本月合计”行已有余额的，“本年累计”行就不必再写余额了。

(4)能否用红字结账。账簿记录中使用的红字，具有特定的含义，它表示蓝字金额的减少或负数余额。因此，结账时，如果出现负数余额，可以用红字在“余额”栏登记，但如果“余额”栏前印有余额的方向(如借或贷)，则应用蓝黑墨水书写，而不得使用红色墨水。

年度终结，要把各账户的余额结转到下一会计年度，并在“摘要”栏注明“结转下年”

字样;在下一会计年度新建有关会计账簿的第一行"余额"栏内填写上年结转的余额,并在"摘要"栏注明"上年结转"字样。

把有余额的账户余额结转到下年,正确的方法应该是:年度终了结账时,有余额的账户余额,直接记入新账"余额"栏内即可,不需要再编制记账凭证,也不必将余额再记入本年账户的借方或贷方,使本年有余额的账户变为0。因为,既然年末具有余额的账户,余额就应当如实地在账户中加以反映,这样就更显得清晰、明了;否则,就混淆了有余额的账户和无余额的账户的区别。

■本章小结

会计账簿是指由若干张具有一定格式而又相互联系的账页连接在一起、按照会计科目开设户头,用来序时、分类、全面地记录和反映企业各项经济业务的簿籍。设置和登记账簿是会计核算的重要环节。我国《会计法》对企业、单位必须设置的会计账簿,以及记账、对账、结账和错账更正等各个环节都作了法律性的规范。

■主要概念

会计账簿　序时账簿　分类账簿　对账　结账

■基本训练

□知识题

1.1　阅读理解

1)什么是账簿?设置和登记账簿有何意义?

2)会计账簿按用途如何分类?按外表形式如何分类?它们的优缺点及适用范围各是什么?

3)会计账簿按账页格式如何分类?其适用范围有哪些?

4)会计对账工作的主要内容包括什么?为什么要进行对账?

1.2　知识应用

1)序时账簿和分类账簿的主要区别有哪些?

2)举例说明备查账簿登记的内容有哪些?

3)什么是结账?简要说明结账的内容。

□技能题

1.1　规则练习

1)错账的更正方法有哪些?其适用范围各是什么?具体应怎样更正错账?

2)查找错账的方法有哪些?具体应怎样运用?

1.2　操作练习

某企业8月末结账前对账时发现了下列情况:

(1)以银行存款支付购入材料的装卸搬运费1 000元。原记账凭证为:借:销售费用　1 000,贷:银行存款　1 000。已根据记账凭证记入总分类账户。

(2)将本月发生的制造费用129 800元分配计入产品成本。原记账凭证为:借:生产成本　128 900,贷:制造费用　128 900。已根据记账凭证记入总分类账户。

(3)计提行政管理部门使用的固定资产折旧费78 000元。原记账凭证为:借:管理费用　87 000,贷:累计折旧　87 000。已根据记账凭证记入总分类账户。

(4)收到甲公司偿还上月所欠货款50 000万元,存入银行。原记账凭证为:借:银行存款　50 000,贷:应收账款　50 000。已记入总分类账户"银行存款"账户借方5 000元,"应收账款"账户贷方5 000元。

要求:根据上述情况,采用适当的错账更正方法予以更正。

第九章　财产清查

■学习目标

通过本章学习，了解财产清查的概念、作用、分类和财产盘存制度，掌握银行存款余额调节表的编制方法和财产清查结果的账务处理，明确“待处理财产损溢”账户的运用。

第一节　财产清查概述

一、财产清查的意义

（一）财产清查的基本含义

财产清查就是通过对实物、现金的实地盘点和对银行存款、债权债务的查对，来确定各项财产物资、货币资金、债权债务的实存数，并查明实存数同账存数是否相符的一种专门方法。

造成各种财产账实不符的原因主要有以下几个方面：

（1）在收、发各项财产过程中，由于计量、检验不准确而发生品种、数量或质量上的差错。

（2）在财产发生增减变动时，没有填制凭证而登记入账；或者在填制凭证、登账时，发生计算或登记上的差错。

（3）在财产的保管过程中，受到气候等自然因素影响而发生的数量和质量上的变化。

（4）由于保管不善或工作人员失职发生的财产残损、变质与短缺，以及货币资金、债权债务的差错。

（5）由于不法分子营私舞弊、贪污盗窃等而造成的财产物资损失。

（6）因未达账项或拒付而引起单位之间账账不符等。

（二）财产清查的作用

（1）通过财产清查，可查明各项财产的实存数与账存数的差异，以及发生差异的原因及责任，及时按照规定把账存数调整为实存数，从而达到账实相符，保证会计资料的准确、可靠。

（2）通过财产清查，可查明各种财产的结存和利用情况，可发现有无储备不足、积压、闲置等情况，以便采取措施，充分挖掘物资潜力，合理、有效地利用企业的各项资源。

（3）通过财产清查，可查明各项财产有无短缺、毁损、变质、贪污盗窃等情况。对发现的问题应及时分析原因，追查责任。同时，要吸取教训，改进管理工作，切实保证各项财产物资的安全与完整。

二、财产清查的种类

财产清查由于清查对象和范围的不同、清查时间的不一致,可以有以下的分类。

(一)按照清查的范围不同分类

财产清查按照清查的范围不同,可分为全面清查和局部清查。

1. 全面清查

全面清查是指对所有的财产进行全面的清查、盘点与核对。清查的内容主要是各种财产物资、货币资金和债权债务。具体包括以下各项:

(1)固定资产,原材料,在产品,库存商品,在途物资,委托其他单位加工、保管的物资,受托代保管物资等。

(2)现金、银行存款、在途货币资金、股票、债券等。

(3)应收账款、应付账款、其他应收款、其他应付款、各种银行借款等。

由于全面清查涉及的范围广、内容多,参加的人员多,花费的时间也长,因此不宜经常进行。一般在下述情况下,需要进行全面清查:

(1)年终决算前,为了确保年终决算的会计资料的真实性,要进行一次全面清查。

(2)单位撤销、倒闭、合并或改变隶属关系时,要进行一次全面清查。

(3)开展清产核资时,要进行一次全面清查。

(4)单位主要负责人调离工作岗位时,要进行一次全面清查。

2. 局部清查

局部清查就是根据需要,只对部分财产物资进行的盘点核对。一般情况下,它用于企业对那些流动性较大的财产,如现金、原材料、产成品及贵重物品等进行的清查盘点。

由于局部清查涉及范围小,参与的人员也少,因此企业经常进行的都是局部清查。一般包括:

(1)对于现金,应由出纳人员在每日业务终了时清点核对。

(2)对于银行存款、银行借款,应由出纳人员每月与银行核对一次对账单。

(3)对于原材料、产成品、在产品及在途物资、贵重物品,应每月清查盘点一次。

(4)对于各种债权、债务,每年至少要同对方核对一至两次,发现问题及时解决,避免坏账损失。

(二)按照清查的时间不同分类

财产清查按照清查的时间不同,可分为定期清查和不定期清查。

1. 定期清查

定期清查是指按计划在规定的时间内对财产进行的清查。这种清查一般是在年末、季末、月末结账前进行,以保证账实相符、财务报表真实可靠。定期清查可以是局部清查,也可以是全面清查。通常情况下,企业在年末进行全面清查,在季末、月末进行局部清查。

2. 不定期清查

不定期清查是指事前不规定清查日期,而是根据需要随时组织进行的清查,因此也称临时清查。不定期清查一般在以下几种情况下进行:

(1)企业更换保管、出纳人员时,要对其保管的物资进行清查,以明确经济责任。

(2)发生自然灾害或意外损失时,对受损物品进行清查,以查明受损情况。

(3)上级主管部门和财政、审计部门对本单位进行财会检查时。

(4)进行临时性的清产核资时。

定期清查和不定期清查的范围,可以是全部清查,也可以是局部清查,视具体情况来确定。

三、财产清查前的准备工作

财产清查是一项复杂、细致的工作,它涉及的面较广,参与的人员较多,尤其是全面清查。因此,为了做好企业财产清查工作,事先必须做好各方面的准备工作。

(一)组织上的准备

企业在进行财产清查时(尤其是全面清查时),应成立由总会计师、单位主要负责人牵头的,由财会、业务、仓库等有关部门人员参加的财产清查领导小组,具体负责财产清查事宜。其主要任务如下:

(1)事先制定财产清查的目的、任务,确定清查范围、时间、路线,掌握清查进度。

(2)在清查过程中,随时掌握清查情况,督促检查,随时解决清查中出现的问题。

(3)在清查结束后,及时进行总结,形成书面文件,将清查结果上报有关部门。

(二)物资和业务上的准备

为了做好财产清查工作,各个业务部门要积极配合,特别是财会和财产物资管理部门,要认真做好以下工作:

(1)会计部门人员应在清查前将账簿记录整理齐全,结出余额,保证账证、账账相符,为清查提供可靠的资料。

(2)财产物资的保管和使用部门应登记好各种财产物资明细账,并结出余额,同时与会计部门的有关总分类账核对相符。

(3)财产物资的保管和使用部门应对所保管和使用的物资进行整理,挂上标签,标明品种、规格和结存数量,以便盘点核对。

(4)准备好必要的计量器具,检查调试好,以保证计量准确。

(5)对于银行存款、借款及结算款项,要事先取得对账单,以便查对。

(6)印制好有关表格、账册,以备清查时使用。

第二节　财产清查的方法

一、财产物资的盘存制度

财产清查的重要环节是盘点财产物资的实际数量。为使盘点工作顺利进行,应建立一定的盘存制度。一般来说,我国财产物资的盘存制度主要有两种,即永续盘存制和实地盘存制。在不同的盘存制度下,企业各项财产物资在账簿中的记录方法和清查盘点的目的是不同的。

(一)永续盘存制

永续盘存制又叫账面盘存制,平时它对各项财产物资的增加数和减少数,都要根据会计凭证记入有关账簿,并随时在账簿中结出各种财产物资的账面结存数额。其目的是以账存数控制实存数。

在永续盘存制下,期末账面结存数的计算公式如下:

期末账面结存数 = 期初账面结存数 + 本期增加数 - 本期减少数

采用永续盘存制,日常核算的工作量较大,但手续严密。通过账簿连续记录,可以随时了解财产物资的收入、发出、结存情况,发现问题可以及时处理,堵塞管理上的漏洞,有利于加强财产物资的管理。

(二)实地盘存制

实地盘存制是指平时只在账簿中登记财产物资的增加数,不登记减少数。月末通过对财产物资的实地盘点来作为账面结存,然后再倒挤出本期减少数,据以登记账簿。在实地盘存制下,本期减少数的计算公式如下:

本期减少数 = 期初结存数 + 本期增加数 - 期末实地盘存数

由此可见,在实地盘存制下,月末对财产物资进行清查盘点的目的,在于确定期末账面结存,并倒挤出本期减少数,这有悖于财产清查的初衷。同时,采用实地盘存制,虽然核算工作较简单,但手续不严密,可能掩盖财产物资管理上存在的问题,致使成本核算不真实。因此,除非特殊情况,企业一般不宜采用实地盘存制。

二、财产清查的方法

清查是一项涉及面广、工作量大的工作,为了保证财产清查工作的质量,达到财产清查的目的,确定各项财产清查的方法是很有必要的。

(一)财产物资的清查

财产物资的清查是指对固定资产、原材料、产成品、在产品等实物,在数量和质量上所进行的清查。由于各种财产物资的形态、体积、质量、堆放方式等都不尽相同,所以采用的清查方法也不尽相同。财产物资清查的主要方法如下。

1. 实地盘点法

实地盘点法主要是通过对财产物资的逐一清点、计件、过磅等方法来确定其实存数量的。此方法适用范围较广,大多数财产物资都可以通过此方法进行。

2. 技术推算盘点法

技术推算盘点法主要适用于一些体积较大、笨重、不易搬动和逐一点数过磅的财产物资。此方法主要通过计尺、量方等技术推算手段来确定某些财产物资的实存数量。

盘点时,除清点财产物资的实有数外,还要检查其质量,采用物理或化学的方法来重新确定等级,同时要查明财产物资在保管上存在的问题。

为了明确经济责任,在进行盘点清查时,保管人员必须在场,对于盘点结果,应如实登记在盘存单上,并由盘点人员和保管人员签字盖章。盘存单是记录盘点结果的书面证明,也是反映财产物资实存数的原始凭证。盘存单的一般格式如表 9-1 所示。

表 9-1　盘存单　　编号：

盘点时间：　　财产类别：　　存放地点：

编号	名称	规格	计算单位	数量	单价	金额	备注

盘点人：　　保管人：

该盘存单一般填制一式三份，一份由清点人员留存备查；一份交实物保管人员保存；一份交财会部门与账面记录相核对。

为了查明实存数与账存数是否一致，确定盘亏或盘盈情况，还要根据盘存单和有关账簿的记录，编制账存实存对比表，通过对比，揭示账面结存数与实际结存数之间的差异。账存实存对比表是财产清查的重要报表，既是用以调整账簿记录的重要原始凭证，也是分析产生差异的原因、明确经济责任的依据，应严肃认真地读报。账存实存对比表的一般格式如表 9-2 所示。

表 9-2　账存实存对比表

财产类别：　　年　月　日　　编号：

<table>
<tr><th rowspan="3">序号</th><th rowspan="3">名称</th><th rowspan="3">规格型号</th><th rowspan="3">计量单位</th><th rowspan="3">单价</th><th colspan="2">实存</th><th colspan="2">账存</th><th colspan="4">实存与账存对比结果</th><th rowspan="3">备注</th></tr>
<tr><th rowspan="2">数量</th><th rowspan="2">金额</th><th rowspan="2">数量</th><th rowspan="2">金额</th><th colspan="2">盘盈</th><th colspan="2">盘亏</th></tr>
<tr><th>数量</th><th>金额</th><th>数量</th><th>金额</th></tr>
<tr><td></td><td></td><td></td><td></td><td></td><td></td><td></td><td></td><td></td><td></td><td></td><td></td><td></td><td></td></tr>
<tr><td></td><td></td><td></td><td></td><td></td><td></td><td></td><td></td><td></td><td></td><td></td><td></td><td></td><td></td></tr>
<tr><td></td><td></td><td></td><td></td><td></td><td></td><td></td><td></td><td></td><td></td><td></td><td></td><td></td><td></td></tr>
<tr><td></td><td></td><td></td><td></td><td></td><td></td><td></td><td></td><td></td><td></td><td></td><td></td><td></td><td></td></tr>
<tr><td colspan="2">金额合计</td><td></td><td></td><td></td><td></td><td></td><td></td><td></td><td></td><td></td><td></td><td></td><td></td></tr>
</table>

盘点人签章：　　会计签章：

在实际工作中，为了简化编表工作，账存实存对比表通常只列账实不符的财产物资，对于账实完全相符的财产物资并不列入。这样的账存实存对比表，主要是反映盘盈盘亏情况，因而也称为盘盈盘亏报告表。

【小知识 9.1】　对于委托外部加工、保管的财产物资，也在清查之列，可采用询证的方法与对方单位联系核实，如有不符，同样要查明原因，按规定进行处理并及时调整账面，以达到账实相符。

（二）库存现金的清查

库存现金的清查，主要采用实地盘点法，即通过清点票数来确定库存现金的实存数，然后以实存数与库存现金日记账的账面余额进行核对，以查明盈亏情况。在进行现金清查时，为了明确经济责任，出纳人员必须在场，库存现金的盘点应当由清查人员会同出纳人员共同负责，一般在当天业务结束或开始之前进行，注意清查时不得以“白条子”抵充库存现金,也就是不能用不具有法律效力的借条、收据等抵充库存现金。盘点结果填入库存现金盘点报告表,并由清查人员和出纳人员签章。库存现金盘点报告表兼有盘存单和账存实存对比表的作用,是反映库存现金实有数和调整账簿记录的重要原始凭证,应严肃、认真地填写。库存现金盘点报告表应由盘点人和出纳人员共同签章才能生效。库存现金盘点报告表一般格式如表 9-3 所示。

表 9-3　库存现金盘点报告表

单位名称:　　　　　　　　　　　　年　月　日

库存现金实存余额	库存现金账面余额	对比结果		备注
		盘盈	盘亏	

盘点人:　　　　　　　　　　　　　出纳员:

(三)银行存款的清查

银行存款的清查,是采用与开户银行核对账目的方法进行的,即将本单位的银行存款日记账与开户银行转来的对账单逐笔进行核对,检查账账是否相符。

银行对账单上的余额常与企业银行存款日记账上的余额不一致,其原因:

一是由于某一方记账有错误。如有的企业同时在几家银行开户,记账时会发生银行之间串户的错误,同样,银行也可能把各存款单位的账目相互混淆。二是存在未达账项。所谓未达账项,是指企业与银行之间对于同一项经济业务,由于取得凭证的时间不同,导致记账时间不一致,即发生的一方已取得结算凭证并登记入账,另一方由于尚未取得结算凭证还未入账的款项。产生未达账项的原因有以下四种情况:

(1)企业已收,银行未收款。例如,企业收到转账支票送存银行,登记银行存款增加;而银行由于还未收妥该笔款项,尚未记账。因此,形成企业已收款入账而银行尚未入账的情况。

(2)企业已付,银行未付款。例如,企业开出支票支付某笔款项,并根据有关单据登记银行存款减少;而此时银行由于尚未接到该笔款项支付的凭证,未记减少。因此,形成企业已付款记账,而银行尚未付款记账的情况。

(3)银行已收,企业未收款。例如,银行代企业收入一笔外地汇款,银行已记存款增加;而企业由于尚未收到汇款凭证,未记增加。因此,形成银行已收款入账而企业尚未收款入账的情况。

(4)银行已付,企业未付款。例如,银行代企业支付某种费用,银行已记存款减少;而企业尚未接到有关凭证,未记减少。因此,形成银行已付款记账,而企业尚未付款记账的情况。

上述任何一种未达账项的存在,都会使企业银行存款日记账余额与银行对账单余额不一致。因此,在与银行核对对账单时,应首先检查是否存在未达账项,如确有未达账项存在,即编制银行存款余额调节表,待调整后,再确定企业与银行之间记账是否一致,双方账面余额是否相符。

【小知识 9.2】 银行存款余额调节表编制的主要方法是余额调节法。所谓余额调节法，是指在编制余额调节表时，在企业和开户银行各自银行存款余额的基础上，加减未达账项进行调节的方法。可采用补记式进行调整，调整公式为：

企业银行存款日记账余额 + 银行已收而企业未收的款项 -
银行已付而企业未付的款项 = 银行对账单余额 + 企业已收而银行未收的款项 -
企业已付而银行未付的款项

【例 9-1】 某企业 4 月 30 日银行存款日记账余额为 65 000 元，而银行对账单余额为 58 000 元，经过逐笔核对，发现有下列未达账项：

（1）企业送存银行转账支票一张，系销售收入 25 000 元，银行尚未入账。

（2）企业开出现金支票一张，支付办公费 3 000 元，银行尚未收到支票，未入账。

（3）银行代企业收取前欠销售款 17 000 元，已入账，而企业尚未收到银行收款通知，未入账。

（4）银行代企业支付本月水电费 2 000 元，银行已付款入账，而企业尚未收到付款通知，未入账。

根据上述资料，编制银行存款余额调节表（见表 9-4），调整双方余额。

表 9-4　银行存款余额调节表

2012 年 4 月 30 日　　　　单位：元

项目	金额	项目	金额
企业银行存款日记账余额 +（3）收回前欠销售款 -（4）水电费	65 000 17 000 2 000	银行对账单余额 +（1）销售收入款 -（2）办公费	58 000 25 000 3 000
调整后余额	80 000	调整后余额	80 000

经过调节后，企业银行存款日记账余额与银行对账单余额相符。说明双方记账无错误，否则说明双方记账有误，应进一步查找。

需要说明的是，该调节表只起调节试算企业与银行之间账目是否相符的作用，而不能作为调整账面余额的凭证，不能据此更正账面记录。至于产生的未达账项，须等双方接到有关凭证后，才能据以登账。该调节表上调整后的存款余额为企业存放在银行的可实际动用的存款数额。

上述银行存款的清查方法也适用于银行借款。银行借款的清查，除核对借款金额外，还应查明借款是否按规定用途使用和按期限归还。

（四）结算往来款项的清查

结算往来款项的清查是指对企业与其他企业或个人之间的各种往来款项的清查。清查的主要内容包括各种应收款、暂付款、应付款、暂收款等往来业务。往来款项的清查盘点宜用询证法，即企业应在清查日截止时，将有关往来款项的全部结算凭证登记入账，并编制对账单一式两联，送交对方进行核对。对方需在对账单上注明核对结果（不论正确与否），并盖章寄回。对清查过程中有争议或确实无法收回的款项，要及时处理，避免坏账损失。

往来款项清查以后，应编制往来款项清查报告表，填列各项债权、债务的余额。对于有争议的款项以及无法收回或者无法支付的款项，应当将清查情况在报告表上详细说明原因和金额。往来款项清查报告表的一般格式如表9-5所示。

表9-5　往来款项清查报告表

编制单位：　　　　　　　　　　年　月　日

总分类账户		明细分类账户		清查结果		不同意原因分析			备注
名称	金额	名称	金额	同意	不同意	待处理金额	无法收回（或偿还）金额	其他	

清查人员：　　　　　　　　会计：　　　　　　　　制表人：

（五）其他财产的清查

其他财产的清查，是指对各种债券、无形资产、代保管物资等的清查。主要通过实地盘点法、查核法进行清查，以查明这些财产的实有数额与账面数额是否相符。

第三节　财产清查结果的处理

一、财产清查结果的处理程序

通过财产清查，如果发现财产管理和会计核算方面存在问题，必须以有关法规、制度为依据，做好以下几个方面的工作：

（1）认真查明财产消查中所发现的账实不符的性质和原因，明确责任，提出处理意见，并按规定程序，报请有关部门领导审批。

（2）积极处理积压呆滞物资和长期不清的债权、债务。

（3）认真总结经验教训，建立健全财产管理制度，进一步加强财产管理，保证财产的安全和完整。

（4）将账实不符的差异以及对差异的处理及时在账簿中予以反映。

由于对财产清查中发现的盘盈、盘亏和毁损等，必须按规定的程序上报审批后，部门才能进行处理，所以对于财产清查中所发现的各种差异以及对这些差异的处理、核算应分两个程序进行：

（1）在审批前，根据盘存单或账存实存对比表中列明的财产盘盈、盘亏和毁损的数额，将清查核实后的盘盈、盘亏情况，形成书面材料，上报有关部门办理报批手续。同时，编制记账凭证，并据以登记有关账簿，调整账簿记录，以使其账实相符。如果财产清查是办理年终决算进行的，这些差异数字必须在结账前记入有关账簿，以保证财务报表能够如实反映各项财产的实际结存数额。

（2）审批后或者期末，根据批复意见和发生差异的原因结转待处理财产损溢。

二、财产清查结果的会计处理

（一）账户设置

为了核算企业在财产清查中查明的各种财产盘盈、盘亏和毁损的价值，应设置"待处理财产损溢"账户。该账户借方登记盘亏、毁损的财产数额和结转的财产盘盈数额，贷方登记盘盈的财产数额和结转的财产盘亏和毁损数额。企业的财产损溢，应查明原因，在期末结账前处理完毕，处理后该账户无余额。待处理账产损溢账户的结构如图 9-1 所示。

待处理财产损溢

借方	贷方
发生额：（1）盘亏和毁损的财产数额 （2）结转的财产盘盈数额	发生额：（1）盘盈的财产数额 （2）结转的财产盘亏和毁损数额

图 9-1　待处理财产损溢账户的结构

（二）账务处理

1. 财产物资盘盈的账务处理

【小知识 9.3】　一般情况下，盘盈的库存现金批准后记入营业外收入，盘盈的原材料、商品等批准后冲减管理费用。盘盈的固定资产作为前期会计差错处理。

【例 9-2】　某企业在进行库存现金清查中发现盘盈现金 120 元，经反复查核未查明原因，经批准记入营业外收入。

（1）批准前编制会计分录如下：

借：库存现金　　　　120

　　贷：待处理财产损溢　　120

（2）批准后，编制会计分录如下：

借：待处理财产损溢　　120

　　贷：营业外收入　　　120

【例 9-3】　某企业在财产清查中，盘盈甲材料 100 kg，价值 130 元。经核查，该项盘盈系计量仪器不准所致，经批准冲减管理费用。

（1）批准前，根据账存实存对比表所确定的材料盘盈数字，编制会计分录如下：

借：原材料——甲材料　　130

　　贷：待处理财产损溢　　130

（2）批准后，根据批准意见予以转账，编制会计分录如下：

借：待处理财产损溢　　130

　　贷：管理费用　　　　130

2. 财产物资盘亏的账务处理

【小知识 9.4】　对于盘亏的财产物资应分以下两种情况进行处理：

（1）因正常原因（定额内自然损耗、企业经营管理制度等原因）造成的库存现金、原材料、商品等盘亏，批准后记入管理费用。

(2)属超定额的损耗、自然灾害造成的盘亏和毁损,应由相关责任人赔偿的部分记入其他应收款,扣除有关责任人赔偿的部分后的差额记入营业外支出。

【例 9-4】 某企业在财产清查中发现盘亏库存现金 220 元,经查,属于出纳人员王铁的责任。

(1)未查明原因时,编制会计分录如下:

借:待处理财产损溢 220
　贷:库存现金 220

(2)查明原因处理时,编制会计分录如下:

借:其他应收款——王铁 220
　贷:待处理财产损溢 220

【例 9-5】 某企业在财产清查中,盘亏原材料 1 000 元。经查,其中有 100 元为定额内的自然损耗,另外 900 元属于保管员刘统一的过失造成的损失。

(1)根据账存实存对比表所确定的材料盘亏数字,编制会计分录如下:

借:待处理财产损溢 1 000
　贷:原材料 1 000

根据规定,企业购进的货物发生非正常损失,其进项税额不得从销项税额中抵扣,应从当期发生的进项税额中转出。本例库存材料非正常损失应转出的进项税额为 153 元(900 × 17%),编制会计分录如下:

借:待处理财产损溢 153
　贷:应交税费——应交增值税(进项税额转出) 153

(2)在批准后,编制会计分录如下:

借:其他应收款——刘统一 1 053
　管理费用 100
　贷:待处理财产损溢 1 153

【例 9-6】 根据账存实存对比表盘亏原材料 14 000 元,调整原材料账存数。其会计分录如下:

借:待处理财产损溢 14 000
　贷:原材料 14 000

经查明原因如下:

(1)定额内损耗为 600 元;

(2)非常事故造成的损失为 13 400 元,其中保险公司同意赔款 9 000 元,其余作营业外支出处理,本例库存材料非正常损失应转出的进项税额为2 278 元(13 400 × 17%)。其会计分录如下:

借:待处理财产损溢 2 278
　贷:应交税金——应交增值税(进项税额转出) 2 278

借:管理费用 600
　其他应收款——保险公司 10 530
　营业外支出 5 148

　　贷:待处理财产损溢　　　　16 278

【例 9-7】　某企业在财产清查中发现盘亏机器一台,账面原价 19 000 元,已计提折旧 9 000元,经查,该机器属自然灾害造成,保险公司同意赔偿 5 000 元,其余列入营业外支出。其会计分录如下:

借:待处理财产损溢　　　10 000
　　累计折旧　　　　　　9 000
　　贷:固定资产　　　　　19 000
借:营业外支出　　　　　5 000
　　其他应收款　　　　　5 000
　　贷:待处理财产损溢　　10 000

3. 应收、应付款项清查的账务处理

对于经查确实无法支付的应付款项和无法收回的应收款项,不通过"待处理财产损溢"账户核算,可按规定的程序报经批准后,分别作营业外收入和坏账准备处理。

【例 9-8】　某企业在财产清查中,查明应付某单位的货款 5 000 元确实无法支付,经批准转作营业外收入。其会计分录如下:

借:应付账款——某单位　5 000
　　贷:营业外收入　　　　5 000

■本章小结

财产清查就是通过对实物、现金的实地盘点和对银行存款、债权债务的查对,来确定各项财产物资、货币资金、债权债务的实存数,并查明实存数同账存数是否相符的一种专门方法。财产清查的目的是保证账实相符。财产清查按照清查的范围不同,可分为全面清查和局部清查。财产清查按照清查的时间不同,可分为定期清查和不定期清查。一般来说,我国财产物资的盘存制度主要有两种,即永续盘存制和实地盘存制。永续盘存制又叫账面盘存制,平时它对各项财产物资的增加数和减少数,都要根据会计凭证记入有关账簿,并随时在账簿中结出各种财产物资的账面结存数额。实地盘存制是指平时只在账簿中登记财产物资的增加数,不登记减少数。月末通过对财产物资的实地盘点来作为账面结存,然后再倒挤出本期减少数,据以登记账簿。

■主要概念

财产清查　实地盘点法　未达账项

■基本训练

□知识题

1.1　阅读理解

1)什么是财产清查?为什么要进行财产清查?

2)什么是永续盘存制?它有哪些优点?

3)什么是未达账项?未达账项的种类有哪些?

1.2　知识应用

1)财产清查的种类有哪些?各自适用的范围是什么?请举例说明。

2)如何编制银行存款余额调节表?

□技能题

1.1　规则练习

1)"待处理财产损溢"账户的结构如何?

2)对盘盈、盘亏的财产物资查明原因后应如何结转?

1.2　操作练习

1)某公司2012年8月31日银行存款日记账的余额为560 000元,银行转来对账单的余额为740 000元,经过逐笔核对,发现有下列未达账项:

(1)企业收到销货款20 000元,已记银行存款增加,银行尚未记增加;

(2)企业支付购料款180 000元,已记银行存款减少,银行尚未记减少;

(3)银行代收某公司汇来购货款100 000元,银行已登记存款增加,企业尚未记增加;

(4)银行代企业支付购料款80 000元,银行已登记存款减少,企业尚未记减少。

要求:根据以上资料编制银行存款余额调节表。

2)某公司在财产清查中,盘盈、盘亏如下财产物资:

(1)发现E材料盘盈1 000 kg,价值5 000元。

(2)发现库存现金短缺800元,其中500元系由出纳人员过失造成,300元系无法查明的其他原因造成。

(3)某公司在财产清查中,发现B材料短缺和毁损价值7 000元。其中,800元由过失人赔偿,3 500元是非常灾害造成的材料毁损,2 700元短缺是由于经营不善造成的。

要求:根据以上资料编制会计分录。

第十章 财务报表

■学习目标

通过本章学习，掌握财务报表的概念、分类和编制要求，掌握利润表的编制方法，了解资产负债表、现金流量表的结构。

第一节 财务报表概述

一、财务报表

财务报告是指企业对外提供的反映企业某一特定日期的财务状况和某一会计期间的经营成果、现金流量等会计信息的文件。

财务报告应当是对外报告，投资人、债权人、政府及有关部门和社会公众等都是财务会计报告的使用者，他们是通过财务会计报告来获取信息，从而做出经济决策的；财务会计报告必须形成一个系统的文件，不应是零星的或者不完整的信息。

财务报表是对企业财务状况、经营成果和现金流量的结构性表述，是反映企业财务状况的资产负债表，是反映企业经营成果的利润表，也是反映企业现金流量的现金流量表等。

二、财务报表的组成

财务报表包括四个主要报表和一个附注。它们分别是资产负债表、利润表、现金流量表、所有者权益（或股东权益）变动表以及附注。

三、财务报表的分类

（一）按所反映的经济内容不同分类

按所反映的经济内容不同，财务报表可分为以下类别：

（1）资产负债表，是指反映企业在某一特定日期的财务状况的财务报表。

（2）利润表，是指反映企业在一定会计期间的经营成果的财务报表，即利润或亏损的情况。

（3）现金流量表，是指反映企业在一定会计期间的现金和现金等价物流入和流出的财务报表。

（4）所有者权益（或股东权益）变动表，应当反映构成所有者权益（或股东权益）的各组成部分当期的增减变动情况。

（5）附注，附注是对资产负债表、利润表、现金流量表、所有者权益（或股东权益）变动表等报表中列示项目的文字描述或明细资料，以及对未能在这些报表中列示项目的说明等。附注是财务报表的重要组成部分。

【小知识10.1】　资产负债表为静态财务报表。静态财务报表是指综合反映一定时点资产、负债和所有者权益的财务报表;利润表、现金流量表、所有者权益(或股东权益)变动表为动态财务报表,动态财务报表是反映一定期间内资金变动情况的报表。

(二)按服务对象不同分类

按服务对象不同,财务报表可分为对外财务报表和内部财务报表。

1. 对外财务报表

对外财务报表是企业必须定期编制并且定期向上级部门、银行、财税部门等报送或按规定向社会公布的财务报表。这是一种主要的、定期规范化的财务报告。企业应该向外提供的财务报表包括:

(1)资产负债表;

(2)利润表;

(3)现金流量表;

(4)所有者权益(或股东权益)变动表。

2. 内部财务报表

内部财务报表是企业根据其内部经营管理的需要而编制的、供其内部管理人员使用的财务报表。如成本、综合等报表绝大多数都属于内部财务报表。由于这类报表是为内部管理服务的,因此它没有规定的种类、格式、方法,一切都视内部管理的需要而定,具有内容多样、方法灵活的特点。

(三)按编制与报送的时间不同分类

按编制与报送的时间不同,财务报表可分为中期财务报表和年度财务报表。

1. 中期财务报表

中期财务报表是指以中期为基础编制的财务报表。中期是指短于一个完整的会计年度的报告期间。它可以是一个月、一个季度或者半年,也可以是其他短于一个会计年度的期间。中期财务报表至少应当包括资产负债表、利润表、现金流量表和附注。其中,中期资产负债表、利润表、现金流量表应当是完整的报表,其格式应当与年度财务报表一致。中期财务报表包括月报、季报和半年报。

2. 年度财务报表

按年编报的财务报表称为年度财务报表,如年度资产负债表、利润表、现金流量表和所有者权益(或股东权益)变动表等。

四、财务报表的编制要求

(一)数据真实

数据真实是编制财务报表的基本原则,是对会计工作的基本要求。为此,编制财务报表前应做好账账核对、账实核对、清理账目、调整账项等工作,才能据以编制财务报表。

(二)内容完整

对外财务报表中的各项指标都是由国家统一规定的,它是经济管理不可缺少的信息资料。因此,必须按规定编写,报表中的项目不得漏填或少填,应报的财务报表不得缺报,主管单位汇总财务报表时不得漏汇,对财务报表项目需要说明的事项要有附注以及报送报表时附送财务状况总说明书等。

(三)说明清楚

财务报表除提供数据资料外,还应或多或少地用文字对有关数据进行说明,才能便于财务报表使用者正确使用财务报表中的数字资料。因此,要求说明的方案要简明扼要、清晰明了,便于财务报表阅读者理解和接受。

(四)前后一致

编制财务报表时,在会计计量和揭示方法的选择上要贯彻一贯性原则,保持前后各项计量和报告口径的一致,这样便于对比、分析和利用会计信息,如有变动,应在报告中说明。

(五)编报及时

为了及时向财务报表使用者提供所需的经济信息,要求财务报表的编制必须及时。

(六)手续完备

对外财务报表应依次编定页码、加具封面、装订成册、盖上单位公章,企业行政领导人员、总会计师、会计机构负责人和会计主管人员要签字;需要注册会计师行使监督验证职能的财务报表,还要有注册会计师签章。

第二节　资产负债表

一、资产负债表的作用

资产负债表是反映企业某一特定日期的财务状况的财务报表。它是根据“资产 = 负债 + 所有者权益”的平衡关系,按照一定的分类标准和一定的顺序,把企业一定日期的资产各项目予以适当地排列,并对日常工作中形成的大量数据进行高度浓缩整理而成的。它表明企业在某一特定日期所拥有或控制的经济资源、所承担的现有义务和所有者对净资产的要求权。资产负债表是反映资产、负债和所有者权益三方面内容的报表。

资产负债表的作用是:可以提供某一日期资产总额、负债总额和所有者权益的情况,表明企业拥有或控制的经济资源及其分布情况、未来需要清偿债务情况以及投资者在企业资产中所占的份额等,是分析企业生产经营能力的重要资料,通过资产负债表可以计算流动比率、速动比率,以了解企业的短期偿债能力等。

二、资产负债表的内容和结构

(一)资产负债表的内容

资产负债表是根据“资产 = 负债 + 所有者权益”设计而成的。资产负债表主要反映以下三方面的内容。

1. 资产

资产按照流动性大小分别流动资产和非流动资产在资产负债表中列示。流动资产项目通常包括货币资金、交易性金融资产、应收和预付款项、存货和一年内到期的非流动资产等。非流动资产项目通常包括长期股权投资、固定资产、在建工程、工程物资、固定资产清理、无形资产、开发支出、长期待摊费用以及其他非流动资产等。

2. 负债

负债按照要求清偿的时间先后顺序分别流动负债和非流动负债在资产负债表中列示。流动负债项目通常包括短期借款、应付和预收款项、一年内到期的非流动负债等。非流动负债项目通常包括长期借款、应付债券和其他非流动负债等。

3. 所有者权益

一般按照实收资本、资本公积、盈余公积和未分配利润分项列示。

(二)资产负债表的结构

资产负债表一般由表头、表体、表尾三部分组成。表头部分列示报表的名称、编制单位、编报时间、报表编号、货币单位等;表体部分是资产负债表的主体和核心,主要列示资产、负债、所有者权益等项目;表尾部分主要是对表体内容的补充说明,它提供企业和有关部门需要了解的有关指标的详细内容。

【小知识 10.2】 资产负债表的格式一般有两种,即账户式资产负债表和报告式资产负债表。

我国企业的资产负债表采用账户式结构,账户式资产负债表,是将资产负债分为左方和右方,左方列示资产各项目,右方列示负债和所有者权益各项目,资产各项目的合计等于负债和所有者权益各项目的合计。账户式资产负债表能够反映资产、负债和所有者权益之间的内在关系,并达到资产负债左方和右方平衡。资产负债表按账户式反映,通常包括表头、表身和表尾。其格式见例 10-1 中表 10-2。

三、资产负债表的编制方法

编制资产负债表的资料主要来源于总分类账户和各明细分类账户的期末余额及备查登记簿。

资产负债表各项目均需填列"年初余额"和"期末余额"两栏。其中,"年初余额"栏内各项数字,应根据上年末资产负债表的"期末余额"栏内所列数字直接填列。"期末余额"栏应根据总分类账户和明细分类账户的期末余额填列。具体地说,主要有以下几种填列方法。

(一)根据总分类账户的期末余额直接填列

根据各总分类账户期末余额直接填列的项目有"交易性金融资产"、"短期借款"、"应付票据"、"应付职工薪酬"、"实收资本"等。

(二)根据明细分类账户的期末余额计算填列

如"应收账款"项目,根据"应收账款"和"预收账款"两个账户所属的相关明细分类账户的期末借方余额计算填列。"预收账款"项目,根据"应收账款"和"预收账款"两个账户所属的相关明细分类账户的期末贷方余额计算填列;"应付账款"项目,根据"应付账款"和"预付账款"两个账户所属的相关明细分类账户的期末贷方余额计算填列;"预付账款"项目,根据"应付账款"和"预付账款"两个账户所属的相关明细分类账户的期末借方余额计算填列。

（三）根据总分类账户和明细分类账户的期末余额分析计算填列

资产负债表中某些项目需要根据总账和明细账余额分析计算。填列非流动资产或者非流动负债时，应扣除如一年内到期的非流动资产或者非流动负债后的金额填列，将一年内到期的非流动资产或者非流动负债单独在资产负债表对应项目中填列。

（四）根据有关账户余额减去其备抵账户余额后的净额填列

资产项目应当根据有关账户余额减去其备抵账户余额后，按照其账面价值分析计算填列。如“固定资产”项目，应当根据“固定资产”科目的期末余额减去“累计折旧”、“固定资产减值准备”备抵科目余额后的账面价值填列。

（五）根据几个总分类账户的期末余额分析计算填列

如“货币资金”项目，根据“库存现金”、“银行存款”、“其他货币资金”三个总账账户的期末余额的合计数填列。“存货”项目，需要根据“原材料”、“委托加工物资”、“周转材料”、“材料采购”、“在途物资”、“发出商品”、“材料成本差异” 等总账账户期末余额的分析汇总数，再减去“存货跌价准备”科目余额后的净额填列。

四、资产负债表编制实例

【例 10-1】 星光电子实业有限公司 2012 年度结账后，各相关科目的期末余额如表 10-1所示。要求：编制资产负债表。

表 10-1　科目期末余额表　　单位：元

会计科目	借方余额	贷方余额
库存现金	5 850.00	
银行存款	2 084 082.00	
应收票据	19 200.00	
应收账款	18 000.00	
预付账款	1 000.00	
在途物资	425 008.00	
原材料	835 840.00	
库存商品	2 738 878.00	
生产成本	150 000.00	
固定资产	1 423 540.00	
在建工程	13 610.00	
无形资产	9 000.00	
长期待摊费用	27 600.00	
短期借款		155 500.00
应付账款		722 000.00

续表 10-1

会计科目	借方余额	贷方余额
预收账款		20 000.00
应付职工薪酬		126 000.00
应付股利		193 603.00
应交税费		190 944.00
长期借款		1 758 000.00
实收资本		4 222 215.00
资本公积		23 199.00
盈余公积		48 375.00
利润分配		241 772.00
累计折旧		50 000.00
合 计	7 751 608.00	7 751 608.00

编制资产负债表，见表 10-2。

表 10-2　资产负债表　会企 01 表

编制单位：东升实业有限公司　2012 年 12 月 31 日　单位：元

资产	期末余额	年初余额	负债和所有者权益（或股东权益）	期末余额	年初余额
流动资产：			流动负债：		
货币资金	2 089 932.00		短期借款	155 500.00	
交易性金融资产			交易性金融负债		
应收票据	19 200.00		应付票据		
应收账款	18 000.00		应付账款	722 000.00	
预付款项	1 000.00		预收款项	20 000.00	
应收利息			应付职工薪酬	126 000.00	
应收股利			应交税费	190 944.00	
其他应收款			应付利息		
存货	4 149 726.00		应付股利	193 603.00	
一年内非到期的流动资产			其他应付款		
其他流动资产			一年内到期的非流动负债		
流动资产合计	6 277 858.00		其他流动负债		

续表 10-2

资产	期末余额	年初余额	负债和所有者权益(或股东权益)	期末余额	年初余额
非流动资产:			流动负债合计	1 408 047.00	
可供出售金融资产			非流动负债:		
持有至到期投资			长期借款	1 758 000.00	
长期应收款			应付债券		
长期股权投资			长期应付款		
投资性房地产			专项应付款		
固定资产	1 373 540.00		预计负债		
在建工程	13 610.00		递延所得税负债		
工程物资			其他非流动负债		
固定资产清理			非流动负债合计	1 758 000.00	
生产性生物资产			负债合计	3 166 047.00	
油气资产			所有者权益(或股东权益):		
无形资产	9 000.00		实收资本(或股本)	4 222 215.00	
开发支出			资本公积	23 199.00	
商誉			减:库存股		
长期待摊费用	27 600.00		盈余公积	48 375.00	
递延所得税资产			未分配利润	241 772.00	
其他非流动资产			所有者权益(或股东权益)合计	4 535 561.00	
非流动资产合计	1 423 750.00				
资产总计	7 701 608.00		负债和所有者权益(或股东权益)总计	7 701 608.00	

第三节　利润表

一、利润表的概念和作用

利润表是反映企业在一定会计期间经营成果的报表。它是一张动态报表,是根据“收入 - 费用 = 利润”编制的。利润表把一定期间的收入与其同一会计期间相关的费用进行配比,以计算出企业一定时期的净利润(或净亏损)。

通过利润表反映的收入、费用等情况,能够反映企业的生产经营的收益和成本耗费情况,表明企业的生产经营成果。同时,通过利润表提供的不同时期的比较数字(本月数、本年累计数、上年数),可以分析企业今后利润的发展趋势及获利能力,了解投资者投入资本的完整性,考核企业的经营管理水平及经营业绩,帮助企业经营者进行经营决策,帮助所有者和债权人进行投资决策。当然,要使利润表自身孤立地发挥上述作用是困难的,它往往需要通过整个财务报告和大量的非财务信息及信息使用者的职业判断来进行。

二、利润表的结构

利润表一般包括表头、表体两部分。表头部分包括报表名称、编制单位、编制时间、金额单位等,表体部分包括利润形成的各个项目。按反映利润形成的过程不同有两种格式,一种是单步式,另一种是多步式。我国采用多步式利润表结构。其格式见例 10-2、表 10-4。

三、利润表的编制方法

多步式利润表的编制主要按以下几步计算利润:

第一步,以营业收入为基础,减去营业成本、营业税金及附加、销售费用、管理费用、财务费用、资产减值损失,加公允价值变动收益(减去公允价值变动损失)和投资收益(减去投资损失),计算出营业利润。

第二步,以营业利润为基础,加上营业外收入,减去营业外支出,计算出利润总额。

第三步,以利润总额为基础,减去所得税费用,计算出净利润(或亏损)。

第四步,如果是股份有限公司,还应当在利润表中列示基本每股收益和稀释每股收益。

利润表各项目均需填列“本期金额”和“上期金额”两栏。其中,“上期金额”栏内各项数字,应根据上年该期利润表的“本期金额”栏内所列数字填列。“本期金额”栏内各期数字,除“基本每股收益”和“稀释每股收益”项目外,应当按照相关科目的发生额分析填列。如“营业收入”项目,根据“主营业务收入“ 、“其他业务收入”科目的发生额分析计算填列;“营业成本”项目,根据“主营业务成本“ 、“其他业务成本”科目的发生额分析计算填列;如果企业有销售费用、管理费用、财务费用,应根据各项费用的借方发生额以及考虑贷方发生额进行填列;其他项目均按照各科目的发生额分析填列。

【例 10-2】 东升实业有限公司 2012 年 12 月份有关损益类账户的发生额如表 10-3 所示。

表 10-3　损益类财产的发生额　　单位:元

账户名称	借方发生额	贷方发生额
主营业务收入		1 000 000
主营业务成本	450 000	
其他业务收入		200 000
其他业务成本	80 000	

续表 10-3

账户名称	借方发生额	贷方发生额
营业税金及附加	350 000	
销售费用	50 000	
管理费用	80 000	
财务费用	145 000	
投资收益		500 000
营业外收入		150 000
营业外支出	50 000	
所得税费用	161 250	

编制东升实业有限公司 2012 年度利润表，见表 10-4。

表 10-4　利润表

会企 02 表

编制单位：东升实业有限公司　　2012 年 12 月　　单位：元

项目	本期金额	上期金额
一、营业收入	1 200 000	（略）
减：营业成本	530 000	
营业税金及附加	350 000	
销售费用	50 000	
管理费用	80 000	
财务费用	145 000	
资产减值损失		
加：公允价值变动收益（损失以“-”号填列）		
投资收益（损失以“-”号填列）	500 000	
其中：对联营企业和合营企业的投资收益		
二、营业利润（亏损以“-”号填列）	545 000	
加：营业外收入	150 000	
减：营业外支出	50 000	
其中：非流动资产处置损失		
三、利润总额（亏损总额以“-”号填列）	645 000	
减：所得税费用	161 250	
四、净利润（净亏损以“-”号填列）	483 750	
五、每股收益：		
（一）基本每股收益		
（二）稀释每股收益		

第四节　现金流量表

一、现金流量表概述

现金流量表是反映企业在一定会计期间现金和现金等价物流入和流出的财务报表。它是一种期间的财务报表。

现金是指企业库存现金以及可以随时用于支付的存款，包括库存现金、银行存款和其他货币资金（如外埠存款、银行汇票存款、银行本票存款和在途货币资金等）。不能随时用于支付的存款不属于现金。

【小知识 10.3】 现金等价物，是指企业持有的期限短、流动性强、易于转换为已知金额现金、价值变动风险很小的投资。

(1)期限短是指从购买日起 3 个月内到期。现金等价物通常包括 3 个月内到期的债券投资等。

(2)流动性强是指能够在市场上进行交易。

(3)易于转换为已知金额现金主要是指准备持有至到期的债权性投资（不包括股权性投资）。

(4)价值变动风险很小是指债券等（股票价值风险变动较大）。

现金等价物虽然不是现金，但其支付能力与现金差别不大，因此可视为现金。权益性投资变现的金额通常不确定，因而不属于现金等价物。企业应当根据具体情况，确定现金等价物的范围，一经确定不得随意变更。

涉及现金和现金等价物而不需要在现金流量表上反映，包括现金与现金之间的经济活动，如企业将现金存入银行、企业开出银行本票和银行汇票；现金与现金等价物之间的经济活动，如企业用银行存款购买 3 个月到期的短期债权性投资；还有一类是等价物之间的经济活动。

现金流量是指企业在一定期间内的现金流入和现金流出的数量。现金流入量与现金流出量之差为现金净流量。现金流量包括经营活动产生的现金流量、投资活动产生的现金流量和筹资活动产生的现金流量。

编制现金流量表的目的是，为财务报表使用者提供企业一定会计期间的现金和现金等价物流入和流出的信息，以便财务报表使用者了解和评价企业获取现金和现金等价物的能力，并据以预测企业未来的现金流量。

二、现金流量的分类

现金流量分为经营活动产生的现金流量、投资活动产生的现金流量和筹资活动产生的现金流量三大类。

（一）经营活动产生的现金流量

经营活动是指企业投资活动和筹资活动以外的所有交易和事项。经营活动产生的现金流量主要包括销售商品或提供劳务、购买商品或接受劳务、支付工资薪酬、收到的税费返还、收到其他与经营活动有关的现金、交纳税费、支付其他与经营活动有关的现金等流入和流出的现金及现金等价物 。

通过经营活动产生的现金流量,可以说明企业的经营活动对现金流入和流出的影响程度,判断企业在不动用对外筹得资金的情况下,是否足以维持生产经营、偿还债务等。

(二)投资活动产生的现金流量

投资活动是指企业长期资产的购建和不包括在现金等价物范围内的投资及其处置活动。投资活动产生的现金流量主要包括购建固定资产、开发无形资产等。

编制现金流量表所指的"投资"既包括对外投资,又包括长期投资的构建与处置。投资活动产生的现金流量主要包括取得和收回投资、构建和处置固定资产、购买和处置无形资产等流入和流出的现金及现金等价物 。

通过投资活动产生的现金流量,可以判断投资活动对企业现金流量净额的影响程度。

(三)筹资活动产生的现金流量

筹资活动是指导致企业资本及债务规模和构成发生变化的活动。筹资活动产生的现金流量主要包括吸收投资、取得借款、收到其他与筹资活动有关的现金、偿还债务、分配利润或偿付利息、支付其他与筹资活动有关的现金等流入和流出的现金及现金等价物。

通过筹资活动产生的现金流量,可以分析企业通过筹资活动获取现金的能力,判断筹资活动对企业现金流量净额的影响程度。

三、现金流量表的结构

我国企业现金流量表采用报告式结构,分类反映经营活动产生的现金流量、投资活动产生的现金流量、筹资活动产生的现金流量,最后汇总反映企业某一期间现金及现金等价物的净增加额。三类净流量之和,即为企业本年度的现金增减净额。现金流量表的基本格式如表 10-5 所示。

表 10-5　现金流量表　　会企 03 表

编制单位:　　年　月　　单位:元

项目	本期金额	上期金额
一、经营活动产生的现金流量		
销售商品、提供劳务收到的现金		
收到的税费返还		
收到其他与经营活动有关的现金		
经营活动现金流入小计		
购买商品、接受劳务支付的现金		
支付给职工以及为职工支付的现金		
支付的各项税费		
支付其他与经营活动有关的现金		
经营活动现金流出小计		

续表 10-5

项目	本期金额	上期金额
经营活动产生的现金流量净额		
二、投资活动产生的现金流量		
收回投资收到的现金		
取得投资收益收到的现金		
处置固定资产、无形资产和其他长期资产收回的现金净额		
处置子公司及其他营业单位收到的现金净额		
收到其他与投资活动有关的现金		
投资活动现金流入小计		
购建固定资产、无形资产和其他长期资产支付的现金		
投资支付的现金		
取得子公司及其他营业单位支付的现金净额		
支付其他与投资活动有关的现金		
投资活动现金流出小计		
投资活动产生的现金流量净额		
三、筹资活动产生的现金流量		
吸收投资收到的现金		
取得借款收到的现金		
收到其他与筹资活动有关的现金		
筹资活动现金流入小计		
偿还债务支付的现金		
分配股利、利润或偿付利息支付的现金		
支付其他与筹资活动有关的现金		
筹资活动现金流出小计		
筹资活动产生的现金流量净额		
四、汇率变动对现金及现金等价物的影响		
五、现金及现金等价物净增加额		
加:期初现金及现金等价物余额		
六、期末现金及现金等价物余额		

第五节 所有者权益变动表

所有者权益变动表是反映构成所有者权益的各组成部分当期的增减变动情况的报表。所有者权益变动表应当单独列示下列项目:当期净利润、直接计入所有者权益的利得和损失、会计政策变更和差错更正的累积影响金额、所有者投入资本和向所有者分配利润等、按规定提取的盈余公积、实收资本、资本公积、盈余公积、未分配利润的期初和期末余额及其调节情况。

第六节 附 注

一、编制财务报表附注的意义

企业编制财务报表附注,可以使报表使用者对企业的财务状况、经营成果和现金流动情况获得更加充分的了解,从而作出正确的决策。

附注是财务报表不可或缺的组成部分。报表使用者了解企业的财务状况,经营成果和现金流量,应当全面阅读附注,附注相对于报表而言,同样具有重要性。附注应当按照一定的结构进行系统合理的排列和分类,有顺序地披露信息。

二、附注的内容

附注包括所有在财务报表内未提供的、与企业财务状况和经营成果及现金流动相关的、有助于报表使用者更好地了解财务报表的重要信息。具体来说,附注一般应包括企业的基本情况、财务报表的编制基础、遵循企业会计准则的声明、重要会计政策和会计估计、会计政策和会计估计变更以及差错更正的说明、重要报表项目的说明、或有事项的说明、资产负债表日后事项的说明、关联方关系及其交易的说明等。

■本章小结

财务报表是对企业财务状况、经营成果和现金流量的结构性表述。资产负债表是反映企业某一特定日期财务状况的报表,应根据账户的期末余额填列。利润表是反映企业一定期间经营成果的报表,应根据损益类账户的发生额填列;现金流量表是反映企业一定期间现金流入、流出的报表,附注是帮助理解财务报表的。

■主要概念

财务报表 资产负债表 利润表 现金流量表 附注

■基本训练

□知识题

1.1 阅读理解

1)什么是财务报告?包括哪些内容?

2)什么是资产负债表?它有哪些作用?其结构如何?

3)什么是利润表？它有哪些作用？其结构如何？

1.2　知识应用

1)资产负债表中各项目的填列依据是什么？各项目的金额如何填列？

2)利润表中各项目的填列依据是什么？各项目的金额如何填列？

□技能题

1.1　规则练习

1)财务报表的编制要求是什么？

2)所有者权益变动表包括哪些项目？

3)账务报表附注的作用有哪些？应在附注中披露的内容有哪些？

1.2　操作练习

1)某企业2012年末"长期待摊费用"账户的期末余额为300 000元,其中将于一年内摊销的数额为100 000元。该企业资产负债表中"长期待摊费用"项目的金额为多少？

2)某企业2012年末"固定资产"账户的余额为2 000 000元,"累计折旧"账户余额为100 000元。该企业资产负债表中"固定资产"项目的金额为多少？

3)某企业长期借款情况如下:2012年1月1日借入3年期借款200万元,2011年1月1日借入4年期借款300万元,2007年7月1日借入5年期借款100万元,2012年资产负债表中"长期借款"项目的金额为多少？

4)某企业2012年末"库存现金"账户余额为20 000元,"银行存款"账户余额为500 000元,"其他货币资金"账户余额为50 000元。该企业资产负债表中的"货币资金"项目的金额为多少？

5)某企业2012年末"材料采购"账户的借方余额为100 000元,"原材料"账户的借方余额为2 000 000元,"库存商品"账户的借方余额为1 500 000元,"生产成本"账户的借方余额为500 000元。该企业2008年资产负债表中"存货"项目的金额为多少？

6)某企业2012年度"主营业务收入"账户的贷方发生额为500 000元,借方发生额为100 000元(系8月份发生的销货退回),"其他业务收入"账户的贷方发生额为50 000元。该企业2012年度利润表中的"营业收入"项目的金额为多少？

7)某企业2012年度"主营业务成本"账户的借方发生额为200 000元,"其他业务成本"账户的借方发生额为100 000元。该企业2008年度利润表中的"营业成本"项目的金额为多少？

□能力题

1)某企业2012年12月31日结账后的有关账户余额如下：

应收账款总账借方余额70万元。其中,甲公司借方余额100万元,乙公司贷方余额30万元。预收账款总账贷方余额120万元。其中,A公司借方余额20万元,B公司贷方余额140万元。应付账款总账贷方余额135万元。其中,丙公司贷方余额150万元,丁公司借方余额15万元。预付账款总账借方余额34万元。其中,C公司贷方余额6万元,D公司借方余额40万元。

计算该企业2008年资产负债表中应收账款、预收账款、应付账款、预付账款项目的金额。

2)根据下列资料编制资产负债表:

华升公司 2012 年 12 月 31 日各账户期末余额如表 10-6 所示。

表 10-6　各账户期末余额

账户	借方余额	账户	贷方余额
库存现金	500	短期借款	5 000
银行存款	7 900	应付账款	3 700
应收账款	14 460	预收账款	3 060
预付账款	1 400	其他应付款	100
其他应收款	300	应付职工薪酬	1 100
原材料	12 300	长期借款	9 000
库存商品	3 700	应交税费	7 000
长期股权投资	10 000	实收资本	30 000
固定资产	21 800	资本公积	2 000
无形资产	1 400	本年利润	56 400
长期待摊费用	400	坏账准备	600
利润分配	33 188	累计折旧	8 000
所得税费用	18 612		

3)根据下列资料编制利润表。

华升企业 2012 年度损益类账户发生额(单位:元)如下:

主营业务收入　286 000(贷方)　财务费用　4 000(借方)
主营业务成本　102 000(借方)　投资收益　3 000(贷方)
营业税金及附加　9 000(借方)　营业外收入　7 000(贷方)
销售费用　4 000(借方)　营业外支出　3 600(借方)
管理费用　17 000(借方)　所得税费用　18 612(借方)
公允价值变动损益　5 200(贷方)　资产减值损失　4 980(借方)

第十一章　账务处理程序

■**学习目标**

通过本章学习，了解账务处理程序的种类，掌握记账凭证账务处理程序、科目汇总表账务处理程序的特点、记账程序、优缺点及适用范围，了解汇总记账凭证账务处理程序。

第一节　账务处理程序概述

一、账务处理程序的概念

会计工作中，会计凭证、会计账簿、财务报表之间不是相互孤立的，而是以一定的形式紧密联系在一起的，形成一个完整的体系。为了使会计工作有序进行，全面地反映企业的经济活动发生及其完成情况，为财务报表的使用者提供全面的会计信息，就必须明确各种会计凭证、会计账簿、财务报表之间的关系，通过一定的形式把它们有机地结合起来。

会计账务处理程序简称为账务处理程序，指账簿组织、记账程序和记账方法相互结合的方式，也称为会计核算形式。账簿组织是指会计凭证和账簿的种类、格式以及各种凭证和账簿之间的相互关系；记账程序是指从审核整理原始凭证开始到填制记账凭证、根据记账凭证登记账簿以及编制财务报表为止的一系列步骤；记账方法是指从审核整理原始凭证开始到填制记账凭证、登记账簿和编制财务报表为止的过程中所采用的专门方法。不同的账簿组织、记账程序和记账方法科学地结合在一起，形成不同的会计账务处理程序。

二、会计账务处理程序的意义

会计账务处理程序是做好会计工作的重要前提之一。由于各个企业单位的经济业务性质不同、规模大小各异以及在经营管理上的要求不一致，因此它们使用的凭证、账簿的格式以及记账程序和方法也就不完全相同。为了把会计工作科学地组织起来，任何单位都应结合本单位的具体情况，采用恰当的账务处理程序组织会计工作。这对于提高会计工作的质量和效率，充分发挥会计的职能作用，加强会计管理，正确、及时地提供会计信息有着重要的意义。

三、选择合理会计账务处理程序的要求

科学合理地设计与选用会计账务处理程序一般应符合下列基本要求。

(一)满足经济管理的需要

会计的目的就是提供经济信息，加强经济管理。因此，科学合理的会计账务处理程序，必须能够正确、全面、及时地提供生产经营管理各方面所需的会计信息。

（二）与单位的实际相适应

各单位的生产经营特点、规模大小、业务繁简不同，会计机构设置、人员配备及分工也不完全相同。会计账务处理程序必须从本单位实际出发，设计或选用符合本单位业务实际的会计账务处理程序。

（三）在保证会计核算质量的前提下尽量简化手续

在能够保证会计核算资料和会计信息正确、完整的前提下，单位应建立科学的账务处理程序，节约人力、物力和财力的耗费，提高会计工作效率。

四、会计账务处理程序的种类

会计账务处理程序按照凭证、账簿的不同组合形式，可以分为不同的种类。目前，我国会计工作中主要采用的账务处理程序有以下四种类型：

（1）记账凭证账务处理程序；

（2）科目汇总表账务处理程序；

（3）汇总记账凭证账务处理程序；

（4）多栏式日记账账务处理程序。

以上几种会计账务处理程序的主要区别在于登记总分类账的依据和方法不同。各单位可以根据本单位的特点，选择适合本单位实际情况的会计账务处理程序。

第二节　记账凭证账务处理程序

一、记账凭证账务处理程序的特点

记账凭证账务处理程序的主要特点是根据记账凭证直接登记总分类账。由于总分类账是直接根据记账凭证逐笔登记的，所以这种会计账务处理程序就称作记账凭证账务处理程序。它是会计账务处理程序中最基本的一种核算形式，其他各种会计账务处理程序基本上是在这种处理程序形式上发展和演变而形成的。

二、记账凭证账务处理程序下凭证和账簿组织

在记账凭证账务处理程序下，记账凭证通常采用收款凭证、付款凭证、转账凭证三种形式，也可以采用通用凭证。账簿的组织一般应设置现金日记账、银行存款日记账、总分类账和明细分类账。总分类账按总账科目设置，总分类账和日记账可以采用三栏式；明细分类账可根据经营管理的需要设置，采用三栏式、数量金额式或多栏式等。

【小知识 11.1】　在记账凭证账务处理程序下，由于总分类账直接根据记账凭证逐笔登记，记账工作量较大。为了减轻记账工作量，可以将同类性质的原始凭证汇总编制成原始凭证汇总表，然后根据“原始凭证汇总表”编制记账凭证。

三、记账凭证账务处理程序的记账程序

记账凭证账务处理程序下填制会计凭证、登记账簿和编制财务报表的具体工作步骤

如下：

(1)根据原始凭证编制原始凭证汇总表；

(2)根据原始凭证或原始凭证汇总表填制收款凭证、付款凭证和转账凭证；

(3)根据现金和银行存款的收款凭证、付款凭证登记库存现金日记账和银行存款日记账；

(4)根据各种记账凭证和原始凭证或原始凭证汇总表登记明细分类账；

(5)根据各种记账凭证逐笔登记总分类账；

(6)月末，现金日记账、银行存款日记账和明细分类账的余额与总分类账有关账户的余额相互核对；

(7)月末，根据总分类账和明细分类账的记录编制财务报表。

记账凭证账务处理程序图见图 11-1。

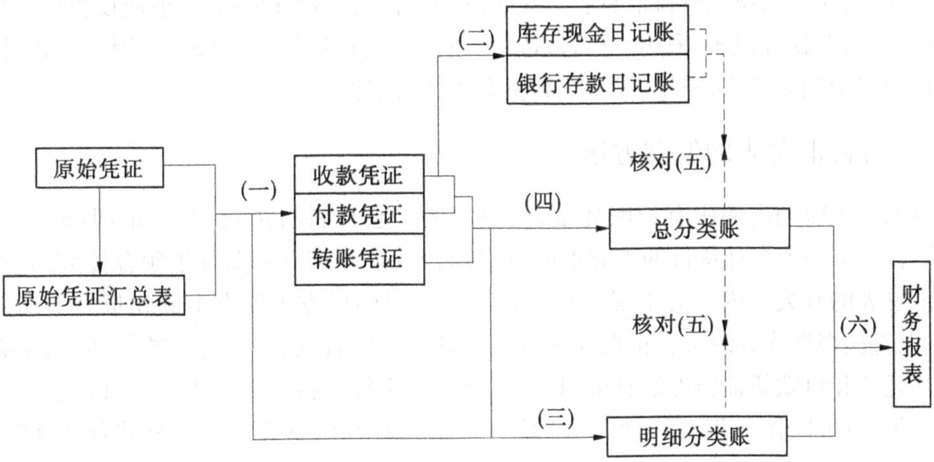

图 11-1 记账凭证账务处理程序图

四、记账凭证账务处理程序的优缺点及其适用范围

记账凭证账务处理程序的优点是简单明了，核算手续简便，层次清楚，便于查账。这是由于省去了编制记账凭证的汇总工作，而且对于一些不经常发生经济业务的账户，可省去设置明细账，只需在总分类账的摘要栏中说明经济业务的主要内容，从而简化了记账工作。总分类账还较详尽地反映了全部经济业务内容，账户的对应关系和经济业务的来龙去脉比较清晰，便于查账和用账。

记账凭证账务处理程序的缺点主要是登记总分类账的工作量较大，而且不便于对会计工作进行分工。

记账凭证账务处理程序的适应范围：一般适用于规模较小、经济业务较少、凭证不多的单位。

第三节　科目汇总表账务处理程序

一、科目汇总表账务处理程序的特点

科目汇总表账务处理程序的特点是:首先定期(5 天或 10 天)将所有记账凭证汇总编制成科目汇总表,然后根据科目汇总表登记总分类账。由于总分类账是根据科目汇总表登记的,所以称之为科目汇总表账务处理程序。

二、科目汇总表账务处理程序下凭证和账簿的设置

在科目汇总表账务处理程序下,对记账凭证的要求是:除设置收款凭证、付款凭证和转账凭证外,还要求设置科目汇总表。对账簿的设置没有特殊要求,一般应设置库存现金日记账、银行存款日记账,采用三栏式;按每一总账科目设置总分类账,采用三栏式;按明细科目设置明细分类账,采用三栏式、数量金额式或多栏式。

三、科目汇总表的编制方法

根据一定时期内的所有记账凭证,按照相同的会计科目进行归类,定期(5 天或 10 天)汇总出每一个会计科目的借方本期发生额合计数和贷方本期发生额合计数,并填入科目汇总表的有关栏内。对于现金和银行存款科目的借方本期发生额和贷方本期发生额,可以直接根据库存现金日记账和银行存款日记账的收入、支出合计数填列,而不必根据收款凭证和付款凭证归类汇总填列,以简化汇总手续。科目汇总表可以每月汇总一次编制一张,也可以按旬汇总一次,每月编制一张。科目汇总表的一般格式如表 11-1 和表 11-2 所示。

表 11-1　科目汇总表

年　　月　　日至　　日　　　　　　　　第　　号

会计科目	本期发生额		总账页数
	借方	贷方	
合计			

表 11-2 科目汇总表

年 月

会计科目	总账页数	1～10 日		11～20 日		21～30 日		本月合计	
		借方	贷方	借方	贷方	借方	贷方	借方	贷方
合计									

四、科目汇总表账务处理程序的记账程序

科目汇总表账务处理程序下填制记账凭证、登记账簿和编制财务报表的具体工作步骤如下：

(1)根据原始凭证编制原始凭证汇总表；

(2)根据原始凭证或原始凭证汇总表填制收款凭证、付款凭证和转账凭证；

(3)根据收款凭证、付款凭证登记库存现金日记账和银行存款日记账；

(4)根据原始凭证或原始凭证汇总表以及记账凭证登记明细分类账；

(5)根据收款凭证、付款凭证和转账凭证编制科目汇总表；

(6)根据科目汇总表登记总分类账；

(7)月末，库存现金日记账、银行存款日记账和明细分类账的余额与总分类账有关账户的余额相互核对；

(8)月末，根据总分类账和明细分类账的记录编制财务报表。

科目汇总表账务处理程序图见图 11-2。

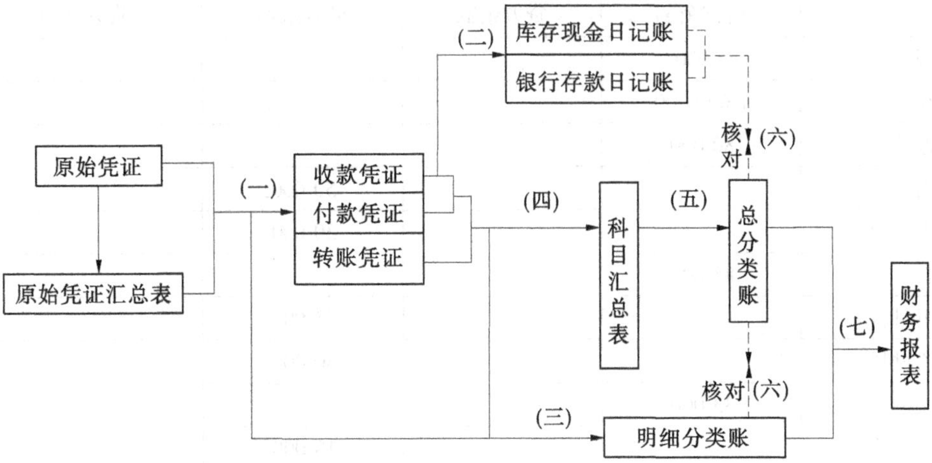

图 11-2 科目汇总表账务处理程序图

五、科目汇总表账务处理程序的优缺点及适用范围

(一)科目汇总表账务处理程序的优点

(1)大大简化了登记总账的工作量。根据科目汇总表登记总分类账,大大简化了登记总账的工作量。

(2)可以进行试算平衡,发现错误,保证记账工作的质量。通过科目汇总表的编制,可以将各科目的本期借、贷发生额的合计数进行试算平衡,及时发现工作中的错误,从而保证记账工作的质量。

(二)科目汇总表账务处理程序的缺点

(1)不能反映各科目的对应关系。科目汇总表不分对应科目进行汇总,不能反映各科目的对应关系,不便于对经济业务进行分析和检查。

(2)编制科目汇总表比较麻烦。如果记账凭证较多,根据记账凭证编制科目汇总表本身也是一项较繁杂的工作;如果记账凭证较少,运用科目汇总表登记总账又起不到简化登记总账的效果。

(三)科目汇总表账务处理程序的适用范围

科目汇总表账务处理程序应用范围较广,一般规模较大、经济业务较多的单位都可以采用。

六、科目汇总表账务处理程序的应用实例

资料:辉煌有限责任公司 2012 年 11 月 30 日总分类账及有关明细分类账的余额见表 11-3。

表 11-3 总分类账及有关明细分类账账户余额表

单位:辉煌有限责任公司 2012 年 11 月 30 日 单位:元

会计科目	总分类账		明细分类账	
	借方余额	贷方余额	借方余额	贷方余额
库存现金	7 000			
银行存款	1 600 000			
应收账款	80 000			
丙公司			50 000	
丁公司			30 000	
原材料	85 000			
甲材料			45 000	
乙材料			40 000	
生产成本	33 000			
A 产品			18 000	
B 产品			15 000	

续表 11-3

会计科目	总分类账		明细分类账	
	借方余额	贷方余额	借方余额	贷方余额
库存商品	95 000			
A 产品			60 000	
B 产品			35 000	
固定资产	4 000 000			
累计折旧		400 000		
应付职工薪酬		38 205		
应交税费		50 000		
长期借款		100 000		
实收资本		4 450 000		
盈余公积		200 000		
利润分配		100 000		
本年利润		561 795		
合计	5 900 000	5 900 000		

辉煌有限责任公司 2012 年 12 月份发生下列会计事项：

(1)2 日，从业欣公司购入甲材料 10 000 kg，每千克 10 元，价款 100 000 元，增值税款 17 000 元。材料已验收入库，款项已由银行存款支付。

(2)5 日，从曲友公司购入乙材料 7 000 kg，每千克 15 元，价款 105 000 元，增值税款 17 850 元。材料已验收入库，款项已由银行存款支付。

(3)6 日，销售 A 产品 50 件，单价 1 500 元，价款 75 000 元，增值税销项税额 12 750 元。款项已收回存入银行。

(4)10 日，企业耗用材料，根据发出材料汇总表分配结转材料费用，见表 11-4。

表 11-4　发出材料汇总表

2012 年 12 月 10 日　　单位:元

应借科目		应贷科目:原材料				
		甲材料		乙材料		金额合计
		数量(kg)	金额	数量(kg)	金额	
生产成本	A 产品	4 000	40 000	3 900	58 500	98 500
	B 产品	2 500	25 000	1 900	28 500	53 500
	小计	6 500	65 000	5 800	87 000	152 000
制造费用		200	2 000	2 000	30 000	32 000
管理费用		1 000	10 000			10 000
合计		7 700	77 000	7 800	117 000	194 000

(5)11 日,销售 B 产品 100 件,单价 1 000 元,货款 100 000 元,增值税销项税额 17 000 元。款项已收回存入银行。

(6)13 日,以银行存款支付广告费 6 000 元。

(7)15 日,计算和分配本月职工工资及福利费,见表 11-5。

表 11-5　职工工资及福利费分配表

2012 年 12 月 15 日　　单位:元

应借科目		应付工资	应付福利费
生产成本	A 产品	39 500	5 530
	B 产品	22 700	3 178
	小计	62 200	8 708
制造费用		20 000	2 800
管理费用		25 000	3 500
合计		107 200	15 008

(8)20 日,从银行提取现金 107 200 元,备发工资。

(9)20 日,以现金 107 200 元支付本月工资。

(10)21 日,以银行存款支付本月水电费 10 732 元。其中,生产 A 产品耗用 2 360 元,生产 B 产品耗用 1 372 元,生产车间耗用 4 500 元,行政管理部门耗用 2 500 元。

(11)22 日,销售给丙公司 A 产品 140 件,单价 1 500 元,货款 210 000 元,增值税销项税额 35 700 元,货款尚未收回。

(12)23 日,销售给丁公司 B 产品 60 件,单价 1 000 元,货款 6 000 元,增值税销项税额 10 200 元,货款尚未收回。

(13)24 日,以银行存款支付销售产品运费 2 000 元。

(14)25 日,以现金支付行政部门办公用品款 100 元。

(15)27 日,收到丙公司前欠货款 245 700 元,已存入银行。

(16)28 日,行政人员报差旅费 300 元,以现金支付。

(17)29 日,以银行存款支付生产车间制图费 6 060 元。

(18)31 日,计提本月固定资产折旧费 20 000 元。其中,生产车间折旧费为 12 000 元,行政管理部门折旧费为 8 000 元。

(19)31 日,本月发生制造费用 77 360 元。其中,应分配给 A 产品 51 110 元,应分配给 B 产品 26 250 元。

(20)31 日,月末,结转完工入库产品成本。A 产品完工 200 件,B 产品完工 150 件。

(21)31 日,计算本年经营性长期借款利息 5 000 元。

(22)31 日,结转本月产品销售成本 302 000 元。其中,A 产品销售 190 件,销售成本 190 000 元,B 产品销售 160 件,销售成本 112 000 元。

(23)31 日,计算出本月应交城市维护建设税 6 700 元,教育费附加 2 800 元。

(24)31 日,将本月主营业务收入 445 000 元,转入“本年利润”账户的贷方。

(25)31 日,将本月主营业务成本 302 000 元、营业税金及附加 9 500 元、销售费用 8 000元、管理费用 49 400 元和财务费用 5 000 元,转入“本年利润”账户的借方。

(26)31 日,计算出本月应交所得税 17 775 元。

(27)31 日,将所得税费用转入本年利润。

(28)31 日,进行利润分配,本年应计提法定盈余公积 122 000 元,应对投资者分配利润 350 000 元。

(29)31 日,计算未分配利润:将本年实现的净利润 615 120 元由“本年利润”账户转入“利润分配”账户“未分配利润”明细账户的贷方;将提取的盈余公积 122 000 元和投资者应分配利润 350 000 元,分别由“利润分配”有关明细账转入“利润分配”所属“未分配利润”明细账户的借方。

(30)31 日,以银行存款交纳税金 60 000 元。其中,增值税 50 000 元,所得税 10 000 元。产成品成本计算表如表 11-6 所示。

表 11-6　产成品成本计算表　　单位:元

项目		直接材料费	直接人工费	燃料及动力费	制造费用	合计
A 产品	总成本	100 000	45 600	2 400	52 000	200 000
	单位成本	500	228	12	260	1 000
B 产品	总成本	52 500	25 650	350	25 500	104 000
	单位成本	350	171	9	170	700

(一)编制记账凭证

根据辉煌有限责任公司 12 月份发生的会计事项的原始凭证,编制收款凭证、付款凭证和转账凭证,见表 11-7。

表 11-7　记账凭证(简式)　　单位:元

2012 年		凭证		摘要	会计科目	金额	
月	日	字	号				
12	2	银付	1	购甲材料	原材料——甲材料	100 000	
					应交税费—增(进)	17 000	
					银行存款		117 000
12	5	银付	2	购乙材料	原材料——乙材料	105 000	
					应交税费—增(进)	17 850	
					银行存款		122 850
12	6	银收	1	销售 A 产品	银行存款	87 750	
					主营业务收入		75 000
					应交税费—增(销)		12 750

续表 11-7

2012年 月	日	凭证 字	号	摘要	会计科目	金额（借）	金额（贷）
12	10	转	1	分配材料费用	生产成本——A产品	98 500	
					——B产品	53 500	
					制造费用	32 000	
					管理费用	10 000	
					原材料——甲材料		77 000
					——乙材料		117 000
12	11	银收	2	销售B产品	银行存款	117 000	
					主营业务收入		100 000
					应交税费—增(销)		17 000
12	13	银付	3	支付广告费	销售费用	6 000	
					银行存款		6 000
12	15	转	2	分配工资费用	生产成本——A产品	45 030	
					——B产品	25 878	
					制造费用	22 800	
					管理费用	28 500	
					应付职工薪酬——工资		107 200
					——职工福利		15 008
12	20	银付	4	提现金备发工资	库存现金	107 200	
					银行存款		107 200
12	20	现付	1	以现金发工资	应付职工薪酬——工资	107 200	
					库存现金		107 200
12	21	银付	5	支付水电费	生产成本——A产品	2 360	
					——B产品	1 372	
					制造费用	4 500	
					管理费用	2 500	
					银行存款		10 732
12	22	转	3	销售A产品，款未收	应收账款——丙公司	245 700	
					主营业务收入		210 000
					应交税费—增(销)		35 700
12	23	转	4	销售B产品，款未收	应收账款——丁公司	70 200	
					主营业务收入		60 000
					应交税费—增(销)		10 200
12	24	银付	6	支付产品运费	销售费用	2 000	
					银行存款		2 000

续表 11-7

2012年		凭证		摘要	会计科目	金额	
月	日	字	号				
12	25	现付	2	购办公用品	管理费用 　库存现金	100	 100
12	27	银收	3	收回货款	银行存款 　应收账款——丙公司	245 700	 245 700
12	28	现付	3	报销差旅费	管理费用 　库存现金	300	 300
12	29	银付	7	支付车间制图费	制造费用 　银行存款	6 060	 6 060
12	31	转	5	计提折旧费	制造费用 管理费用 　累计折旧	12 000 8 000	 20 000
12	31	转	6	分配制造费用	生产成本——A产品 　　　　——B产品 　制造费用	51 110 26 250	 77 360
12	31	转	7	结转完工产品成本	库存商品——A产品 　　　　——B产品 　生产成本——A产品 　　　　——B产品	200 000 105 000	 200 000 105 000
12	31	转	8	计提借款利息	财务费用 　应付利息	5 000	 5 000
12	31	转	9	结转已销产品成本	主营业务成本 　库存商品——A产品 　　　　——B产品	302 000	 190 000 112 000
12	31	转	10	计算城市维护建设税及附加	营业税金及附加 　应交税费——城市维护建设税 　　　　——教育费附加	9 500	 6 700 2 800
12	31	转	11	结转本月收入	主营业务收入 　本年利润	445 000	 445 000
12	31	转	12	结转本月费用	本年利润 　主营业务成本 　营业税金及附加 　销售费用 　管理费用 　财务费用	373 900	 302 000 9 500 8 000 49 400 5 000

续表 11-7

2012年		凭证		摘要	会计科目	金额	
月	日	字	号				
12	31	转	13	计算应交所得税	所得税费用 　　应交税费—所得税	17 775	 17 775
12	31	转	14	结转所得税费用	本年利润 　　所得税费用	17 775	 17 775
12	31	转	15	提取盈余公积	利润分配—提取法定盈余公积 　　　　—应付现金股利 　　盈余公积 　　应付股利	122 000 350 000	 122 000 350 000
12	31	转	16	结转本年利润	本年利润 　　利润分配—未分配利润	615 120	 615 120
12	31	转	17	结转利润分配	利润分配—未分配利润 　　利润分配—提取法定盈余公积 　　　　　　应付现金股利	472 000	 122 000 350 000
12	31	银付	8	交纳税金	应交税费 　　银行存款	60 000	 60 000

（二）登记日记账

根据所编制的收款及付款凭证，逐日逐笔登记库存现金日记账和银行存款日记账，见表 11-8 和表 11-9。

表 11-8　库存现金日记账　　单位：元

2012年		凭证		摘要	对方科目	借方	贷方	余额
月	日	字	号					
12	1			期初余额				7 000
	20	银付	4	提现金备发工资	银行存款	107 200		
	20	现付	1	发工资	应付职工薪酬		107 200	
				本日合计		107 200	107 200	7 000
	25	现付	2	购办公用品	管理费用		100	
				本日合计			100	6 900
	28	现付	3	支付差旅费	管理费用		300	
				本日合计			300	6 600
	31			本月合计		107 200	107 600	6 600

表 11-9　银行存款日记账

2012 年		凭证		摘要	对方科目	借方	贷方	余额
月	日	字	号					
12	1			期初余额				1 600 000
	2	银付	1	购材料	原材料		117 000	1 483 000
	5	银付	2	购材料	原材料		122 850	1 360 150
	5	银收	1	销售产品	主营业务收入	87 750		1 447 900
	11	银收	2	销售产品	主营业务收入	117 000		1 564 900
	13	银付	3	付广告费	销售费用		6 000	1 558 900
	20	银付	4	提现金发工资	现金		107 200	1 451 700
	21	银付	5	支付水电费	生产成本		10 732	1 440 968
	24	银付	6	支付产品运费	销售费用		2 000	1 438 968
	27	银收	3	收回货款	应收账款	245 700		1 684 668
	29	银付	7	支付制图费	制造费用		6 060	1 678 608
	31	银付	8	支付税金	应交税费		60 000	1 618 608
	31			本月合计		450 450	431 842	1 618 608

(三)登记明细账

根据原始凭证和记账凭证,逐笔登记各明细分类账。本例只介绍登记原材料和应收账款的方法。登记明细账见表 11-10 ~ 表 11-13。

表 11-10　原材料明细账

明细科目:甲材料　　　　计量单位:kg

2012 年		凭证		摘要	收入			发出			结存		
月	日	字	号		数量	单价	金额	数量	单价	金额	数量	单价	金额
12	1			期初余额							4 500	10	45 000
12	2	银付	1	购入	10 000	10	100 000				14 500	10	145 000
12	10	转	1	领用				7 700	10	77 000	6 800	10	68 000
12	31			合计	10 000	10	100 000	7 700	10	77 000	6 800	10	68 000

表 11-11　原材料明细账

明细科目:乙材料　　计量单位:kg

2012 年		凭证		摘要	收入			发出			结存		
月	日	字	号		数量	单价	金额	数量	单价	金额	数量	单价	金额
12	1			期初余额							4 000	10	40 000
12	5	银付	2	购入	7 000	15	105 000				11 000	15	165 000
12	10	转	1	领用				7 800	15	117 000	3 200	15	48 000
12	31			合计	7 000	15	105 000	7 800	15	117 000	3 200	15	48 000

表 11-12　应收账款明细分类账(一)

明细科目:丙公司　　单位:元

2012 年		凭证		摘要	借方	贷方	借或贷	余额
月	日	字	号					
12	1			期初余额			借	50 000
	22	转	3	销售产品	245 700		借	295 700
	27	银收	3	收回销货款		245 700	借	50 000
				本期发生额及余额	245 700	245 700	借	50 000

表 11-13　应收账款明细分类账(二)

明细科目:丁公司　　单位:元

2012 年		凭证		摘要	借方	贷方	借或贷	余额
月	日	字	号					
12	1			期初余额			借	30 000
	23	转	4	销售产品	70 200		借	100 200
				本期发生额及余额			借	100 200

(四)根据收款凭证、付款凭证和转账凭证编制科目汇总表

该公司按旬汇总,每月编制“科目汇总表”一张,据以登记总分类账。分别于 10 日、20 日、31 日将本旬全部记账凭证,按同一总账科目汇总,填在科目汇总表内,其格式和内容见表 11-14。

表 11-14　科目汇总表

2012 年 12 月　　汇字第 1 号

会计科目	1～10 日发生额		11～20 日发生额		21～31 日发生额		合计	
	借方	贷方	借方	贷方	借方	贷方	借方	贷方
库存现金			107 200	107 200		400	107 200	107 600
银行存款	87 750	239 850	117 000	113 200	245 700	78 792	450 450	431 842
应收账款					315 900	245 700	315 900	245 700
原材料	205 000	194 000					205 000	194 000
生产成本	152 000		70 908		81 092	305 000	304 000	305 000
制造费用	32 000		22 800		22 560	77 360	77 360	77 360
财务费用					5 000	5 000	5 000	5 000
库存商品					305 000	302 000	305 000	302 000
固定资产								
累计折旧						20 000		20 000
应付利息						5 000		5 000
应付职工薪酬			107 200	122 208			107 200	122 208
应付股利						350 000		350 000
应交税费	34 850	12 750		17 000	60 000	73 175	94 850	102 925
实收资本								
盈余公积						122 000		122 000
本年利润					1 006 795	445 000	1 006 795	445 000
利润分配					944 000	1 087 120	944 000	1 087 120
主营业务收入		75 000		100 000	445 000	270 000	445 000	445 000
主营业务成本					302 000	302 000	302 000	302 000
营业税金及附加					9 500	9 500	9 500	9 500
销售费用			6 000		2 000	8 000	8 000	8 000
管理费用	10 000		28 500		10 900	49 400	49 400	49 400
所得税费用					17 775	17 775	17 775	17 775
合计	521 600	521 600	459 608	459 608	3 773 222	3 773 222	4 754 430	4 754 430

（五）根据科目汇总表登记各有关总分类账

根据科目汇总表登记各有关总分类账，总分类账的登记工作可以在每旬汇总后登记一次，也可以在月终根据全月发生额每月登记一次。总分类账的登记见表 11-15～表 11-38。

表 11-15　总分类账(一)

会计科目:库存现金

2012 年		凭证		摘要	借方	贷方	借或贷	余额
月	日	字	号					
12	1			期初余额			借	7 000
12	20	科汇	1	11 ~ 20 日发生额	107 200	107 200	借	7 000
12	31	科汇	1	21 ~ 31 日发生额		400	借	6 600
12	31			本月合计	107 200	107 600	借	6 600

表 11-16　总分类账(二)

会计科目:银行存款

2012 年		凭证		摘要	借方	贷方	借或贷	余额
月	日	字	号					
12	1			期初余额			借	1 600 000
12	10	科汇	1	1 ~ 10 日发生额	87 750	239 850	借	1 447 900
12	20	科汇	1	11 ~ 20 日发生额	117 000	113 200	借	1 451 700
12	31	科汇	1	21 ~ 31 日发生额	245 700	78 792	借	1 618 608
12	31			本月合计	450 450	431 842	借	1 618 608

表 11-17　总分类账(三)

会计科目:应收账款

2012 年		凭证		摘要	借方	贷方	借或贷	余额
月	日	字	号					
12	1			期初余额			借	80 000
12	31	科汇	1	21 ~ 31 日发生额	315 900	245 700	借	150 200
12	31			本月合计	315 900	245 700	借	150 200

表 11-18　总分类账(四)

会计科目:原材料

2012 年		凭证		摘要	借方	贷方	借或贷	余额
月	日	字	号					
12	1			期初余额			借	85 000
12	10	科汇	1	1 ~ 10 日发生额	205 000	194 000	借	96 000
12	31			本月合计	205 000	194 000	借	96 000

表 11-19　总分类账(五)

会计科目:生产成本

2012 年		凭证		摘要	借方	贷方	借或贷	余额
月	日	字	号					
5	1			期初余额			借	33 000
5	10	科汇	1	1～10 日发生额	152 000		借	185 000
5	20	科汇	1	11～20 日发生额	70 908		借	255 908
5	31	科汇	1	21～31 日发生额	81 092	305 000	借	32 000
5	31			本月合计	304 000	305 000	借	32 000

表 11-20　总分类账(六)

会计科目:制造费用

2012 年		凭证		摘要	借方	贷方	借或贷	余额
月	日	字	号					
12	10	科汇	1	1～10 日发生额	32 000		借	32 000
12	20	科汇	1	11～20 日发生额	22 800		借	54 800
12	31	科汇	1	21～31 日发生额	22 560	77 360	平	0
12	31			本月合计	77 360	77 360	平	0

表 11-21　总分类账(七)

会计科目:财务费用

2012 年		凭证		摘要	借方	贷方	借或贷	余额
月	日	字	号					
12	31	科汇	1	21～31 日发生额	5 000	5 000	平	0
12	31			本月合计	5 000	5 000	平	0

表 11-22　总分类账(八)

会计科目:库存商品

2012 年		凭证		摘要	借方	贷方	借或贷	余额
月	日	字	号					
12	1			期初余额			借	95 000
12	31	科汇	1	21～31 日发生额	305 000	302 000	借	98 000
12	31			本月合计	305 000	302 000	借	98 000

表 11-23　总分类账(九)

会计科目:累计折旧

2012 年		凭证		摘要	借方	贷方	借或贷	余额
月	日	字	号					
12	1			期初余额			贷	400 000
12	31	科汇	1	21 ~ 31 日发生额		20 000	贷	420 000
12	31			本月合计		20 000	贷	420 000

表 11-24　总分类账(十)

会计科目:长期借款

2012 年		凭证		摘要	借方	贷方	借或贷	余额
月	日	字	号					
12	1			期初余额			贷	100 000
12	31			本月合计			贷	100 000

表 11-25　总分类账(十一)

会计科目:主营业务收入

2012 年		凭证		摘要	借方	贷方	借或贷	余额
月	日	字	号					
12	10	科汇	1	1 ~ 10 日发生额		75 000	贷	75 000
12	20	科汇	1	11 ~ 20 日发生额		100 000	贷	175 000
12	31	科汇	1	21 ~ 31 日发生额	445 000	270 000	平	0
12	31			本月合计	445 000	445 000	平	0

表 11-26　总分类账(十二)

会计科目:应付职工薪酬

2012 年		凭证		摘要	借方	贷方	借或贷	余额
月	日	字	号					
12	1			期初余额			贷	38 205
12	20	科汇	1	11 ~ 20 日发生额	107 200	122 208	贷	53 213
12	31			本月合计	107 200	122 208	贷	53 213

表 11-27　总分类账(十三)

会计科目:应交税费

2012 年		凭证		摘要	借方	贷方	借或贷	余额
月	日	字	号					
12	1			期初余额			贷	50 000
12	10	科汇	1	1~10 日发生额	34 850	12 750	贷	27 900
12	20	科汇	1	11~20 日发生额		17 000	贷	44 900
12	31	科汇	1	21~31 日发生额	60 000	73 175	贷	58 075
12	31			本月合计	94 850	102 925	贷	58 075

表 11-28　总分类账(十四)

会计科目:管理费用

2012 年		凭证		摘要	借方	贷方	借或贷	余额
月	日	字	号					
12	10	科汇	1	1~10 日发生额	10 000		借	10 000
12	20	科汇	1	11~20 日发生额	28 500		借	38 500
12	31	科汇	1	21~31 日发生额	10 900	49 400	平	0
12	31			本月合计	49 400	49 400	平	0

表 11-29　总分类账(十五)

会计科目:实收资本

2012 年		凭证		摘要	借方	贷方	借或贷	余额
月	日	字	号					
12	1			期初余额			贷	4 450 000
12	31			本月合计			贷	4 450 000

表 11-30　总分类账(十六)

会计科目:固定资产

2012 年		凭证		摘要	借方	贷方	借或贷	余额
月	日	字	号					
12	1			期初余额			借	4 000 000
12	31			本月合计			借	4 000 000

表 11-31　总分类账(十七)

会计科目:盈余公积

2012 年		凭证		摘要	借方	贷方	借或贷	余额
月	日	字	号					
				期初余额			贷	200 000
12	31	科汇	1	21～31 日发生额		122 000	贷	322 000
12	31			本月合计		122 000	贷	322 000

表 11-32　总分类账(十八)

会计科目:本年利润

2012 年		凭证		摘要	借方	贷方	借或贷	余额
月	日	字	号					
12	1			期初余额			贷	561 795
12	31	科汇	1	21～31 日发生额	1 006 795	445 000	平	0
12	31			本月合计	1 006 795	445 000	平	0

表 11-33　总分类账(十九)

会计科目:利润分配

2012 年		凭证		摘要	借方	贷方	借或贷	余额
月	日	字	号					
12	1			期初余额			贷	100 000
12	31	科汇	1	21～31 日发生额	944 000	1 087 120	贷	243 120
12	31			本月合计	944 000	1 087 120	贷	243 120

表 11-34　总分类账(二十)

会计科目:主营业务成本

2012 年		凭证		摘要	借方	贷方	借或贷	余额
月	日	字	号					
12	31	科汇	1	21～31 日发生额	302 000	302 000	平	0
12	31			本月合计	302 000	302 000	平	0

表 11-35 总分类账(二十一)

会计科目:应付利息

2012年		凭证		摘要	借方	贷方	借或贷	余额
月	日	字	号					
12	31	科汇	1	21~31日发生额		5 000	贷	5 000
12	31			本月合计		5 000	贷	5 000

表 11-36 总分类账(二十二)

会计科目:营业税金及附加

2012年		凭证		摘要	借方	贷方	借或贷	余额
月	日	字	号					
12	31	科汇	1	21~31日发生额	9 500	9 500	平	0
12	31			本月合计	9 500	9 500	平	0

表 11-37 总分类账(二十三)

会计科目:销售费用

2012年		凭证		摘要	借方	贷方	借或贷	余额
月	日	字	号					
12	31	科汇	1	21~31日发生额	6 000	6 000	平	0
12	31			本月合计	6 000	6 000	平	0

表 11-38 总分类账(二十四)

会计科目:所得税费用

2012年		凭证		摘要	借方	贷方	借或贷	余额
月	日	字	号					
12	31	科汇	1	21~31日发生额	17 775	17 775	平	0
12	31			本月合计	17 775	17 775	平	0

(六)对账

月末,将库存现金日记账、银行存款日记账及各种明细账的余额合计数,分别与总分类账中有关科目的余额核对(核对过程略),编制总分类科目发生额及余额试算平衡表。

(七)编制财务报表

月末,根据审核无误的总分类账和明细分类账的记录,编制财务报表(略)。

第四节　汇总记账凭证账务处理程序

一、汇总记账凭证账务处理程序的特点及其适用范围

汇总记账凭证账务处理程序的特点是：先定期将全部记账凭证按收款、付款和转账凭证分别归类编制成汇总记账凭证，再根据汇总记账凭证登记总账。由于总账是根据汇总记账凭证登记的，因此这种账务处理程序就称为汇总记账凭证账务处理程序。汇总记账凭证账务处理程序一般适用于规模较大、业务较多的单位。

二、汇总记账凭证账务处理程序下凭证和账簿的设置

在汇总记账凭证账务处理程序下，除设置收款、付款和转账的记账凭证外，还应设置汇总收款凭证、汇总付款凭证和汇总转账凭证，作为登记总分类账的依据。账簿的设置与记账凭证账务处理程序基本相同，应设置库存现金日记账，银行存款日记账，采用三栏式；按每一总账科目设置总分类账，采用三栏式；设置明细分类账，根据需要可采用三栏式、数量金额式或多栏式。

三、汇总记账凭证的编制方法

（一）汇总收款凭证的编制

汇总收款凭证是按借方科目现金和银行存款科目设置，按其相对应的贷方科目加以归类，定期汇总，按月编制。月末时，结算出汇总收款凭证中各贷方科目的合计数，据以登记总分类账。汇总收款凭证的格式如表 11-39 所示。

表 11-39　汇总收款凭证

借方科目：库存现金　　　　　　　　年　　月　　　　　　　　汇收第　号

贷方科目	金额				总账页数	
	1～10 日收款凭证第　号至第　号	11～20 日收款凭证第　号至第　号	21～30 日收款凭证第　号至第　号	合计	借方	贷方
合计						

（二）汇总付款凭证的编制

汇总付款凭证是按贷方科目现金和银行存款设置，按其相对应的借方科目加以归类，定期汇总，按月编制。月末时，结算出汇总付款凭证中各借方科目的合计数，据以登记总分类账。汇总付款凭证的格式见表 11-40。

表 11-40　汇总付款凭证

贷方科目:银行存款　　　　年　　月　　　　汇付第　号

借方科目	金额				总账页数	
	1～10 日付款凭证第　号至第　号	11～20 日付款凭证第　号至第　号	21～30 日付款凭证第　号至第　号	合计	借方	贷方
合计						

(三)汇总转账凭证的编制

汇总转账凭证是根据一定时期的转账凭证,按月汇总编制而成的。按转账凭证的贷方科目设置,按与设置科目相对应的借方科目加以归类,定期汇总,按月编制。月末时,结算出各汇总转账凭证中各借方科目的合计数,据以登记总分类账。如果某一贷方科目的转账凭证数量不多,也可以不编制汇总转账凭证,直接根据转账凭证登记总分类账。汇总转账凭证的格式见表 11-41。

表 11-41　汇总转账凭证

贷方科目:　　　　年　　月　　　　汇转第　号

借方科目	金额				总账页数	
	1～10 日转账凭证第　号至第　号	11～20 日转账凭证第　号至第　号	21～30 日转账凭证第　号至第　号	合计	借方	贷方
合计						

【小知识 11.2】　为了便于汇总转账凭证,所有转账凭证的填制应该是一个贷方科目同一个或几个借方科目相对应,不能以一个借方科目同几个贷方科目相对应。

四、汇总记账凭证账务处理程序下总分类账的登记方法

在汇总记账凭证账务处理程序下,为了使总分类账的内容与各种汇总记账凭证相一致,总分类账应采用借、贷栏内设有"对方科目"专栏的三栏式,以便于清晰地反映科目的对应关系。

在汇总记账凭证账务处理程序下,登记总分类账的方法是:

(1)根据汇总收款凭证的合计数,记入总分类账中"库存现金"或"银行存款"账户的借方,根据各贷方科目的合计数计入有关账户的贷方;

(2)根据汇总付款凭证的合计数,记入总分类账中"库存现金"或"银行存款"账户的贷方,根据各借方科目的合计数计入有关账户的借方;

(3)根据汇总转账凭证的合计数,计入总分类账户的贷方,根据各对应借方科目的合计数计入有关账户的借方。

五、汇总记账凭证账务处理程序的记账程序

汇总记账凭证账务处理程序下填制记账凭证、登记账簿和编制财务报表的具体工作步骤如下:

(1)根据原始凭证编制原始凭证汇总表;

(2)根据原始凭证或原始凭证汇总表填制收款凭证、付款凭证和转账凭证;

(3)根据收款凭证、付款凭证登记现金日记账和银行存款日记账;

(4)根据原始凭证或原始凭证汇总表以及记账凭证登记明细分类账;

(5)根据收款凭证、付款凭证和转账凭证分别编制汇总收款凭证、汇总付款凭证以及汇总转账凭证;

(6)根据汇总收款凭证、汇总付款凭证以及汇总转账凭证登记总分类账;

(7)月末,库存现金日记账、银行存款日记账和明细分类账的余额与总分类账有关账户的余额相互核对;

(8)月末,根据总分类账和明细分类账的记录编制财务报表。

汇总记账凭证账务处理程序图见图 11-3。

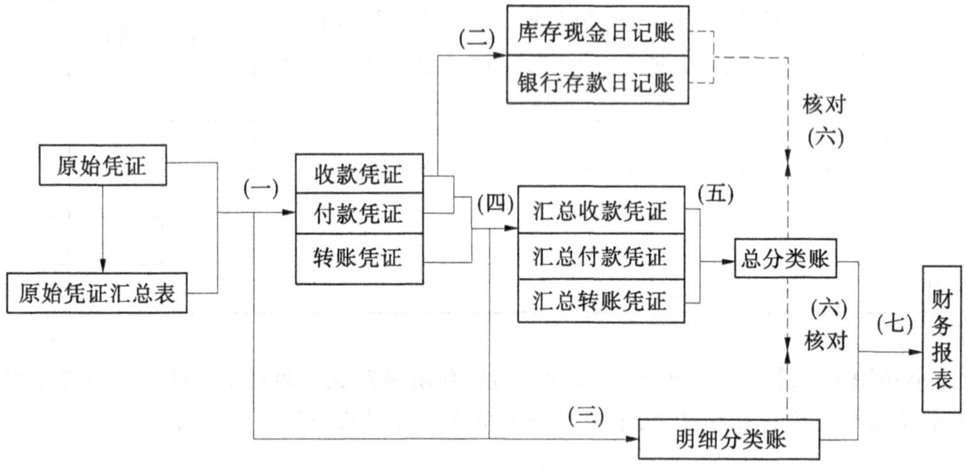

图 11-3 汇总记账凭证账务处理程序图

六、汇总记账凭证账务处理程序的应用

仍以辉煌有限责任公司 2012 年 12 月份发生的经济业务为例,这里仅就银行存款的汇总收款凭证和汇总付款凭证的编制方法以及如何根据汇总收款凭证和汇总付款凭证登记银行存款总分类账进行简述,如表 11-42 ~ 表 11-45 所示。

表 11-42　汇总收款凭证

借方科目:银行存款　　2012 年 12 月　　汇收第　号

贷方科目	金额				总账页数	
	1 ~ 10 日	11 ~ 20 日	21 ~ 31 日	合计	借方	贷方
主营业务收入	75 000	100 000		175 000		
应交税费	12 750	17 000		29 750		
应收账款			245 700	245 700	略	略
合计	87 750	117 000	245 700	450 450		

附注:(1)——上旬,记账凭证共×张;(2)——中旬,记账凭证共×张;(3)——下旬,记账凭证共×张。

表 11-43　汇总付款凭证

贷方科目:银行存款　　2012 年 12 月　　汇付第　号

借方科目	金额				总账页数	
	1 ~ 10 日	11 ~ 20 日	21 ~ 31 日	合计	借方	贷方
原材料	205 000			205 000		
应交税费	34 850		60 000	94 850		
销售费用		6 000	2 000	8 000	(略)	(略)
现金		107 200		107 200		
生产成本			3 732	3 732		
制造费用			10 560	10 560		
管理费用			2 500	2 500		
合计	239 850	113 200	78 792	431 842		

附注:(1)——上旬,记账凭证共×张;(2)——中旬,记账凭证共×张;(3)——下旬,记账凭证共×张。

表 11-44　汇总转账凭证

贷方科目:其他应收款　　2012 年 12 月　　汇转第　号

借方科目	金额				总账页数	
	1 ~ 10 日	11 ~ 20 日	21 ~ 31 日	合计	借方	贷方
管理费用						
合计						

附注:(1)——上旬,记账凭证共×张;(2)——中旬,记账凭证共×张;(3)——下旬,记账凭证共×张。

表 11-45　总分类账

会计科目:银行存款　　　　第　号

2012 年		凭证号数	摘要	对方账户	借方	贷方	借或贷	余额
月	日							
9	1		期初余额				借	1 600 000
	30	汇收×		主营业务收入	175 000			
	30	汇收×		应收账款	245 700			
	30	汇收×		应交税费	29 750			
	30	汇付×		原材料		205 000		
	30	汇付×		应交税费		94 850		
	30	汇付×		销售费用		8 000		
	30	汇付×		库存现金		107 200		
	30	汇付×		生产成本		3 732		
	30	汇付×		制造费用		10 560		
	30	汇付×		管理费用		2 500		
	30		本月合计		450 450	431 842	借	1 618 608

七、汇总记账凭证账务处理程序的优缺点及适用范围

汇总记账凭证账务处理程序的优点:

(1)总分类账的登记工作大大简化。根据汇总记账凭证登记总分类账,总分类账的登记工作大大简化了。

(2)便于了解科目之间的相互关系,有利于分析经济活动的情况,提供准确的会计信息资料。由于汇总记账凭证是根据许多记账凭证按照会计科目的对应关系进行归类汇总编制的,在总分类账中注明了对应科目,便于了解科目之间的相互关系,有利于分析经济活动的情况,提供准确的会计信息资料。

汇总记账凭证账务处理程序的缺点:按照每一贷方科目的转账凭证归类汇总,如果在同一贷方科目转账业务较少的情况下,就不能起到简化记账手续的作用。同时,也不利于日常核算工作的合理分工,而且编制汇总记账凭证的工作量较大。

汇总记账凭证账务处理程序一般适用于规模较大、业务较多的单位。

第五节　多栏式日记账账务处理程序

一、多栏式日记账账务处理程序的特点

多栏式日记账账务处理程序的特点是:设置多栏式的库存现金日记账和银行存款日记账,月末根据多栏式日记账登记有关的总分类账。转账业务通常根据有关转账凭证编

制转账科目汇总表,然后根据转账科目汇总表登记有关总分类账,也可以直接根据转账凭证逐笔登记总分类账。由于这种账务处理程序是根据多栏式日记账登记的总分类账,所以称之为多栏式日记账账务处理程序。

多栏式日记账账务处理程序是在前面几种账务处理程序的基础上简化而来的。由于在汇总记账凭证和科目汇总表账务处理程序下,设置日记账和编制汇总记账凭证及科目汇总表存在重复工作。同时,会计制度规定库存现金日记账和银行存款日记账的收入、支出必须逐笔序时登记,这样在多栏式日记账账务处理程序下,在日记账收入、支出栏设置专栏,逐笔序时登记收付业务款项,然后据此登记总分类账,转账业务根据科目汇总表或转账凭证登记总分类账,这样就大大地简化了会计核算工作。

多栏式日记账账务处理程序下总账与明细账的设置均与前面的账务处理程序相同。

二、多栏式日记账账务处理程序的记账程序

(1)根据原始凭证编制原始凭证汇总表;

(2)根据原始凭证或原始凭证汇总表填制记账凭证(收款凭证、付款凭证和转账凭证);

(3)根据原始凭证或原始凭证汇总表以及记账凭证登记明细分类账;

(4)根据收款凭证、付款凭证登记多栏式库存现金日记账和多栏式银行存款日记账;

(5)根据转账凭证编制转账科目汇总表;

(6)根据多栏式日记账和转账科目汇总表登记总分类账;

(7)月末,明细分类账的余额与总分类账有关账户的余额相互核对;

(8)月末,根据总分类账和明细分类账的记录编制财务报表。

三、多栏式日记账账务处理程序下总账的登记方法

在多栏式日记账账务处理程序下,库存现金存款日记账和银行存款日记账都按对应账户设置专栏,它具有收、付款凭证科目汇总表的作用,在登记总分类账时,可以直接根据日记账的本月收、付方发生额和各对应账户的发生额登记。登记时,根据库存现金日记账和银行存款日记账收入栏的本月合计登记到库存现金存款日记账和银行存款账户的借方;根据专栏中的对应科目登记有关账户的贷方;根据库存现金日记账和银行存款日记账的支出栏的本月合计数登记到库存现金和银行存款账户的贷方;根据对应科目登记有关账户的借方。库存现金和银行存款之间相互划转的收、付数额,已分别包括在它们的日记账的收入和支出合计数的本月发生额之内,所以不必再根据有关对应账户专栏的合计数登记总分类账,以免重复。

四、多栏式日记账账务处理程序的优缺点和适用范围

多栏式日记账账务处理程序的优点:

(1)简化了总账的登记手续。根据多栏式日记账登记总账,减少了编制汇总凭证的工作量,简化了总账的登记手续。

(2)可以直接反映货币资金的来龙去脉。在日记账中列示若干对应科目专栏,可以

直接反映货币资金的来龙去脉。

多栏式日记账账务处理程序的缺点：

(1)账页过长,不便于登记,不利于分工协作。由于日记账设置了专栏,会导致账页过长,使登记工作不方便,也不利于分工协作。

(2)不利于会计的内部牵制制度的实施。由于根据日记账登记总账,使日记账与总账的核对关系不存在,不利于会计的内部牵制制度的实施。

多栏式日记账账务处理程序一般适用于经济业务较多,特别是货币资金收付业务较多,涉及有关科目相对较少的单位。

■本章小结

记账凭证账务处理程序的主要特点是根据记账凭证直接登记总分类账。它一般适用于规模较小、经济业务较少、凭证不多的单位。

科目汇总表账务处理程序的特点是:先定期(5 天或 10 天)将所有记账凭证汇总编制成科目汇总表;然后,根据科目汇总表登记总分类账。这种账务处理程序应用范围较广,一般规模较大、经济业务较多的单位都可以采用。

汇总记账凭证账务处理程序的特点是:先定期将全部记账凭证按收款、付款和转账凭证分别归类编制成汇总记账凭证,再根据汇总记账凭证登记总分类账。它一般适用于规模较大、业务较多的单位。

多栏式日记账账务处理程序的特点是:设置多栏式的库存现金日记账和银行存款日记账,月末根据多栏式日记账登记有关的总分类账。转账业务通常根据有关转账凭证编制转账科目汇总表,然后根据转账科目汇总表登记有关总分类账,也可以直接根据转账凭证逐笔登记总分类账。多栏式日记账账务处理程序一般适用于经济业务较多,特别是货币资金收付业务较多,涉及有关科目相对较少的单位。

■主要概念

记账凭证账务处理程序　科目汇总表账务处理程序　汇总记账凭证账务处理程序

■基本训练

□知识题

1.1　阅读理解

1)什么是账务处理程序?

2)账务处理程序的种类有哪些? 其适用范围各是什么?

3)为什么说记账凭证账务处理程序是最基本的账务处理程序?

1.2　知识应用

1)记账凭证账务处理程序的特点、优缺点和适用范围各是什么?

2)科目汇总表账务处理程序的特点、优缺点和适用范围各是什么?

3)汇总记账凭证账务处理程序的特点、优缺点和适用范围各是什么?

□技能题

1.1　规则练习

1)简述记账凭证账务处理程序的记账程序。

2)简述科目汇总表账务处理程序的记账程序。

3)简述汇总记账凭证账务处理程序的记账程序。

4)比较以上三种账务处理程序的联系与区别。

1.2　操作练习

资料:利达工厂2012年11月30日各总分类账户余额及有关账户明细资料如表11-46所示。

表11-46　分类账户余额及有关账户明细资料　　单位:元

账户名称	借方余额	账户名称	贷方余额
		短期借款	42 900
库存现金	1 300	应付账款	1 000
银行存款	139 200	其他应付款	300
应收账款	3 000	应交税费	1 000
原材料	125 000	应付利息	500
库存商品	150 000	实收资本	1 000 000
长期待摊费用	14 000	盈余公积	14 000
固定资产	882 000	本年利润	427 000
利润分配	326 800	累计折旧	154 600
合计	1 641 300	合计	1 641 300

"库存商品"账户余额150 000元。其中,

库存商品A:4 000件,单价20元,计80 000元;

库存商品B:7 000件,单价10元 计70 000元。

"应收账款"账户余额3 000元系达成工厂欠款。

"应付账款"账户余额1 000元系欠创新工厂货款。

本年12月发生下列经济业务:

(1)仓库发出材料42 000元,用于生产A产品21 900元,用于生产B产品18 100元,车间辅助用料2 000元。

(2)从慧明工厂购入甲材料15 000元,增值税2 550元,该厂垫付运杂费1 000元,货款及运费以银行存款支付。材料已验收入库,按其实际采购成本转账。

(3)从创新工厂购入乙材料40 000元,货款暂欠,材料已到达并验收入库。

(4)以现金支付上述购入乙材料的搬运费300元,并按其实际采购成本转账。

(5)收到达成工厂还来欠款3 000元,存入银行。

(6)以银行存款支付上月应交税费1 000元。

(7)本月份职工工资24 000元,分配如下:A产品生产工人工资10 000元,B产品生产工人工资10 000元,车间管理人员工资3 000元,管理部门职工工资1 000元。

(8)按职工工资总额的20%计提职工社会保险。

(9)从银行提取现金24 000元,备发工资。

(10)以现金支付职工工资24 000元。

(11)计提本月固定资产折旧3 160元。其中,车间使用固定资产折旧2 380元,管理部门用固定资产折旧780元。

(12)本月应计入制造费用的长期待摊费用1 400元。

(13)将制造费用按生产工人工资比例分配到A、B两种产品成本中。

(14)A产品已全部完成,共2 000件,按其实际生产成本转账。

(15)出售产成品给达成工厂,计A产品1 800件,每件售价28元,B产品4 400件,每件售价14元,货款共计112 000元,增值税19 040元,货款及增值税均未收到。

(16)结转上述出售产成品生产成本,计A产品每件20元,B产品每件10元,共计80 000元。

(17)用现金支付销售产品包装费、装卸费1 100元。

(18)以银行存款支付本月临时借款利息5 000元。

(19)本月应计入管理费用的长期待摊费用1 200元。

(20)按售价计算出应交消费税5 600元。

(21)出售多余材料2 000元,价款存入银行。同时,结转该材料的实际成本1 500元。

(22)将本月份各损益账户余额转至本年利润账户。

(23)按本月利润总额的33%计算应交所得税,并将"所得税"账户余额转入"本年利润"账户。

(24)按本年税后利润的10%提取法定盈余公积。

(25)企业决定向投资者分配利润120 000元。

(26)年末,将"本年利润"账户余额转入"利润分配—未分配利润"账户。

(27)年末,将"未分配利润"明细账以外的其他明细账转入"未分配利润"明细账。

要求:(1)根据所给资料编制记账凭证。

(2)根据记账凭证按月编制科目汇总表。

(3)根据科目汇总表登记总分类账。

第十二章　会计工作组织

■**学习目标**

通过本章学习，了解会计工作组织的意义，掌握会计机构设置的基本原则，理解会计人员的职业道德，了解会计工作规范体系的组成，掌握会计档案的管理规定。

第一节　会计工作组织概述

会计是一项复杂的、细致的、综合性的经济管理活动，科学地组织会计工作是充分发挥会计作用的前提。我国十分重视组织会计工作，相应制定了一系列法律、规章、制度进行规范。同时，通过加强对在职会计人员的培训等措施，不断提高广大会计人员的基本业务知识和技能，促进了会计工作的改善和提高。

一、会计工作组织的意义

会计工作组织是根据会计工作的特点，通过设置会计机构、配备会计人员、制定与执行会计规章制度，实施与改进会计工作的技术手段，管理会计档案，进行会计工作与其他经济管理工作间的协调，形成一个高效运行的会计工作体系。科学、合理地组织会计工作具有以下重要意义。

（一）有利于保证会计工作的质量，提高会计工作的效率

会计工作是一项复杂的、严密细致的工作。任何单位或企业，每时每刻都发生着错综复杂的经济活动和财务收支，它们所反映的信息都要经过从凭证到账簿再到报表等一系列收集、整理、分类、记录、反映、计算、综合和分析的处理程序，各个程序之间存在着有机的联系。在实际工作中，任何一个数字的错记、一道手续的遗漏、一个环节的脱节，都会使全部核算结果发生差错，从而影响会计信息的正确性和及时性，贻误工作，甚至造成决策的失误。只有科学、合理地组织会计工作，设置专职的机构和办事人员，制订科学的流程和方法，才能使会计工作按照预先设定的程序有序地进行，才能有效地、最大限度地防止错漏的发生，提高会计工作的质量和效率。

（二）有利于协调与其他经济管理工作的关系，充分发挥会计的职能作用

会计工作是经济管理的重要组成部分，它既有独立的职能，又与其他经济管理工作有着十分密切的关系，同它们相互影响、相互制约、相互促进。因此，必须设置必要的机构和办事人员，按照一定的要求，使会计工作有条不紊地进行，使会计工作同其他经济管理工作分工协作，相互配合，实施全面的经济管理，提高企业整体的经营管理水平。

（三）有利于健全单位内部经济责任制，促进经济效益的提高

正确组织会计工作，不仅可以使会计工作由专人负责，按一定的办法和程序进行，而且可以通过会计工作，加强经营管理上的责任制。例如，对资金的管理和使用，款项的收付和使用，债权、债务的发生和清算，费用的开支和报销，都按规定的手续办理，这就严格地划清了企业内部各部门的经济责任，有利于企业加强管理，提高经济效益。

会计是企业管理的重要内容和中心环节，它能够及时提供企业资金信息，促进企业加强资金管理，加速资金周转，提高资金利用效率；能够及时提供企业人、财、物的消耗情况，促进企业减少耗费、降低成本；能及时将收支进行对比，计算盈亏，使企业领导及时了解经营成果，促使企业不断挖潜，精打细算，努力提高经济效益，加强各单位内部经济责任制。

（四）有利于国民经济宏观管理

会计信息的层层汇总和对其的分析利用，有利于国民经济的各个基层环节加强计划管理和实行经济核算，有利于国家综合部门决定经济政策、制订国民经济计划、进行综合平衡。

（五）有利于党和国家的方针政策、法规法令的贯彻执行，维护财经纪律

会计工作政策性强、涉及面广，关系到国家的财经纪律。会计人员必须发挥会计的监督职能，认真执行有关政策、制度、法令，制止一切违法、违纪行为，维护财经纪律。

二、组织会计工作的基本原则

组织会计工作应遵循的原则是指组织会计工作必须遵循的管理工作的一般规律，它是做好会计工作、提高会计工作质量和效率必须遵守的原则。合理组织会计工作，应遵循以下几项基本原则。

（一）必须遵循国家对会计工作的统一要求

组织会计工作，必须按照《会计法》对会计工作的统一要求，贯彻执行国家的法令和制度，进行会计核算，实行会计监督。会计所提供的信息，既反映了国家计划、预算的执行情况，又为国家制定方针、政策，制订计划、预算提供重要依据。企业、事业单位、机关的经济活动和财务收支是否符合政策、法规的规定，也都要通过会计监督、检查。因此，各单位要按照国家统一的会计法规设置会计科目，登记会计账簿，编制会计报告，向有关方面及时提供准确、完备的会计信息。只有按照统一要求组织会计工作，才能发挥会计工作在维护社会主义市场经济秩序、加强经济管理、提高经济效益中的作用。

（二）适应各单位生产经营和管理的实际需要

国家对会计工作的统一要求，是从宏观上对会计工作做出的要求，各单位在组织会计工作时既要符合国家"统一领导"的要求，又要贯彻"分级管理"的原则，根据各单位经济活动的具体情况和经济管理的实际出发，做出具体的安排。在组织会计工作时，对会计机构的设置、会计人员的配备、会计规章制度的制定，在遵守国家统一会计制度的前提下，必须适应各单位的生产规模、生产特点、业务繁简程度以及管理要求，作出切合实际的安排和制定具体的实施办法。例如，在规模大的企业中，生产规模大，生产工艺复杂，企业内部各部门、生产单位之间既相互联系，又各有分工，会计事项较多，需要实行多级核算，就应该设置健全的会计机构，配备较多的会计人员，进行细致的分工；在规模较小的企业中，由于生产规模小，生产较为简单，会计事项少，设置的会计机构分工较粗，配备的会计人员较少，往往一个会计人员要担负几个方面的工作。不同的企业，根据不同的情况和不同的需要，在国家统一规定的原则范围内，可以采取不同的账簿组织、不同的记账程序、不同的成本核算方法,增加或减少一些会计科目。总之,会计工作必须适应实际情况,满足实际需要,才能发挥其应有的作用。

(三)既保证会计工作的质量,又要节约人力、物力,以提高工作效率

组织会计工作时,应在保证会计工作质量的前提下,根据各单位的实际情况,力求精简节约,在会计机构的设置和会计人员的配备上,力求科学合理,避免机构重设,人浮于事;在会计凭证、账簿、报表的设计使用和各种会计处理手续、程序的规定上,都要尽量简化。

总之,会计组织工作既要保证会计工作的质量,又要精简节约,力求以较少的人力、物力、财力的耗费,取得最大的效果。同时,会计工作组织也要适应科技发展的需要,以提高经济效益。

第二节　会计工作规范

一、会计工作规范的作用

会计工作规范是处理会计事务的法律、原则、程序和方法的总称,是进行会计工作的规则和准则。建立健全会计工作规范,可以保证会计工作贯彻执行党和国家有关的财经方针、政策,保证会计工作沿着市场经济方向正确运行;可以保证会计指标在全国范围内口径一致,以便于会计资料的汇总和利用,满足国民经济管理和综合平衡的需要;可以使各单位会计机构提供的会计信息真实、及时、有用,更好地满足各个方面的需要,更圆满地完成会计的任务。

二、会计工作规范体系

会计工作规范体系主要包括会计法、会计准则和会计制度等会计核算方面的法律和法规。

(一)会计法

我国《会计法》即《中华人民共和国会计法》,由全国人民代表大会常务委员会制定,以国家主席令的形式发布,是我国会计工作的基本法规。

【小知识12.1】《会计法》于1985年1月21日由第六届全国人民代表大会常务委员会第九次会议通过,根据1993年12月29日第八届全国人民代表大会常务委员会第五次会议《关于修改〈中华人民共和国会计法〉的决定》修正,1999年10月31日第九届全国人民代表大会常务委员会第十二次会议修订。新修订的《会计法》共七章五十二条,分别为总则,会计核算,公司、企业会计核算的特别规定,会计监督,会计机构和会计人员,法律责任和附则。新修订的《会计法》自2000年7月1日起施行。

修订后的《会计法》,把规范会计行为,保证会计信息质量作为主要的立法宗旨,补充、完善了会计核算和会计记账的基本制度与基本规则,对公司、企业的会计核算做了特别规定,强化了单位负责人对本单位会计工作和会计资料真实性、完整性负责的责任制,加强了对会计人员的资格管理,强化了单位内部监督、社会监督、国家监督三位一体的会计监督体系，加大了对违法行为的惩罚力度，强调了单位负责人对会计行为的法律责任，保障了会计人员依法行使职权。对加强会计工作，充分发挥会计在经济管理中的作用具有十分重要的意义。

（二）会计准则

会计准则又称会计标准，是会计核算工作的基本规范，是评价会计工作质量的准绳。它处于会计工作规范体系的第二个层次，主要就会计核算的原则和会计处理方法及程序做出规定。它以《会计法》为指导，同时又指导会计制度，是会计制度制定的依据。

会计准则是由基本会计准则、具体会计准则及其应用指南构成的。基本会计准则主要对会计核算的一般要求和会计核算的主要方面做出原则性规定，为具体会计准则和应用指南的制定提供基本框架。具体会计准则主要根据基本会计准则的要求，就经济业务的会计处理或报告做出具体规定。具体准则的应用指南则类似于现行的《企业会计制度》，主要对会计科目的设置、会计分录的编制和报表的填报等操作层面的内容做出示范性的指导。

（三）会计制度

会计制度是进行会计工作所遵循的规则、方法和程序的总称。从广义上讲，会计制度是指国家制定的会计方面所有规范的总称，包括会计工作制度、会计人员管理制度和会计核算制度等内容。习惯上所称的会计制度则仅指会计核算制度。

企业会计制度是国家财政部门制定的有关会计核算的具体规范化。为了进一步贯彻执行《会计法》，规范企业的会计核算工作，确保会计信息的真实性、可靠性、完整性和可比性，近年来财政部先后发布了《企业会计制度》、《金融企业会计制度》和《小企业会计制度》，形成了全国统一的会计核算制度体系。

按照《企业会计制度》的要求，各行业在会计核算的一般原则上实现了高度统一，在会计科目的使用和财务报表的项目、内容上实现了高度统一，在会计处理方法和程序上实现了高度统一。

除上述法律、法规和制度外，还有一些相关的会计法规和会计制度，如《会计基础工作规范》、《会计档案管理办法》、《总会计师条例》、《会计专业职务试行条例》、《会计人员继续教育暂行规定》等。此外，各单位也可以根据自身的生产经营特点，制定本单位适用的各种内部会计管理制度，如内部牵制制度、内部稽核制度、财产清查制度。

第三节　会计机构

一、会计机构设置的基本原则

会计机构是直接从事和组织领导会计工作的职能部门。《会计法》规定，各单位应当根据会计业务的需要，设置会计机构，或者在有关机构中设置会计人员并指定会计主管人员；不具备设置条件的，应当委托经批准设立从事会计代理记账业务的中介机构代理记账。

从上述规定中可以看出，会计机构的设置应当从实际情况出发，根据业务的需要设置。单位规模较大、经济业务较多、财务收支量较大的单位,应独立设置会计机构,以保证会计工作的效率和会计信息的质量。一般来说,大中型企业和具有一定规模的行政事业单位及其他经济组织,都应单独设置会计机构。对于不具备单独设置会计机构的单位,如财务收支数额不大,经济业务比较简单,规模较小的企业、事业、机关、团体等,可在单位内部与财务会计比较接近的有关机构中配备专职会计人员,并指定对财务会计工作负责的会计主管人员。对于那些不具备设置会计机构、配备会计人员的小型经济组织,为解决他们的记账、算账、报账问题,可以实行代理记账,委托经批准设立的从事会计代理记账业务的社会中介机构代理记账。

二、会计机构的设置

我国的会计机构包括会计工作机构(即基层单位会计机构和各级主管部门的会计机构)、会计监督机构和会计咨询机构等。这里主要介绍会计工作机构。建立健全会计机构,是加强会计工作、保证会计工作顺利进行的重要条件。

在我国,由于会计工作和财务工作都是综合性的经济管理工作,它们之间有着非常密切的联系,因此通常把二者合为一体,设置一个财务会计机构,统一办理财务会计业务。所以,会计机构通常是指财务会计部门。

(一)各级主管部门的会计机构的设置

在我国,会计工作受财政部门和各级业务主管部门的双重领导。财政部设置会计事务管理司,主管全国的会计工作。地方财政部门(各省、自治区、直辖市财政厅、局)一般设置企业会计处,主管本地区所属单位的会计工作。各级政府管理机关和单位的主管部门一般设置财会管理部门,负责组织领导和监督所属单位的会计工作。这些会计机构的主要任务是:

(1)负责组织、领导和监督所属单位的会计工作。

(2)根据国家统一规定和要求,制定适用于本行业的会计制度。

(3)检查和指导所属单位的会计工作,并帮助解决工作上存在的问题。

(4)审核、批复所属单位上报的财务报表,并汇总编制本系统的财务报表。

(5)核算本单位与财政部门以及上下级之间的缴拨款项。

(6)总结并交流所属单位会计工作的先进经验。

(二)基层单位会计机构的设置

为了保证会计工作的顺利进行,充分发挥其职能作用,凡具有法人资格、实行独立核算的企业,以及财政收支数额较大,会计业务较多的机关、团体、事业单位,都需要设置会计机构,一般设置财务(会计)处、科、股、组等,在大中型企事业单位中要设置总会计师,主管本单位的经济核算和财务工作,总会计师要由具有会计师以上技术职称的人员提任,小型企业也要指定一名副厂长行使总会计师的职责。基层单位会计机构在厂长、经理、董事长或总会计师的领导下,负责办理本单位的财务会计工作,并接受财政部门和有关上级财会部门的指导与监督。基层单位会计机构的主要任务是:

(1)组织和处理本单位的会计工作,如实反映本单位的经营活动情况并及时地向有关部门和人员提供有效的会计信息。

(2)参与编制各项经济计划,签订经济合同,参加经济管理,参与企业经济管理的预测和决策。

(3)执行并有权要求全体职工执行财务计划、财务会计制度,遵守和维护财经纪律。

(4)记录经济活动,为管理者和投资者提供真实可靠的会计资料;分析财务计划的执行情况,提出增收节支、提高经济效益的建议。

(5)检查资产的利用情况,防止经济上的损失浪费和违法乱纪行为。

企业会计机构内部还可以根据业务繁简分设职能小组,每组配备一定数量的会计人员分管某方面的会计工作。在财务会计机构内部,还可以按照会计工作的内容和会计人员的配备情况,进行合理的分工,使每一项会计工作都有专人负责,每一名会计人员都有明确的岗位职责。

三、会计工作岗位设置

会计工作岗位是指一个单位会计机构内部根据业务分工而设置的职能岗位。在会计机构内部设置会计工作岗位,有利于明确分工和确定岗位职责,建立岗位责任制;有利于提高会计工作效率;有利于会计工作的程序化和规范化;有利于加强会计基础工作,提高会计工作效率。

【补充阅读资料12.1】《会计基础工作规范》对会计工作岗位的设置提出了如下的要求:

(1)根据本单位会计业务的需要设置会计工作岗位。

(2)符合内部牵制制度的要求。根据规定,会计工作岗位可以一人一岗,也可以一人多岗,或者一岗多人。但出纳不得兼管稽核、会计档案保管和收入、费用、债权债务账目的登记工作。

(3)对会计人员的工作岗位要有计划地进行轮岗,以促进会计人员全面熟悉业务和不断提高业务素质。

(4)要建立岗位责任制。会计工作岗位一般可分为总会计师(或行使总会计师职权)岗位、会计机构负责人(会计主管人员)岗位、出纳岗位、成本核算岗位、收入利润核算岗位、固定资产核算岗位、物资核算岗位、稽核岗位、对外财务会计报告编制岗位等。对于各个岗位要具体规定岗位的职责标准、工作要求和程序。

四、会计机构的组织形式

会计机构的组织形式按照部门之间会计工作分工方式的工同,可分为集中核算和非集中核算两种。

(一)集中核算

集中核算是指一个单位的主要会计核算工作集中于财会部门,其总分类核算、明细分类核算以及财务报表的编制都由财会部门集中办理的一种会计核算组织方式。在这种工作组织形式下,单位内部的其他部门和下属单位(各个车间)一般不进行单独核算,只对本部门发生的经济业务进行原始记录,填制原始凭证或原始凭证汇总表,定期交财会部门。财会部门审核后，据以填制记账凭证，进行总分类核算和明细分类核算，编制财务报表。

集中核算的优点是：财会部门能集中掌握有关会计核算资料，及时、全面地了解本单位的经济活动，便于对会计人员进行分工和管理，可以适当减少会计机构的设置层次，减少会计核算的工作量。其缺点是：不利于各个基层单位及时利用核算资料，不便于实行责任会计管理。集中核算形式适应于小型企业。

（二）非集中核算

非集中核算又称分散核算，是指单位内部的各部门对本身发生的经济业务进行比较全面的核算。在这种方式下，单位内部的其他部门和下属单位（如各个车间）要在财会部门的指导下，对本部门发生的经济业务进行原始记录，填制原始凭证或原始凭证汇总表，并分别登记有关的明细分类账。财会部门只进行总分类核算、一部分明细分类核算以及编制财务报表。财会部门对企业内部各单位的会计工作进行业务上的指导和监督。

非集中核算的优点是：各基层单位能及时地利用核算资料，了解本部门的财务状况，便于实行责任会计管理。其缺点是：不利于财会部门及时、全面地了解整个单位的会计核算资料，不利于对会计人员进行合理地分工和管理，会计核算工作量相应增多，会计人员配备增大，核算费用支出增加。非集中核算方式适用于大中型企业。

一个单位采用哪种工作组织形式，选择的一般原则是：

（1）符合本单位的生产经营规模和生产经营管理特点的要求；

（2）符合本单位会计人员数量、质量和会计核算条件的要求；

（3）符合简化会计核算手续、降低成本、保证会计核算质量的要求；

（4）各相关部门之间要做到相互配合，有关会计核算资料的确定要口径一致。

需要注意的是，采用何种工作组织形式不是绝对的，可以单一地选用集中核算或非集中核算形式，也可以将两种核算形式结合使用，在一个单位内部对某些业务采用集中核算，而对另一些业务采用非集中核算。但不论采用哪一种组织形式，对外的现金往来、物资购销、债权债务的结算都应由企业财会部门统一办理、集中核算。

第四节　会计人员

会计人员是指从事会计工作、处理会计业务、完成会计任务的专业人员。合理配备一定数量和素质的具有会计从业资格的会计人员，是各单位会计工作得以正常开展的重要条件。各单位应根据单位规模、生产经营特点和管理要求，配备适当的会计人员。

一、会计人员的从业资格

会计人员的从业资格是指从事会计工作的人员所必须具备的法律资格。从事会计工作的人员，无论是否被聘任一定的专业技术职务，都必须取得会计从业资格，即由财政部门颁发的会计上岗证，方能从事会计工作。国家机关、社会团体、企业、事业单位和其他经济组织从事会计工作的人员，必须取得会计从业资格，持有会计从业资格证书。担任单位会计机构负责人（会计主管人员）的，除取得会计从业资格证书外，还应当具备会计师以上专业技术职务资格或者从事会计工作 3 年以上经历。

二、会计人员的职责和权限

(一)会计人员的职责

为了充分发挥会计人员的工作积极性,更好地完成会计工作任务,《会计法》规定了会计人员的基本职责。

1. 进行会计核算

会计人员应按照会计制度的规定,做好记账、算账、报账工作。会计人员必须根据实际发生的经济业务进行会计核算,认真填制和审核原始凭证,编制记账凭证,登记会计账簿,正确计算收入、支出、成本、费用和财务成果。按期结算、核对账目,进行财产清查,编制财务会计报告。如实反映本单位的财务状况、经营成果和资金增减变动情况,为信息的使用者提供真实、准确的会计信息。

【补充阅读资料 12.2】 根据《中华人民共和国会计法》第十条规定,下列经济业务事项,应当办理会计手续,进行会计核算:

(1)款项和有价证券的收付;

(2)财物的收发、增减和使用;

(3)债权债务的发生和结算;

(4)资本、基金的增减;

(5)收入、支出、费用、成本的计算;

(6)财务成果的计算和处理;

(7)需要办理会计手续、进行会计核算的其他事项。

2. 实行会计监督

会计人员通过会计工作,对本单位各项经济业务和会计手续的合法性、合理性进行监督。对不真实、不合法的经济业务不予办理,制止和纠正违法行为,各单位必须依法接受财政、审计、税务机关等部门对本单位的监督,如实提供会计凭证、账簿、财务报表和其他会计资料。

【补充阅读资料 12.3】 《中华人民共和国会计法》第二十七条规定,各单位应当建立、健全本单位内部会计监督制度。单位内部会计监督制度应当符合下列要求:

(1)记账人员与经济业务事项和会计事项的审批人员、经办人员、财物保管人员的职责权限应当明确,并相互分离、相互制约;

(2)重大对外投资、资产处置、资金调度和其他重要经济业务事项的决策和执行的相互监督、相互制约程序应当明确;

(3)财产清查的范围、期限和组织程序应当明确;

(4)对会计资料定期进行内部审计的办法和程序应当明确。

3. 拟定本单位办理会计事务的具体办法

会计人员应根据国家统一的会计法规,结合本单位的特点和经营管理的需要,建立健全本单位办理会计事务的具体办法、规章制度及核算程序。如会计人员岗位责任制度、内部稽核制度、内部控制制度、成本核算制度等。

4. 参与制订经济计划、业务计划，编制预算和财务计划并考核、分析其执行情况

会计人员应根据会计资料，结合计划、统计等资料，负责制订本单位的经济计划、业务计划和财务计划，并负责编制费用预算，为单位加强经济管理提供重要的依据，在增收节支、杜绝浪费等方面发挥重要作用。

5. 办理其他会计事项

会计人员应协助单位其他部门做好企业管理的基础工作，提供管理所需的会计信息，为管理提供良好的服务。

（二）会计人员的权限

会计人员的主要权限如下：

（1）会计人员有权要求本单位各有关部门、人员认真执行国家和上级主管部门批准的计划、预算，遵守国家财经法律和财务会计制度，如有违反，会计人员有权拒绝付款，拒绝报销或执行，并向本单位领导人报告。

（2）会计人员有权参与本单位编制计划、制定定额、对外签订经济合同，参加有关的生产经营管理会议，提出自己的意见和建议。

（3）会计人员有权监督、检查本单位有关部门的财务收支、资产使用和财产保管、收发、计量、检验等情况，有权要求各部门提供相关资料，如实反映情况。

【补充阅读资料 12.4】 为保障会计人员顺利地履行工作职责和正确地行使权利，《会计法》明确规定：单位负责人不得授意、指使、强令会计机构、会计人员及其他人员伪造、变造会计凭证、会计账簿，编制虚假财务会计报告或者隐匿、故意销毁依法应当保存的会计凭证、会计账簿、财务会计报告，构成犯罪的，依法追究刑事责任；尚不构成犯罪的，应当由其所在单位或者有关单位依法给予降级、撤职、开除的行政处分。单位负责人对依法履行职责、抵制违反《会计法》规定行为的会计人员以降级、撤职、调离工作岗位、解聘或者开除等方式实行打击报复，构成犯罪的，依法追究刑事责任；尚不构成犯罪的，由其所在单位或者有关单位依法给予行政处分。这些规定为会计人员依法履行职责提供了保障。

三、会计人员的岗位责任制

会计人员的岗位责任制是指在会计机构内部按照会计工作的内容和会计人员的配备情况，将会计机构的工作划分为若干个岗位，并为每个岗位规定职责和要求的一种责任制度。各单位应建立健全会计机构的岗位责任制，以便加强会计管理，分清职责，提高工作效率，正确考核会计人员的工作业绩。

《会计基础工作规范》第八十七条规定，各单位应当建立会计人员岗位责任制度。主要内容包括：会计人员的工作岗位设置；各会计工作岗位的职责和标准；各会计工作岗位的人员和具体分工；会计工作岗位轮换办法；对各会计工作岗位的考核办法。为了科学地组织会计工作，各单位应当从本单位的实际情况出发，考虑会计业务量和会计人员的配备情况，依照效益和精简相结合的原则划分工作岗位，建立健全会计部门内部岗位责任制。会计人员的工作岗位可以一人一岗、一人多岗或多人一岗。会计人员的工作岗位一般可分为会计机构负责人或会计主管、出纳、财产物资核算、工资核算、成本费用核算、财务成果核算、资金核算、往来核算、总账报表、稽核和档案管理等岗位。但需要注意的是，出纳

人员不得兼管稽核、会计档案局保管和收入、费用、债权债务账目的登记工作。

不同岗位的会计人员在完成本职工作的同时，应互相配合，共同做好本单位的会计工作。会计人员的工作岗位应有计划地实行轮换，这样，既能使会计人员全面了解和熟悉各项会计工作，又有利于培养多面手，提高会计人员的综合素质，并能够有效防止或杜绝舞弊行为的发生。各个会计工作岗位的职责如下。

（一）会计机构负责人岗位

会计机构负责人是单位会计工作的组织者和领导者。其主要职责包括：领导本单位的财务会计工作；组织学习和贯彻执行党的方针、政策、法令和制度；组织制定本单位的各项财务会计制度、办法，并组织实施；组织编制本单位的财务成本计划、单位预算，并检查其执行情况；组织实施全面的经济核算，参与生产经营会议、经营决策等；组织编制和审核单位的财务会计报告；负责会计人员的考核、管理和聘用等。

（二）出纳岗位

出纳是单位货币资金的主要管理者。其主要职责包括：按照国家有关现金和银行结算制度规定，办理现金收付和银行结算业务；保管库存现金和各种有价证券；编制和审核原始凭证，登记现金日记账和银行存款日记账；保管有关印鉴、空白收据和空白支票，按规定用途使用等。

（三）财产物资核算岗位

财产物资核算岗位主要针对单位的固定资产和库存材料进行核算和管理。其主要职责包括：会同有关部门制定本企业财产物资核算与管理办法；办理材料物资的清款和报销业务，计算确定材料物资的采购成本；进行材料物资的明细核算，参与材料物资的清查、盘点工作；负责固定资产的明细核算、编制固定资产报表、计算提取固定资产折旧、参与固定资产的清查；分析固定资产使用效果；组织参与库存材料的管理、核算和清查等。

（四）工资核算岗位

工资核算岗位的主要职责包括：负责计算职工的工资，监督工资基金的使用情况；发放工资、奖金、津贴等；负责工资费用的分配和明细核算；负责职工福利费的计提等。

（五）成本费用核算岗位

成本费用核算岗位的主要职责是：编制成本、费用计划，并将指标分解落实到有关责任单位和个人；会同有关部门制定成本费用管理与核算办法；正确归集和分配费用，登记生产成本、制造费用和管理费用等明细账，编制成本和费用报表并分析其执行情况；计算产品生产成本，控制生产费用；指导车间和班组的成本核算，参与在产品和半成品的清查盘点等。

（六）往来结算岗位

往来结算岗位主要核算和管理本单位与其他单位和个人在经济往来中发生的结算款项。其主要职责包括：登记应收、应付款明细账；及时清算结算资金，加速资金周转；分析应收款项的账龄，计提坏账准备，核销坏账损失；参与制定资金管理制度。

（七）总账报表岗位

总账报表岗位的主要职责是：对记账凭证进行汇总，并根据记账凭证登记总分类账；根据总账记录定期与有关的日记账和明细账相核对；依据账簿记录编制有关财务报表和报表附注等相关内容；负责财务状况和经营成果的综合分析；收集、整理各方面经济信息以便进行财务预测；制订或参与制订财务计划。

（八）稽核岗位

会计稽核是对本单位的会计记录、会计报告和其他会计资料，进行自我检查或审核的一项工作。稽核岗位主要职责包括：审查财务成本（费用）计划、经费预算的编制依据是否科学，各项指标计算是否正确；审核各项财务收支是否合法、合理、合规；审核会计凭证、账簿登记和会计报告等会计资料是否准确、可靠，会计处理是否符合会计准则和会计制度的规定等。

会计工作岗位的设置没有固定的模式，企业可根据自身的需要进行合并或分设。会计工作岗位的设置要有利于会计人员综合能力的提高，有利于各岗位之间的相互协调与配合。

四、会计人员专业技术职务

会计人员的专业技术职务分为会计员、助理会计师、会计师、高级会计师四个档次。会计人员的专业技术职务实行考试与聘任相结合的考聘制度。各级职务的会计人员应当具备的基本任职条件如下。

（一）会计员的基本任职条件

中等会计专业学校毕业，在财务会计岗位上见习一年期满，初步掌握了财务会计知识和技能，掌握了一般的计算技术，熟悉并能执行有关财务会计制度，能够担任和完成一般财务会计工作，并通过会计员专业技术资格考试。

（二）助理会计师的基本任职条件

在财务会计工作岗位上见习一年期满的高等院校财经专业本科毕业生，或具有同等学力者，掌握了一般的财务会计基础理论和专业知识，熟悉并能够正确执行有关财经方针、政策和财务制度，能担负某一方面的财务会计工作并能较好地完成任务；取得硕士学位或取得第二学士学位或研究生班结业证书，具备履行助理会计师的职责和能力；大学专科毕业并通过助理会计师专业技术资格考试。

（三）会计师的基本任职条件

具备较为系统的财务会计基础理论和专业知识，能执行有关的财经方针、政策、法规和制度，具有一定的财务会计工作经验，能担负一个单位或一个部门某方面的财务会计工作；取得博士学位，并具有履行会计师职责的能力；取得硕士学位并担任助理会计师职务2～3年；大学本科或大学专科毕业并担任助理会计师职务4年以上，并通过会计师专业技术资格考试。

（四）高级会计师的基本任职条件

系统地掌握财务会计专业理论知识，对财务会计专业某个领域有较深的研究和造诣，并取得较大成果，有较高水平的学术著作或工作报告，具有较高的政策水平和丰富的财务会计工作经验，能组织和领导一个地区、一个部门或一个大型单位的财务会计工作，解决业务中的重大问题；取得博士学位，并担任会计师职务2～3年；取得硕士学位、第二学位或研究生班结业证书，或大学本科毕业担任会计师职务5年以上，较熟练地掌握一门外语。

确定或晋升会计的技术职称,应由本人申请,对于会计员、助理会计师、高级会计师,还应通过会计专业技术资格考试,并被确认资格后,才能由所在单位实行聘任;对于高级会计师除通过会计专业技术资格考试外,还应报省、自治区、直辖市级财政部门评审,评审通过取得资格后,才能由所在单位实行聘任。

五、会计人员的职业道德

职业道德是从业人员职业品质、职业作风和职业纪律的统一。会计职业道德是会计人员进行会计工作所应遵循的,与会计职业活动密切联系的,具有会计职业特征的道德规范和行为准则。会计人员从事会计工作,必须遵守会计职业道德。会计人员在会计工作中应当遵守职业道德,树立良好的职业品质,严谨的工作作风,严守工作纪律,努力提高工作效率和工作质量。财政部颁布的《会计基础工作规范》对会计人员的职业道德做出了规定,主要包括以下六个方面。

(一)爱岗敬业

会计人员应当热爱本职工作,努力钻研业务,使自己的知识和技能适应所从事工作的要求。

(二)熟悉财经法律、法规

会计人员应当熟悉财经法律、法规和国家统一的会计制度,并结合会计工作进行广泛宣传。

(三)依法办事

会计人员应当按照会计法律、法规和国家统一会计制度规定的程序和要求进行会计工作,保证提供的会计信息合法、真实、准确、及时、完整。

(四)客观公正

会计人员办理会计事务时,应当实事求是、客观公正。

(五)搞好服务

会计人员应当熟悉本单位的生产经营和业务管理情况,运用所掌握的会计信息和会计方法,为改善单位的内部管理、提高经济效益服务。

(六)保守秘密

会计人员应当保守本单位的商业秘密,除法律规定和单位领导人同意外,不能私自向外界提供或泄露单位的会计信息。

《会计基础工作规范》要求财政部门、业务主管部门和各单位应当定期检查会计人员遵守职业道德的情况,并作为会计人员晋升、晋级、聘任专业职务、表彰奖励的重要考核依据。会计人员违反职业道德的,由所在单位进行处罚;情节严重的,由会计证发证机关吊销其会计证。

第五节　会计档案

会计档案作为记录和反映经济业务的重要资料与证据,为国家和企业提供了大量的经济信息资料,对促进经济发展有着重要的作用。加强会计档案管理对维护正常的会计工作秩序、建立和完善规范化的会计基础工作体系、促进社会主义市场经济建设具有重要意义。

一、会计档案及其组成内容

会计档案是指会计凭证、会计账簿和财务会计报告等会计核算专业材料，是记录和反映单位经济业务的重要史料与证据。会计档案主要包括：

(1)会计凭证类：包括原始凭证、记账凭证、汇总凭证和其他会计凭证。

(2)会计账簿类：包括总账、明细账、日记账、固定资产卡片、辅助账簿和其他会计账簿。

(3)财务报告类：包括月度、季度、年度财务报告和其他财务报告。财务报告包括财务报表、附表、附注和文字说明。

(4)其他类：包括银行存款余额调节表、银行对账单、会计档案移交清册、会计档案保管清册、会计档案销毁清册和其他应当保存的会计核算专业资料。

二、会计档案的归档

各单位每年形成的会计档案，都应由财务会计部门按照归档的要求，负责整理立卷并装订成册。当年形成的会计档案，在会计年度终了后，可暂由单位财务会计部门保管 1 年，期满后，原则上应由财务会计部门编造清册移交本单位的档案管理部门保管；未设立专门档案管理机构的单位，应当由财会部门指定专人保管。出纳人员不得兼管会计档案。

档案部门接收保管的会计档案，原则上应当保持原卷册的封装，个别需要拆封重新整理的，应当会同原财务会计部门和经办人共同拆封整理，以分清责任。

三、会计档案的保管

会计档案应分类保存，并建立相应的分类目录或卡片，随时进行登记。按照《会计档案管理办法》的规定，会计档案的保管期限分为永久和定期两类，定期保管期限分为 3 年、5 年、10 年、15 年和 25 年五类。会计档案的保管期限从会计年度终了后的第一天算起。会计档案的具体保管期限见表 12-1。

四、会计档案的调阅

各单位保存的会计档案应为本单位积极提供利用，原件原则上不得借出。需要调阅会计档案的，应办理档案调阅手续方可调阅。各单位应设置“会计档案调阅登记簿”，详细登记调阅日期、调阅人、工作单位、调阅理由、调阅内容、归还日期等内容。本单位人员调阅会计档案，需要得到会计主管人员批准。外单位人员调阅本单位会计档案，须持有正式介绍信，经本单位领导批准后方能调阅。调阅者不得将档案带出，未经管理人员同意，不能私自复印和摘录。如有特殊需要，须经本单位领导批准，但不得拆散原卷册，并应限期归还。查阅或者复制会计档案的人员，严禁在会计档案上涂画、拆封和抽换。

表 12-1　企业和其他组织会计档案保管期限表

序号	档案名称	保管期限	备注
一	会计凭证类		
1	原始凭证	15 年	
2	记账凭证	15 年	
3	汇总凭证	15 年	
二	会计账簿类		
4	总账	15 年	包括日记总账
5	明细账	15 年	
6	日记账	15 年	现金和银行存款日记账保管 25 年
7	固定资产卡片		固定资产报废清理后保管 5 年
8	辅助账簿	15 年	
三	财务报告类		包括各级主管部门汇总财务报告
9	月度、季度财务报告	3 年	包括文字分析
10	年度财务报告(决算)	永久	包括文字分析
四	其他类		
11	会计档案移交清册	15 年	
12	会计档案保管清册	永久	
13	会计档案销毁清册	永久	
14	银行余额调节表	5 年	
15	银行对账单	5 年	

五、会计档案的销毁

会计档案保管期满需要销毁的,可以按照规定的程序予以销毁,其基本程序和要求是:

(1)由本单位档案部门提出销毁意见,会同财务会计部门共同鉴定,严格审查,编造会计档案销毁清册,列明销毁会计档案的名称、卷号、册数、起止年度和档案编号、应保管期限、已保管期限、销毁时间等内容。

(2)单位负责人在会计档案销毁清册上签署意见。

(3)销毁会计档案时,应由档案部门和财务会计部门共同派员监销。各级主管部门销毁会计档案时,还应由同级财政部门、审计部门派员参加监销。各级财政部门销毁会计档案时,由同级审计机关派员参加监销。

(4)监销人在销毁会计档案以前,应当认真进行清点核对,销毁后,在销毁清册上签名盖章,并将监销情况报告本单位领导。

对于保管期满,但未结清的债权债务的原始凭证,应单独抽出,另行立卷,由档案部门保管到结清债权债务时为止。单独抽出立卷的会计档案,应当在会计档案销毁清册和会计档案保管清册中列明。建设单位在建设期间的会计档案,不得销毁。

■本章小结

会计工作的组织是根据会计工作的特点,通过设置会计机构、配备会计人员、制定与执行会计规章制度,实施与改进会计工作的技术手段,管理会计档案,进行会计工作与其他经济管理工作间的协调,形成一个高效运行的会计工作体系。科学、合理地组织会计工作具有十分重要的意义。会计工作规范是处理会计事务的法律、原则、程序和方法的总称。会计工作规范体系主要包括会计法、会计准则和会计制度等会计核算方面的法律与法规。会计机构是直接从事和组织领导会计工作的职能部门,各单位应根据会计业务的需要设置会计机构,配备会计人员。会计机构的组织形式一般可分为集中核算和非集中核算两种形式。会计人员是指从事会计工作,处理会计业务,完成会计任务的专业人员。从事会计工作的人员必须取得会计从业资格证书,具备必要的专业知识和专业技能,遵守会计职业道德。会计档案是记录和反映单位经济业务的重要资料与证据。各单位必须加强会计档案管理,执行统一的会计档案管理制度,确保会计档案的安全与完整。会计档案的保管期限分为永久和定期两类。会计电算化是以运用电子计算机为主,把当代电子信息处理技术应用于会计中,对会计信息进行加工、处理。

■主要概念

会计工作组织　会计机构　会计工作规范　会计档案

■基本训练

1)会计机构设置的基本原则有哪些?

2)会计档案保管期限的规定有哪些?

3)会计工作岗位的设置要求有哪些?

4) 会计人员的主要权限有哪些?

5)会计电算化的基本内容有哪些?

6)会计人员的职责有哪些?

参 考 文 献

[1] 中华人民共和国财政部. 企业会计准则(2006)[M]. 北京:经济科学出版社, 2006.
[2] 中华人民共和国财政部. 企业会计准则——应用指南[M]. 北京:中国财经出版社, 2006.
[3] 财政部会计司. 企业会计准则讲解[M]. 北京:人民出版社, 2006.
[4] 财政部会计资格评价中心. 初级会计实务[M]. 北京:中国财经出版社, 2007.
[5] 财政部会计资格评价中心. 中级会计实务[M]. 北京:经济科学出版社, 2007.
[6] 注册会计师协会. 会计中国[M]. 北京:中国财经出版社,2007.
[7] 郑新成. 基础会计[M]. 3 版. 上海:立信会计出版社, 2007.
[8] 李瑞生. 基础会计学[M]. 北京:中国人民大学出版社, 2007.
[9] 陈国辉,迟旭升. 基础会计学[M]. 大连:东北财经大学出版社, 2007.